Mit digitalen Extras:
Exklusiv für Buchkäufer!

Ihre digitalen Extras zum Download:

- Tools und Methoden

http://mybook.haufe.de/

Buchcode: EAG-6660

Kommunikation neu gedacht

Hartmut Hübner/Donatus Grütter/Diana Oser/Frank Thiele

Kommunikation neu gedacht

Eine integrale Lernreise zu mehr Flow für Führungskräfte und Unternehmen

1. Auflage

Haufe Group
Freiburg · München · Stuttgart

Bibliografische Information der Deutschen Nationalbibliothek

Die Deutsche Nationalbibliothek verzeichnet diese Publikation in der Deutschen Nationalbibliografie; detaillierte bibliografische Daten sind im Internet über http://dnb.dnb.de/ abrufbar.

Print:	ISBN 978-3-648-15640-7	Bestell-Nr. 10686-0001
ePub:	ISBN 978-3-648-15641-4	Bestell-Nr. 10686-0100
ePDF:	ISBN 978-3-648-15642-1	Bestell-Nr. 10686-0150

Hartmut Hübner/Donatus Grütter/Diana Oser/Frank Thiele
Kommunikation neu gedacht
1. Auflage, Oktober 2021

© 2021 Haufe-Lexware GmbH & Co. KG, Freiburg
www.haufe.de
info@haufe.de

Bildnachweis (Cover): Matthias Herberg für factor product

Produktmanagement: Dr. Bernhard Landkammer
Lektorat: Maria Ronniger, Text + Design Jutta Cram, Augsburg

Inhaltsverzeichnis

Vorwort

Liebe Leser:innen,

»Warum gerade jetzt Kommunikation neu denken?«, mögen Sie sich fragen. In erster Linie waren es Führungskräfte, die uns während der gesamten Covid-19-Pandemie immer wieder gesagt haben, dass der plötzliche Wechsel ins Homeoffice und der spätere Übergang zum hybriden Arbeiten zuallererst die Kommunikation auf den Kopf gestellt haben. Und sie fragten:

- Wie kann ich insgesamt besser damit umgehen, dass Zusammenarbeit zunehmend virtuell stattfindet?
- Was braucht mein Team von mir – gerade jetzt, wo nochmals deutlicher wird, dass zentrale Botschaften immer nur einen Miniausschnitt der Realität abbilden?
- Wie können wir die Verbindung zu unseren Kunden noch enger knüpfen und Lösungen in größerem Umfang gemeinsam entwickeln?
- Wie richten wir unser Geschäftsmodell insgesamt auf die Zukunft aus – ohne genau zu wissen, was die nächsten Jahre noch bringen?
- Wie können wir die Unternehmenskultur revitalisieren, damit sie auch jungen Mitarbeitenden – allen voran der Generation Z – gerecht wird und wir ein attraktiver Arbeitgeber bleiben?

Willkommen in der Welt der Komplexität, wenn Sie sich einige dieser Fragen in den letzten Monaten auch gestellt haben! Banker, Qualitätsmanagerinnen, Softwareentwickler, Kommunikatorinnen, Personaler – von der Teamleiterin bis zum CEO scheint es vielen momentan ähnlich zu gehen: Sie beginnen zu verstehen, dass ein grundlegend neues Verständnis von Kommunikation gefragt ist.

Um aktiv an der Sinnfindung in der Komplexität teilzuhaben, genügt es nicht mehr, Informationen an Mitarbeitende und Kunden weiterzugeben. Die Volatilität, Unsicherheit, Komplexität und Mehrdeutigkeit der heutigen Zeit erfordert es, dass Führungskräfte einen aktiven Beitrag zur Sinnfindung leisten und viel stärker in den Dialog eintreten. Kommunikation der Zukunft umfasst Reflexion und Exploration, Wertschätzung und Feedback, Offenheit dafür, Kontrolle abzugeben und im Prozess neue Erkenntnisse entstehen zu lassen, auf Augenhöhe und kokreativ mit diversen Stakeholdern an einem Tisch zu sitzen und stets den Blick auf konkrete nächste Schritte und Handlungen zu haben. Kurzum: Der Alltag einer Führungskraft erfordert zunehmend kommunikative und somit auch emotionale Kompetenzen, die weit über die Fakten und Zahlen, die uns die Betriebswirtschaft seit Jahrzehnten lehrt, hinausgehen.

Wir im Autorenteam beobachten diese Entwicklung schon seit Jahren. Die Covid-19-Pandemie hat sie nun noch einmal deutlich beschleunigt – weshalb Corona auch immer wieder in diesem Buch auftaucht. Wir sind jedoch davon überzeugt, dass dies erst der Anfang ist und wir mit dieser »Krise« in ein Jahrzehnt der Transformation eintreten. Die Anforderungen werden in den nächsten Jahren weiter zunehmen, die Komplexität wird nochmals einige Gänge hochschalten – und gleichzeitig kann Ihnen ein neues Kommunikationsbewusstsein die Freiheit verschaffen, die Zukunft gemeinsam mit Ihren Mitarbeitenden und Kunden optimistisch und proaktiv zu gestalten und dabei in einen Flow zu kommen, der Sie und Ihre Organisation mit Leichtigkeit in die Zukunft trägt.

Mit dieser optimistischen Haltung laden wir Sie ein, mit uns in diesem Buch eine Lernreise zu unternehmen. Wir – das sind vier Autor:innen, die das Spektrum der Kommunikation vom KMU bis zum multinationalen Konzern, von der Bank bis zum Automobilhersteller, vom Führungskräfte-Coaching bis zur Kulturtransformation, vom »Selbst-Führungskraft-Sein« bis zum »Selbst-Unternehmen-Gründen« aus eigener Erfahrung kennen. Als Team arbeiten wir seit Jahren in unterschiedlichen Konstellationen zusammen und bündeln unsere Kompetenzen als langjährige Kommunikationsmanager in der Industrie, als Coaches und Organisationsentwickler, als Designer und Transformationsgestalter, als Sport- und Achtsamkeitstrainer und auch als Forscher mit wissenschaftlichem Anspruch. Wir fokussieren uns auf Kunden- und Transformationsprojekte, in denen ein neues, integrales Verständnis von Kommunikation Perspektiven zur Lösung der komplexen Fragen der Zeit aufzeigt.

In der Struktur des Buches orientieren wir uns am integralen Modell von Ken Wilber, das uns eine ganzheitliche Sicht auf komplexe Situationen erlaubt: Neben den sichtbaren Daten und Fakten, die oft unser Führungsverhalten bestimmen, tauchen wir in die unsichtbare, innere Welt der Emotionen, Werte und Kulturen ein. Neben Ihnen als Individuum – als Führungskraft mit Ihren ganz spezifischen Herausforderungen – haben wir auch stets die Organisation im Blick, in der Sie tätig sind.

Weiterer Bestandteil des integralen Modells ist die Entwicklungssicht auf Individuen und Organisationen, abgeleitet aus den Ansätzen der »Spiral Dynamics«: Sowohl Personen als auch Teams und komplette Unternehmen durchlaufen Entwicklungsschritte, die wir in den folgenden Kapiteln ausführlich beschreiben.

Unsere Erfahrung zeigt – bestätigt durch das Feedback der Führungskräfte, mit denen wir zusammenarbeiten –, dass sich Individuen und Organisationen auf höheren Entwicklungsstufen leichter im Umgang mit Komplexität tun. Niedrigere Entwicklungsstufen hingegen funktionieren in einfachen oder komplizierten Umfeldern gut. »Kommunikation neu gedacht« fokussiert daher auf Kommunikation in den Entwicklungsstufen, die in der Wirtschaft der Zukunft zunehmend gefordert sein werden – diejenigen, die Komplexität mit Leichtigkeit begegnen –, ohne damit zum Ausdruck bringen zu wollen, dass die anderen Entwicklungsstufen keine Berechtigung mehr hätten. Wir schätzen die integrale Gesamtsicht, richten in diesem Buch jedoch den Blick auf zukünftiges Wirtschaften mit wachsenden Anforderungen an Bewusstsein, Zusammenarbeit und Nachhaltigkeit.

Beim Lesen der einzelnen Kapitel wird Ihnen auffallen, dass wir neben der kognitiven und sozial-emotionalen Arbeit immer wieder die Wichtigkeit der Verbindung zu unserem Körper betonen. Alle vier Autor:innen haben es selbst erlebt: Wir können unseren Körper einsetzen, um den mentalen Zustand der Vertiefung und des Aufgehens in einer Tätigkeit (Flow) zu erreichen. Dies hilft uns enorm – sowohl im Berufs- als auch im Privatleben: Flow-Zustände lassen sich mit körperlicher Bewegung erfahren und auch trainieren. Wir haben gute Erfahrungen mit Yoga, Laufen, Radfahren und Kraftsport gemacht. Suchen Sie sich stets eine für Sie geeignete Bewegungsform. Im vorliegenden Buch legen wir den Fokus auf Yoga, da dies überall praktiziert werden kann und es sich um eine Bewegungsform handelt, die für alle Menschen geeignet ist. Probieren Sie es aus!

Um Ihnen die Lernreise zu erleichtern, versuchen wir die Handlungsräume für Kommunikation erzählerisch zu beschreiben und hie und da wichtige Forschungsergebnisse einzustreuen. Zudem haben wir einen durchgängigen visuellen Ansatz entwickelt, um Konzepte mit Bildern zu beschreiben und abstrakte Inhalte merkfähig zu machen. Dreh- und Angelpunkt ist dabei immer wieder der individuelle und kollektive Sinn und Zweck – Purpose als Treiber für die Entwicklung der Organisation und ihrer Mitglieder, durch den Antrieb und kontinuierlicher Flow entstehen. Für uns ist dies visualisiert durch einen Kegel, den »Purpose Cone«, zu dem wir im Buch immer wieder hinfinden – im Sinne eines Ankerpunkts, der gleichzeitig Erdung gibt und zu Reflexion aufruft. Uns als Autorenteam erinnert der Kegel oft an eine Eistüte, die man bis zur Waffelspitze genießen kann.

Überhaupt möchten wir Sie ermuntern, die neue Kommunikation direkt auszuprobieren, denn: Aus dem Tun entsteht die größte Motivation, Dinge weiter zu verfolgen und sich neue Kompetenzen anzueignen. Damit Sie direkt – gern schon während des Lesens – ins Experimentieren kommen, haben wir rund 20 Tools in dieses Buch eingebaut. Weitere digitale Extras, wie Detailbeschreibungen und Vorlagen für virtuelle Whiteboards, finden Sie auf der Webseite www.kommunikation-neu-gedacht.com – werfen Sie direkt einen Blick hinein!

Viel Freude bei der Lektüre und der anschließenden Lernreise wünscht Ihnen

Ihr Autorenteam
Hartmut Hübner, Donatus Grütter, Diana Oser, Frank Thiele

1 Beginnen wir bei uns selbst

1.1 Wann, wenn nicht jetzt Kommunikation neu denken?

Wir sitzen im Herbst 2021 in einem Café am Ufer des Bodensees und halten das erste Exemplar dieses Buchs in der Hand – gerade druckfrisch erschienen. Warum gerade am Bodensee?

Der Bodensee liegt ziemlich genau zwischen unseren Lebens- und Arbeitsorten, die sich auf einer Achse zwischen München, Vaduz, Konstanz und Zürich verteilen. Warum also nicht die Gelegenheit nutzen, um sich zu diesem Anlass wieder einmal persönlich zu treffen und gut gelaunt in der Sonne sitzend über den Sinn des Lebens zu plaudern und auch ein wenig zu feiern? Wir sind uns sicher, dass unser Ansatz, Kommunikation neu zu denken, hilft, vielen der heutigen Probleme und Herausforderungen in Organisationen auf die Spur zu kommen. Ein stimmiges Gefühl herrscht vor, denn wir haben ein ganzes Jahr hindurch so zusammengearbeitet, wie wir uns das gewünscht haben: offen, wertschätzend, eigenverantwortlich. Wir genießen die Freiheit, die entsteht, sind mit dem Rennrad angereist und haben schon bei einer gemeinsamen Yogasession die Nachmittagssonne genossen. Das fühlt sich gesund an, die Kraft ist zurück. Keinen Gedanken verschwenden wir an Lockdowns oder Einschränkungen. Die zwischenzeitlich eingekehrte »Zoom Fatigue« – die Müdigkeit davon, sich immer nur virtuell zu treffen – ist verflogen. Im Gegenteil: Unser Handeln hat uns bestätigt. Wir sind selbstbewusst und wissen, dass Arbeit nie wieder sein wird wie zuvor!

Von der Zukunft her denken

Da stimmt etwas nicht, mögen Sie jetzt sagen: Die Autoren haben das Buch doch bereits vor Monaten geschrieben – woher wollen sie wissen, was jetzt, im Herbst 2021, genau los ist? Und zudem: Die Krise in der Wirtschaft und Gesellschaft ist längst noch nicht ausgestanden, wird in einigen Teilen jetzt vielleicht erst richtig sichtbar. Und »offen, wertschätzend« – die malen sich die Welt doch viel zu rosig an! … Mag sein – aber darauf kommt es auch gar nicht an.

Womit wir in dieses Buch einsteigen, ist eine sogenannte Regnose. Hierbei betrachten wir die Welt »von vorn, aus der Sicht dessen, der eine Krise überstanden hat« (Horx 2020). Bei der Regnose blicken wir nicht in die Zukunft und fragen uns, was noch alles passieren könnte – vielmehr prüfen wir, wie es sich anfühlt, wenn alles gut gelaufen ist und wir unser Ziel erreicht haben. Es geht darum zu erkennen, dass die Welt nicht untergeht, sondern sich permanent weiterentwickelt.

Die Welt aus der Entwicklungsperspektive

Für dieses Buch haben wir diesen Einstieg gewählt, weil der optimistische Blick in die Zukunft sich bei zahlreichen Gesprächen mit Manager:innen im letzten Jahr quer durch Europa wiederholt hat. Die negative Zuspitzung der Krise, wie sie für die Darstellung in den Medien typisch war, hat sich in den Köpfen der Führungskräfte nicht breitgemacht. Ihnen war die Aufgabe bereits bekannt, sich immer wieder auf neue Gegebenheiten einstellen zu müssen. Sie sehen Innovation als Antwort auf die Herausforderungen der Zeit. Andere gingen mangels vorhandener Lösungen ins Experimentieren über – zum Beispiel bei der Frage, wie man denn optimalerweise ein virtuelles Team führt.

Die meisten unserer Gesprächspartner:innen schätzten es, dem klassischen Büroalltag zu entrinnen: endlich neue Abläufe, andere Meetingformen, weniger Zwischenfragen. Stattdessen ein fragender Nachwuchs, der sich die Arbeit der Eltern durchaus einmal genauer anschaut. Dies brachte rundum die Sinnfrage auf den Tisch: Warum arbeite ich in diesem Job? Was will ich wirklich? Und wie passen Beruf und Privatleben zusammen?

1.2 Aus der Krise in die Reflexion

Gemeinsam mit rund 20 Studierenden des Bachelor-Studiengangs Kommunikationswissenschaften an der Ludwig-Maximilians-Universität München (LMU) haben wir ein Forschungsprojekt zum Sensemaking von Manager:innen während des ersten Lockdowns (April bis Juli 2020) durchgeführt – auf Basis qualitativer Interviews, ausgewertet in einer kritischen Diskursanalyse und eingeordnet in die Integral- und Entwicklungsmodelle von Ken Wilber und Frédéric Laloux, die Sie im weiteren Verlauf des Buchs noch kennenlernen werden (Hübner 2020).

In der Studie zeigt sich ganz praktisch, wie sich Kommunikation gleich zu Beginn der Pandemie verändert hat. Für uns als Autorenteam hat sich im Zuge der Auswertung dieser Studie die Idee für das vorliegende Buch entwickelt. In den Ergebnissen entdeckten wir, dass der Paradigmenwechsel der Kommunikation in vielen Organisationen bereits voll in Gang ist und durch die Pandemie nochmals beschleunigt wurde. Lassen Sie sich von einigen Kernaussagen Ihrer Kolleg:innen inspirieren!

Optimismus inmitten der Krise?

»Wie nachhaltig ist denn die Aufbruchsstimmung?« war eine der Fragen, die uns die *Zoom*-Teilnehmer:innen im Anschluss an die Präsentation der Ergebnisse im Rahmen eines öffentlichen Webinars im Sommer 2020 stellten.

»Optimismus« mochte zu dem Zeitpunkt überraschend klingen – dennoch haben wir einiges davon mitgenommen aus den Interviews mit Führungskräften aus Unternehmen verschiedenster Branchen und Größen. Von einer Brauerei über IT-Unternehmen und Industriekonzerne bis hin zu Banken und Versicherungen war die Wirtschaft bunt vertreten.

Über Aktionsforschung in den Austausch gehen

Aktionsforschung (McNiff 2014) – die von dem Sozialpsychologen Kurt Lewin bereits in den 30er- und 40er-Jahren des letzten Jahrhunderts angewandte Methode schien uns passend, um in der von Unsicherheit geprägten Zeit der Pandemie sowohl praxisnahe Hypothesen zu bilden als auch den Interviewpartner:innen kommunikative Lösungsangebote als Antworten auf ihre aktuellen Herausforderungen zu unterbreiten. In der Aktionsforschung treten die Forschenden aus der klassischen Beobachterrolle heraus, gestalten einen Veränderungsprozess und sammeln währenddessen mithilfe wissenschaftlicher Methoden und durch Reflexion Erkenntnisse, die gleich in den Veränderungsprozess miteinfließen. Somit werden sie zu Begleiter:innen des Prozesses – und anstatt Forschungshypothesen zu bilden, die anschließend »wissenschaftlich«, d. h. quantitativ und replizierbar überprüft werden, fokussieren sie sich auf eine systematisch reflektierte Praxis. Dieses Buch lässt sich somit – als praktische Weiterentwicklung des Studienprojekts – insgesamt als Aktionsforschungsprojekt betrachten.

Reflexion als Daueraufgabe

Kennzeichnend für Aktionsforschung ist die enge Zusammenarbeit zwischen Betroffenen und Praktikern. Die Vorteile dieser Form von Zusammenarbeit sind vielfältig, gerade wenn es darum geht, Antworten auf die Fragen der VUCA-Welt zu finden. Das Akronym »VUCA« umschreibt mit den vier Faktoren »volatility« für Volatilität, »uncertainty« für Unsicherheit, »complexity« für Komplexität und »ambiguity« für Mehrdeutigkeit die heutige komplexe Wirtschaftswelt.

Dadurch, dass »praktisches Handeln« und »Schlüsse ziehen« eng aufeinander bezogen sind, wird Reflexion zur Daueraufgabe. Zudem erlaubt die Methode, eine Diversität von Perspektiven und Ansichten zu berücksichtigen. Auch hierauf kommt es bei der Bewältigung aktueller, komplexer Fragestellungen zunehmend an: Gerade in Zeiten, in denen ein Entweder-oder nicht mehr funktioniert und es eigentlich keine klaren Antworten mehr gibt, ist es zentral, möglichst viele Perspektiven auf ein Thema zu sammeln, diese einander gegenüberzustellen und somit einen Nährboden für das Entstehen neuer Lösungen zu schaffen, die in einer Laborsituation kaum hätten entstehen können. Somit entsteht im Vergleich zu einer technischen Rationalität eine sinngetriebene Rationalität – eine spezifische Lösung für ein spezifisches Problem. Dieses ist praktischer Natur und entsteht in Zusammenarbeit mit Betroffenen. Die einzigartige Lösung ist daher im Sinne einer Best Practice nicht eins zu eins übertragbar auf andere Fälle – kann Praktiker:innen mit ähnlichen Fragestellungen jedoch als Inspiration und Hypothese dienen, um diese im eigenen Umfeld erneut zu reflektieren und anzupassen oder auch weiterzuentwickeln.

Aufbruch zur neuen Normalität?

Der Grundton der Gespräche und Interviews zeigte, dass sich die negative Zuspitzung der Krise, wie sie in den Medien oft dargestellt wurde, in der Sinnfindung bei Führungskräften eher im Ausnahmefall widerspiegelt. Auf den ersten Blick überwiegt das Bild, dass sich in den Unternehmen schnell eine neue Normalität einstellt – schwerpunktmäßig im Homeoffice, gut ausgestattet und unterstützt durch IT- und Konferenztools, gut strukturiert und organisiert in virtuellen Meetings. Diese scheinen sogar noch effektiver abzulaufen als persönliche Meetings vor Ort. Ist somit schon alles klar in der neuen Arbeitswelt?

Die Sinnfrage stellt sich neu

Mitnichten, wie ein zweiter Blick auf das Datenmaterial gezeigt hat. Denn bei vielen Führungskräften fand während der Krise ein Umdenken statt. Plötzlich »out of office« zu sein schuf eine neue Welt jenseits des hektischen Alltags und der Machtgefüge im Unternehmen. Die Tunnelfahrt (immer weiter, schneller, größer, erfolgreicher – und das alles in halbwegs eingespielten Strukturen) hatte ein Ende. Zu Hause, zwischen Familie und virtuellen Kolleg:innen, zwischen Küche, Balkon und Schreibtisch angekommen, stellten sich einige vermeintlich bereits beantwortete Fragen neu: Was bedeutet es, einen erfüllten Arbeitstag zu haben? Was sind geeignete Messgrößen für Erfolg? Und wie gehe ich mit dem Kontrollverlust um, den die Krise mit sich bringt?

Mehr Menschlichkeit zulassen

Das Erfrischende an den Antworten: »Out of office« zu sein macht es möglich, jenseits der rationalen, in Zahlen und Prozessen dargestellten Geschäftswelt, die man aus den Büros kennt, wieder mehr Menschlichkeit zuzulassen.

Außerhalb des Tunnels bekommt die Wirtschaft ein emotionaleres Gesicht. Nicht nur, dass Gefühle wieder zugelassen werden und völlig normal sind – auch die subjektive Seite einer für rational gehaltenen Welt rückt wieder ins Bewusstsein. Der Glaube an die Kraft des eigenen Willens nimmt zu. Man vermisst den kulturellen Wert zwischenmenschlicher Begegnungen, die im Flur und in der Kaffeeküche stattgefunden haben. Einige stellen sich ein erstes Mal die Frage, wofür sie arbeiten.

Gleichzeitig empfinden viele Führungskräfte Kommunikation als wichtiger denn je. Im ständigen Austausch zu sein ist nicht mehr selbstverständlich und passiert nicht mehr automatisch. Man bedient sich neuer Plattformen für virtuellen Austausch und ist in sozialen Medien unterwegs. Dadurch wird die Kommunikation persönlicher, meistens eins zu eins. Vielen wird bewusst, wie klein der Ausschnitt der Welt war, den zuvor das Marketing und die Unternehmenskommunikation geschaffen haben – sie informieren sich breiter und gleichzeitig geplanter.

Vor Meetings macht man sich stärker Gedanken darüber, wer dabei sein soll. Diejenigen, die Beiträge leisten, sind oft andere als zuvor. Messen und Konferenzen finden online statt – was ziemlich gut funktioniert. Stakeholder wie Mitarbeitende oder Kundinnen und Kunden kommen mehr zu Wort, da sie häufiger gefragt werden. Es entstehen neue Kommunikationsräume, die als sehr wirksam und hilfreich empfunden werden – Gastgeber:in in diesen Räumen zu sein ist eine Rolle, die einige Manager:innen gerade neu für sich entdecken.

In Summe führt dies dazu, dass sich auch die Machtverhältnisse in Unternehmen verschieben. Einerseits geht es darum, schnell zu sein und sichtbar zu bleiben. Andererseits haben sich dadurch, dass sich Vorbehalte gegenüber agilen Arbeitsweisen durch den Schritt ins Homeoffice in Luft aufgelöst haben, neue Routinen für Abstimmungen und Entscheidungen etabliert – auch in Bereichen und Abteilungen, in denen selbstbestimmtes Arbeiten vor der Krise nicht üblich war. Autonomie schafft Resilienz – und Beispiele wie jenes des chinesischen Unternehmens *Haier* zeigen, dass selbstorganisierte Modelle auch im großen Stil skaliert werden können und gerade in Krisensituationen aufblühen.

Jeder sein eigener CEO   !

Haier ist ein multinationaler Konzern, inzwischen Weltmarktführer für Haushaltsgeräte und Unterhaltungselektronik. Das Unternehmen entwickelt, produziert und verkauft Produkte wie Kühlschränke, Waschmaschinen, Computer, Fernsehgeräte und umfasst neben *Haier* selbst zum Beispiel auch die US-Marke *GE Appliances* (seit 2016) und das italienische Unternehmen *Candy* (seit 2018). Eine ungewöhnliche Kulturreise begann für *Haier* bereits im Jahr 1985, als CEO Zhang Ruimin seinen Mitarbeiter:innen befahl, nach einer Kundenbeschwerde 76 Kühlschränke mit Vorschlaghämmern zu zerstören: Es sollte ein radikaler Wandel in Richtung Qualitätskontrolle beginnen.
Bis heute hat er den Ansatz in vielen Facetten weiterentwickelt. Seit Langem hat *Haier* vor allem Bürokratie im Fadenkreuz und ist seitdem konsequent bestrebt, ein Unternehmen aufzubauen, in dem jeder direkt dem Kunden gegenüber verantwortlich ist. Zhang Ruimin be-

zeichnet dies als »Null-Distanz«, in der ein offenes Ökosystem von Konsumenten, Erfindern und Partnern die formale Hierarchie ersetzt. Das Motto lautet: die Mitarbeiter:innen dazu ermutigen Unternehmer:innen zu werden, denn der Mensch sei nicht Mittel zum Zweck, sondern Selbstzweck (Hamel/Zanini 2018). Das Ziel ist: Jeder soll sein eigener CEO werden – ein Konzept, das sich in der Covid-19 – Pandemie erneut bewährt und *Haier* auf dem Erfolgspfad gehalten hat.

Lernen aus der Krise

Ist dies ein Modell auch für andere große Unternehmen? Viele unserer Gesprächspartner:innen haben uns gesagt, dass das Lernen aus der Krise ganz oben bei ihnen auf der Agenda steht. Die meisten von ihnen gingen zum Interviewzeitpunkt jedoch davon aus, dass das »New Normal« sich nach Corona eher wie ein »Old Normal« und weniger wie einem Paradigmenwechsel anfühlen wird. Sie versuchten sich möglichst schnell und effizient darauf einzustellen. Typische Fragen, die in den Interviews auftauchten, waren:

- Wie können wir die Krise noch besser als Beschleuniger für die Digitalisierung nutzen?
- Wie können wir schnell wieder einen Zustand von profitablem Wachstum erreichen?
- Wann geht es zurück ins Büro – oder wie viele Tage Homeoffice werden künftig erlaubt sein?

Fragen dieser Art führen zu schnellen Antworten, vereiteln jedoch die Gelegenheit zur Ursachenforschung und die Möglichkeit, der Komplexität der aktuellen Krise auf den Grund zu gehen und auch die unsichtbaren Entwicklungen sichtbar zu machen.

1.3   Über wertschätzende Kommunikation Lösungsräume eröffnen

Wohin die Reise in der Wirtschaft letztlich geht, schien für die Studienteilnehmer:innen somit offen. Relativ eindeutig ließ sich aus den Interviews jedoch ablesen, dass Kommunikation eine neue Bedeutung gewinnt – teilweise durch ganz alltägliche Fragen und Herausforderungen, wie man denn nun am besten virtuell mit dem eigenen Team kommuniziert – teilweise auch mit strategischerem Blick, zum Beispiel ausgerichtet auf das zunehmende Verschwimmen von Unternehmens- und persönlicher Kommunikation im Homeoffice. Ankündigungen »von oben« schienen plötzlich noch weiter entfernt, während die eigene Kommunikation auf den Prüfstand gestellt wurde. Somit rückte die Teamkommunikation in den Mittelpunkt: Wie arbeiten wir zusammen, um effizient und effektiv zu bleiben? Welche Routinen brauchen wir, wenn der informelle Austausch in der Kaffeeküche und auf dem Flur wegfällt? Wie stellt die Führungskraft ohne direkten Durchgriff sicher, dass in den Teams Resultate produziert werden? Und wie können wir die psychische Gesundheit im Betrieb langfristig sicherstellen, wenn sich Homeoffice und teilweise die soziale Isolation von Mitarbeitenden doch länger hinziehen als zunächst gedacht?

Auf zur Lernreise!

Wir möchten Sie auf eine Lernreise mitnehmen, die damit beginnt, wo für uns zukunftsfähige Kommunikation ganz generell ansetzt: bei einer wertschätzenden Erkundung, die auf positiven Erfahrungen und Erlebnissen aufbaut – einer sogenannten »Appreciative Inquiry« (Cooperrider 2008). Diesen Startpunkt für einen kommunikativen Einstieg in komplexe Fragestellungen möchten wir auch Ihnen ans Herz legen, wenn Sie im Geschäftsalltag auf Fragestellungen dieser Art treffen.

Tool: Wertschätzende Erkundung

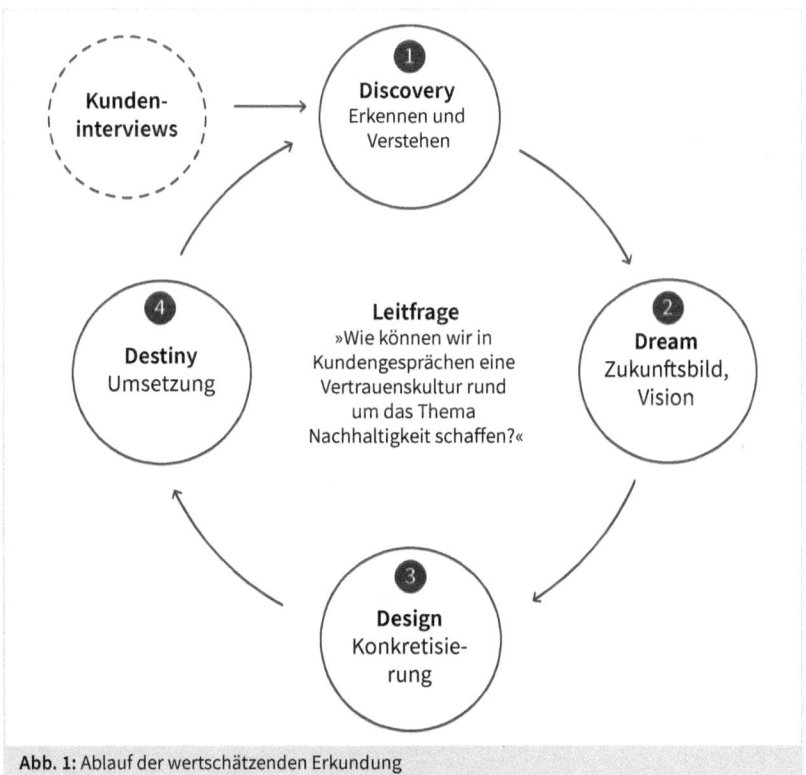

Abb. 1: Ablauf der wertschätzenden Erkundung

Wofür?
Die wertschätzende Erkundung (engl. *appreciative inquiry*) kommt meist als Großgruppenmethode zum Einsatz, um eine positive und optimistische Grundhaltung bei Individuen und in Teams zu fördern. Im Vordergrund steht die Wertschätzung des Besten im Menschen (als Kolleg:innen, Mitarbeiter:innen, Verhandlungspartner:innen etc.) – sowohl in Bezug auf die Vergangenheit und die Gegenwart als auch beim Aufspüren von Potenzialen, die Inspiration für die

Zukunft liefern. Bei der Erkundung geht es um das Stellen von Fragen, die es erlauben herauszustellen, was bereits gut funktioniert und in welchen Bereichen sich die Gesprächssituation öffnen lässt für Neues bzw. auch, wie sich das Neue zeigen könnte.

Beispiel

Ein IT-Entwicklungsteam wird im Rahmen einer Reorganisation über mehrere Standorte hinweg neu zusammengestellt. Mitarbeitende mit diversen Hintergründen kommen zusammen und erhalten die Aufgabe, im Rahmen eines Kulturprojekts die Zusammenarbeit neu zu organisieren. Die Herausforderung besteht darin, dass die Standorte und Teams bereits unterschiedliche Erfahrungen mit Transformationen ähnlicher Art gesammelt haben: Einige Teammitglieder fühlen sich von dem nächsten Strategieprogramm schlichtweg überrollt – andere fühlen sich unsicher, welche Form von Zusammenarbeit sich das Management letztlich wünscht. Eine wertschätzende Erkundung erlaubt es den Teilnehmenden, sich auf positive Aspekte der Zusammenarbeit zu fokussieren und eine optimistische Grundhaltung zum bevorstehenden Projekt einzunehmen.

Die Methode eignet sich für Situationen, in denen Menschen neu für eine Zusammenarbeit zusammenkommen, aus der heraus Neues entstehen soll – in virtuellen Teams genauso wie am Verhandlungstisch.

Worauf es ankommt

- Die wertschätzende Erkundung fokussiert ausschließlich auf das Positive: Stärken, die Mitarbeitende und die Organisation auszeichnen, und Topleistungen, die Teams bereits erreicht haben.
- Kritische Aspekte werden nicht beleuchtet, was die wertschätzende Erkundung von anderen Großgruppenmethoden wie dem Open Space unterscheidet.
- Gerade in angespannten Teams besteht durch eine wertschätzende Erkundung die Chance, eine ermutigende Grundstimmung zu schaffen: Es geht darum, die Aufmerksamkeit aller Organisationsmitglieder auf das Positive auszurichten.
- In Zeiten von VUCA und Pandemie herrscht in vielen Organisationen eine Kommunikation über negative Aspekte vor – mit drastischen Folgen: Denn das, worauf wir unsere Aufmerksamkeit richten, nimmt zu. Somit beginnen sich die Geschichten zu bewahrheiten, die wir uns selbst erzählen.
- Umgekehrt belegen zahlreiche Studien, dass Kulturen immer dann aufblühen, wenn sie sich ein positives Bild von sich selbst und ihrer Zukunft machen. Bei der wertschätzenden Erkundung geht es darum, eine positive Grundhaltung und Grundüberzeugung im Umgang mit Menschen, Gruppen und sozialen Systemen zu schaffen.

Schritt für Schritt

Schritt 1 – Discovery (Erkennen und Verstehen): Im ersten und oft entscheidenden Schritt geht es darum, die Geschichte und die Gegenwart der Organisation wertschätzend zu erkunden. Im Mittelpunkt stehen Emotionen, die zu Verbundenheit und Zugehörigkeit führen – aufgehängt an einem kraftvollen, gleichzeitig anspruchsvollen Kernthema, wie zum Beispiel »Kultur der Zusammenarbeit für gestärkten Kundenfokus«.

Schritt 2 – Dream (Zukunftsbild entwerfen): In diesem Schritt ist Träumen erlaubt: Die besten Beispiele, sozusagen die Juwelen der Geschichte und Gegenwart der Organisation, werden zu einem Zukunftsbild zusammengesetzt.

Schritt 3 – Design (Zukunftsbild konkretisieren): Mit diesem Schritt beginnt die eigentliche Arbeit an der Zukunft. In der Design-Phase werden die Beispiele der Dream-Phase zu konkreten Zukunftsbildern weiterentwickelt – oft in Form von Zeichnungen, Fotos, Modellen oder ausformulierten Zukunftsaussagen.

Schritt 4 – Destiny (Umsetzen): In Schritt 4 steht die Frage im Fokus, woran konkret gearbeitet werden muss, um das Zukunftsbild Wirklichkeit werden zu lassen. Die wertschätzende Erkundung mündet in Projektarbeit – ausgerichtet auf ein gemeinsames Ziel mit einem positiven Anspruch an Verbundenheit.

Musterfragen für die Discovery-Phase

- Wie kamen Sie zu dieser Organisation – und was hat Sie besonders zu dieser Organisation hingezogen?
- Was waren Ihre ersten Eindrücke? Was hat Sie von Beginn an begeistert?
- Bei allen Höhen und Tiefen, die Sie bereits erlebt haben: Welches ist Ihre herausragende positive Erfahrung? Erzählen Sie bitte eine Geschichte, die Folgendes beinhaltet:
    - Was ist genau geschehen? Welche Personen sind in diesem Zusammenhang wichtig und warum?
    - Wie zeigt sich an diesem Beispiel das Beste, was die Organisation aktuell kann?
    - Auf welche Faktoren kommt es an, um dieses Beispiel zu etwas Besonderem zu machen?

Rahmenbedingungen

Dauer:	ca. 1 Tag (bzw. 4 × 2 Stunden)
Format:	virtuell (z. B. Videokonferenz begleitet durch virtuelles Whiteboard) oder persönlich
Teilnehmende:	Großgruppe oder einzelne Teams

Über Empathie zum Mut, Dinge radikal neu zu denken

Was verändert sich durch diesen positiven Einstieg in schwierige Themen? Es steigt zum Beispiel die Empathie – die Fähigkeit also, sich in andere Menschen hineinzuversetzen. Dies wiederum erhöht das Selbstvertrauen und den Mut, Probleme zu erkennen und anzuerkennen – eine Voraussetzung dafür, über den Tellerrand hinauszuschauen und auch mal radikal neu zu denken. Genau das braucht es, war auch ein Fazit unseres Studienprojekts: »Jetzt sind unternehmerisch denkende Manager gefragt, die mit Mut und Inspiration nach vorn schauen und mit ihren Teams das Wirtschaften der Zukunft einfach umsetzen!«

1.4 Hybrides Arbeiten bleibt

Und wie nachhaltig ist die Aufbruchsstimmung nun wirklich? Einblicke könnte uns die eingangs erwähnte Regnose vermitteln, die es uns ermöglicht, aus der Zukunft zurückzublicken. Schlaglichter erlauben auch groß angelegte quantitative Studien, wie der jährlich erscheinende »Work Trend Index« der Firma *Microsoft*. Neue Ergebnisse erschienen ziemlich genau ein Jahr nach Beginn der Corona-Pandemie im März 2021.

Im Fokus des Index stehen zwei Fragen: Wie arbeiten Menschen zusammen? Und wie hat sich die Zusammenarbeit im Jahresverlauf verändert?

Auf dem Weg zu mehr Menschlichkeit?

Microsoft bestätigt einerseits die zunehmende Menschlichkeit: Im Homeoffice gibt es weniger Tabus – und die Webcam am Bildschirm erlaubt dann doch einige Einblicke in das Privatleben. 39 Prozent der Befragten sagen, dass sie authentischer agieren. 31 Prozent sagen, es sei ihnen nicht unangenehm, wenn ihr Privatleben in der Arbeit sichtbar wird – mit positiven Folgen für Produktivität und Wohlbefinden.

Führungskräfte als Profiteure?

Auch belegt die Studie, dass Führungskräfte insgesamt positiv durch die Pandemie kommen. 61 Prozent geben an, es gehe ihnen gut im Dauer-Homeoffice.

In Bezug auf andere Themen schlägt die Studie zu Beginn des zweiten Pandemiejahres jedoch Alarm: Im Kontrast zu den Manager:innen geben beispielsweise nur 33 Prozent der Singles ohne Führungsverantwortung an, dass sie sich im Homeoffice wohlfühlen.

Auch die Generation Z leidet. Den jungen Mitarbeitenden fehlen die sozialen Kontakte. Bei ihnen führt die Krise oft zur Vereinsamung.

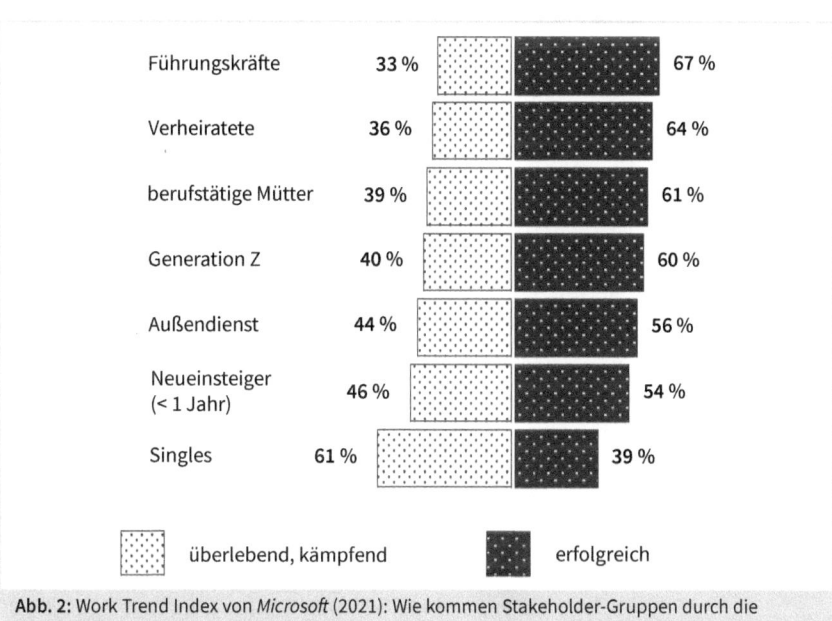

Abb. 2: Work Trend Index von *Microsoft* (2021): Wie kommen Stakeholder-Gruppen durch die Pandemie?

Zudem schrumpfen insgesamt die Netzwerke: Während der Austausch im engeren Netzwerk am Arbeitsplatz im Homeoffice zunächst stark gewachsen ist, erodiert er über die Zeit – eine direkte Gefahr für Produktivität und Innovationen.

Erschöpfung als Antrieb zu weiterer Reflexion?

Stichwort Produktivität: Mitarbeitende schätzen ihre Produktivität weiterhin als sehr hoch ein. Mehr als die Hälfte der Beschäftigten fühlt sich aber zugleich überarbeitet, knapp 40 Prozent fühlen sich erschöpft. Die Zahl der weltweit geschriebenen E-Mails ist laut Microsoft Work Index auf ein neues Hoch von 40,6 Milliarden gestiegen.

In Konsequenz führt das zu einer Situation, die für CEOs, HR- und Kommunikations-manager:innen gleichermaßen ein Weckruf sein sollte: 41 Prozent der Beschäftigten erwägen, ihren Arbeitgeber zu verlassen. Die Pandemie hat diesen Wert auf einen Höchststand gebracht. Viele Menschen denken darüber nach, was sie antreibt, suchen ihr persönliches »Why« und sind bereit, Grundsätzliches infrage zu stellen. Bürokratische oder hierarchische Führungskulturen sind Auslaufmodelle. Für viele Unternehmen bedeutet das, umfassende Transformationsprozesse anzustoßen.

An Digitalisierung mangelt es dabei nicht. Es geht immer mehr um Emotionen und die weichen Faktoren. Physisch und psychisch belastete Mitarbeitende gefährden den Unternehmenserfolg, ruinieren das Arbeitgeberimage und die steigenden Abgänge führen zu hoher Fluktuation. Aber auch ohne die wirtschaftlichen Erwägungen steht es allen gut zu Gesicht, sich um die mentale und physische Gesundheit der Mitmenschen zu kümmern.

Ein kreativer Weg, um den Krisenmodus zu verlassen

Kreative Wege, um neue Perspektiven zu gewinnen und den Austausch zu befördern, tun not. Dabei kommt es in erster Linie auf die Führungskräfte an: Sich um das eigene Wohlbefinden zu kümmern reicht nicht. Jetzt geht es darum, die Verbindungen zum Team zu stärken, eine neue Stufe der Sinnfindung zu starten und durch hohe Kreativität und Innovationskraft einen positiven Sog zu erzeugen.

Einen Schlüssel dazu sehen wir darin, Kommunikation neu zu denken. Dies erfordert in der Praxis einen engen Schulterschluss zwischen Kommunikation, HR, der IT und allen Führungskräften in der Organisation. Auch diese neue Form der funktionsübergreifenden Zusammenarbeit erfordert ein Umdenken und ist Teil der bevorstehenden Transformation der gelebten Praxis.

Integrale Kommunikationssicht tut not – und eröffnet Potenziale für alle

Wir vertreten die Hypothese, dass die eigentliche Bedeutung der Kommunikation noch weiter geht und darin liegt, alle Führungskräfte – unabhängig von ihrer Funktion – in ihrer Entwicklung zu befähigen und die Organisation insgesamt zukunftsfähig zu machen. Es geht um einen vertrauensvollen Umgang miteinander, um Zusammenarbeit und Kokreation und eine konsequente Orientierung am Purpose – der eben nicht, wie oft gehandhabt, ein »Vision Statement 2.0« oder einen erwarteten Marketing-Claim, sondern einen glasklaren Kompass für das Handeln und Entscheiden der Organisation und ihrer einzelnen Mitarbeiter:innen darstellt. Eine Kommunikation, die die intrinsische Motivation einer gesamten Organisation entfacht und über diesen Weg die Kunden im Markt begeistert, ist nicht die Leistung eines besonders qualifizierten Kommunikations- oder HR-Teams. Sie erfordert die Arbeit *aller* an ihren Haltungen und Einstellungen – ein Führungsverhalten, das permanente Entwicklung ermöglicht und quasi zur Pflicht macht, Strukturen, die Freiräume und Effektivität in der Umsetzung nicht als Gegensätze betrachten, und eine Kultur, die die Organisation im Einklang mit ihrer Umwelt hält. Das ist für uns »Kommunikation neu gedacht«: integral gedacht, auf den Umgang mit Komplexität ausgerichtet und zugleich sehr praxistauglich, am Arbeitsalltag ausgerichtet.

Was meinen wir mit »integral«? Was wird wo integriert? Das erfahren Sie in den folgenden Kapiteln. Kommen Sie mit auf unsere Lernreise, die für alle Führungskräfte gangbare Wege aufzeigt und einen leichten Umgang mit und eine echte Wertschätzung von Komplexität erlaubt!

2 Eine neue Linse für die Welt – Entwicklung zum integralen Bewusstsein

2.1 Von der Landschaft zur Landkarte

Wir sehen, dass wir an einem Punkt sind, an dem das Arbeitsleben eine neue Wende nimmt. Das »alte Normal« funktioniert an vielen Stellen in der stets komplexer werdenden Umwelt so nicht mehr. Robledo (2020) formuliert es treffend, wenn er die heutigen Managementmodelle als zu »archaisch und simpel« bezeichnet, um effektiv auf die Unsicherheit und Komplexität der Umwelt einzugehen. Wo früher Patentrezepte für alle möglichen Situationen herangezogen werden konnten, ist die Fähigkeit gefragt, ad hoc gemeinsam neue Lösungen zu kreieren und diese fortlaufend zu verbessern. Wir müssen agil auf die sich stets ändernden Umweltbedingungen reagieren können. Damit dies unseren Organisationen gelingt, braucht es umfassende Transformationsprozesse. Doch wie gewinnen wir den Mut, die Kreativität und die Innovationskraft, die jetzt gefragt ist? Wie kann es gelingen, die Chancen dieser Zeit zu nutzen und unser eigenes Führen, Kommunizieren sowie unsere Prozesse, Strukturen und unsere Kultur radikal neu zu denken?

Blicken wir zurück: Der Weg durch unser Leben und unsere Organisationen im »alten Normal« hat uns alle schon an die unterschiedlichsten Ziele geführt. Wir haben die verschiedensten Management- und Kommunikationsmodelle kommen und gehen sehen. Wir haben Führung in vielfältigen Prägungen kennengelernt, uns an ihr versucht und unsere eigenen Führungsstile entwickelt. Wir haben uns über Jahrzehnte auf den Auf- und Umbau organisationaler Silos fokussiert und das Möglichste getan, diese mit Kommunikation wieder in Verbindung zu bringen. In unseren Organisationen haben wir Kulturprogramme durchlaufen und in Management-Offsites Unternehmenswerte definiert und entsprechend rechtfertigende Papiere entwickelt, nur um sie bald darauf wieder in Schubladen verschwinden zu lassen. Mit den steigenden Herausforderungen, getrieben durch die Digitalisierung, Automatisierung und Globalisierung, haben wir unterwegs längst erkannt, dass Wandel unumgänglich und stetig ist. Wir haben festgestellt, dass starre Organisationsstrukturen und -prozesse nicht mehr dienlich sind, und haben agile Formen des Zusammenarbeitens entwickelt. Und schließlich haben wir festgestellt, dass all dies uns Menschen nicht wirklich zuträglich ist, wenn wir es nicht zu einem achtsamen Umgang mit uns und unseren Mitmenschen schaffen.

Vielleicht kommen Ihnen diese Wegpunkte bekannt vor, vielleicht haben Sie Ihre eigene Lieblingsdestination längst gefunden. Vielleicht aber stoßen Sie, wie wir im Kreis der Autor:innen, auch immer wieder auf Widerstände. Sind wir an einem Ziel angekommen, sehnen wir uns ein anderes herbei. Immer wieder drohen wir in alte Muster zurückzufallen. Und oft fehlt uns im steten Wandel zunehmend die Energie, um Dinge wirklich anders zu tun.

Wenn wir uns nun fragen, wie die jetzt so dringend benötigte umfassende Transformation zu gestalten ist, dann finden wir uns oft schon mitten im Wald und sehen diesen vor lauter Bäumen nicht. Geht es jetzt um ein neues Führungsverhalten? Oder kommen die Strukturen und Prozesse in den Fokus? Ist die Unternehmenskultur der entscheidende Aspekt? Und wie überhaupt sieht sie aus, die zukunftsfähige Organisation? Und vor allem: Wie kommen wir als Führungskräfte selbst in die Lage, diese Herausforderungen zu meistern? Diesen Fragen begegnen wir bei unserer Beratungstätigkeit immer wieder. Wir stellen fest, wie groß das Bedürfnis ist, sich in geeigneten Räumen über diese grundsätzlichen Fragen zu unterhalten. Im engen Austausch in sicher gehaltenen Räumen geschieht dabei oft Eindrückliches: Die Menschen rücken näher zusammen – persönliche Themen, vielleicht sogar Ängste werden angesprochen. Man bezieht sich auf die eigenen Motive und stellt dar, warum und wozu man tut, was man tut. Ein gutes Beispiel hierfür war eine Serie von Leadership-Workshops in einem Pharmakonzern: Wo zu Beginn organisationale Themen im Vordergrund standen, war im weiteren Verlauf des Projekts für den Erfolg entscheidend, dass sich die Teilnehmer:innen zutrauten, über ihre tiefste persönliche Motivation zu sprechen. Dieser Austausch hat das Team Gemeinsamkeiten erkennen lassen. Der daraus im weiteren Verlauf des Prozesses entstandene Team-Purpose verleiht der Organisation seither eine klare Orientierung.

Fehlt uns dieser Austausch in der Gruppe, stehen wir allein mitten im dichten Wald. Wie gut wäre es da, eine Karte in der Hand zu halten, die uns den Weg durch die Transformation zeigt? Eine Karte, die es uns ermöglicht, mental alle Destinationen zu durchreisen und doch die ganze Reiseroute, das große Ganze zu erkennen. Wie kraftvoll wäre es, ein klares Bild von der Zukunft zu haben, das uns Orientierung und Motivation gibt?

2.2 Die Landkarte: Integrales Modell

Identifizieren wir uns einmal nicht mit der Landschaft, sondern treten aus dem Wald hinaus oder nehmen gar die Vogelperspektive ein, erhalten wir einen neuen Blick auf die Welt. Hier, hoch oben und weit herausgezoomt, erkennen wir, dass immer vier Aspekte auf unserer Reise wesentlich sind:

1. wir als Individuen, unsere eigene Haltung, unsere Gedanken und Gefühle, unsere Sinne und alle Wahrnehmungen unseres Körpers
2. unser eigenes Verhalten – so auch unsere Führung und unsere Kommunikation und unser Wissen wie auch die Kompetenzen und Erfahrungen, die wir auf unserem Weg gewonnen haben – sowie unser Körper, mit dem wir mehr oder minder gut umgehen
3. die Strukturen und Prozesse, die wir in unseren Organisationen gestalten, um Zusammenarbeit zu ermöglichen und gute Produkte und Dienstleistungen herzustellen oder anzubieten
4. die Kulturen, deren Teil wir sind, und die Qualität unserer Beziehungen in diesen Kulturen

Sehen wir diese vier Aspekte gleichzeitig, erhalten wir mehr als eine Landkarte. Wir erhalten eine Linse, mit der wir auf die Welt, auf unser Leben und Arbeiten blicken können. Glücklicherweise gibt es Menschen, die ihr Leben ganz der Konzeption dieser neuen Linse für die Welt gewidmet haben. Einer dieser Menschen ist Ken Wilber. Das AQAL-Modell des US-amerikanischen Autors (2005) bildet den Kern dieser Bestrebungen. Es integriert – stark vereinfacht – u. a. die vier Perspektiven von Wirklichkeit: das Ich im Innen – unsere subjektive Perspektive, das Ich im Außen – unser Verhalten, das Wir im Außen – die Strukturen und Prozesse in unseren Organisations- und Lebenswelten, sowie das Wir im Innen – die Kulturen, in denen wir uns befinden. »AQAL« steht dabei für »All Quadrants All Levels« – neben den vier Quadranten, und darauf gehen wir in den folgenden Kapiteln etwas genauer ein, sieht Wilber auch unterschiedliche Stufen und Linien der Entwicklung.

Blicken wir auf die vier Quadranten, erlangen wir nicht nur eine, sondern gleich vier mögliche Perspektiven zur Betrachtung der Wirklichkeit – ganz unabhängig davon, ob wir auf unser Leben oder das Arbeiten in Organisationen blicken. Jede Perspektive können wir einzeln betrachten, doch spielen sie auch immer zusammen. Das Vier-Quadranten-Modell führt alle vier Perspektiven zusammen. Es führt uns zu einer integrierenden und damit integralen Sicht auf unser Leben, unser Arbeiten, unsere Gesellschaften und die Welt als Ganzes.

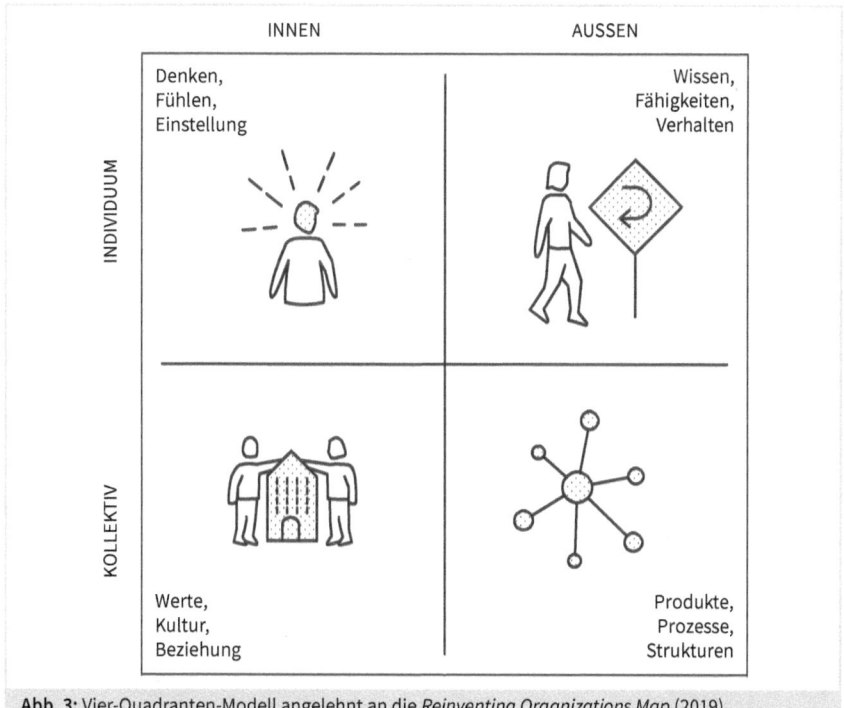

Abb. 3: Vier-Quadranten-Modell angelehnt an die *Reinventing Organizations Map* (2019)

29

Die linken Quadranten des Modells beziehen sich auf unsere subjektiven Erfahrungen. Sie sind als »Innen« bezeichnet. Diese subjektiven Erfahrungen, als Individuen in den beiden oberen und als Kollektiv in den beiden unteren Quadranten, sind einfach von uns erleb- und beschreibbar. Genau sie sind es, die im alten Normal bis dato vielleicht zu wenig im Fokus standen. Was haben wir gekämpft um den Anspruch auf Wahrheit – und dabei eben dem gehuldigt, was wir sehen, beobachten und messen können. Doch: Für die gelingende Transformation wird es jetzt wichtig sein, die individuellen Realitäten gelten zu lassen. Ganz im Sinne des Konstruktivismus wissen wir, dass der einzelne Mensch sich seine Realität selbst konstruiert, es also nicht die eine, sondern ebenso viele Realitäten wie Menschen gibt.

Die rechten Quadranten des Modells beschreiben im Gegensatz dazu alles objektiv Beobacht- und Sichtbare. Dabei handelt es sich auf der individuellen Ebene um unser Wissen, Verhalten und Können (2. Quadrant), auf der kollektiven Ebene um Produkte, Strukturen und Prozesse in unseren Organisationen (3. Quadrant). Anzumerken ist hier, dass die »Reinventing Organizations Map«, an die wir uns in der gezeigten Grafik anlehnen, Wissen und Fähigkeiten dem zweiten Quadranten zuordnet, da dies objektiv überprüfbare Aspekte sind.

2.3   Bewusstseinsentwicklung im integralen Modell

Blicken wir durch die integrale Linse auf die vier Quadranten, werden wir feststellen, dass uns der konzentrierte Blick auf einen Aspekt der Welt ermöglicht, das Potenzial für unsere individuelle und kollektive Entwicklung zu erkennen. Wir werden feststellen, dass wir selbst und die unterschiedlichsten Gruppen, deren Mitglieder wir sind, den Fokus auf bestimmte Quadranten legen. Der Blick durch die integrale Linse zeigt uns oft Wege für eine mögliche Entwicklung auf.

Wir werden feststellen, dass wir uns alle auf den unterschiedlichsten Entwicklungsstufen befinden – individuell und in der Gruppe, im Team.

Der Mensch entwickelt sich ein Leben lang – horizontal und vertikal. Die horizontale Entwicklung meint dabei die Erweiterung unserer Fähigkeiten und Kapazitäten: Wir lernen und vertiefen unser Wissen. Daneben – mit dem Herauszoomen auf das große Ganze, mit dem Einnehmen von ganz neuen Perspektiven – wächst unser Bewusstsein. Ist dies der Fall, entwickeln wir uns vertikal – in die Tiefe. Wir werden geübter im Umgang mit unseren Emotionen und in der Gestaltung unserer Beziehungen (Bozesan, 2020).

Doch entwickeln wir uns, um etwas besser zu tun? Sind wir als Menschen Mittel zum Zweck oder der Zweck selbst (Robledo 2020)? Sind wir Ressource oder sollte sich nicht viel mehr alles um unsere Entwicklung, unser Aufblühen drehen?

Bewusstsein – pragmatisch betrachtet

Der Begriff »Bewusstsein« bringt seine Herausforderungen mit sich. Einerseits verstehen wir darunter unsere Bewusstseinszustände wie Wach-Sein, Träumen und Tiefschlaf. Andererseits ist der Begriff teilweise geprägt durch die esoterische Szene und wirkt möglicherweise abschreckend auf Sie, geschätzte Leserin, geschätzter Leser.

Doch genauso, wie der Begriff »Bewusstsein« spirituell aufgeladen werden kann, kann er auch ganz pragmatisch betrachtet werden. Wir alle sind uns im unterschiedlichsten Grad und Ausmaß der Geschehnisse in unserem Leben bewusst. Je öfter wir reflektieren, auf uns selbst und die Geschehnisse um uns herum blicken und sie mit unseren Mitmenschen diskutieren, desto bewusster werden wir uns. Auf dem Weg durch unser Leben, durch das Sammeln all unserer Erfahrungen werden wir uns immer größerer Teile der Welt bewusst.

Wurzeln in der Entwicklungspsychologie

Die Wissenschaft hat sich schon früh mit der psychologischen Entwicklung befasst. Ein großer Pionier auf dem Gebiet der Entwicklungsforschung ist sicherlich der Schweizer Biologe Jean Piaget (1950), der die kognitive Entwicklungspsychologie begründete. Neben Piaget, der auf die psychologische Entwicklung des Kindes fokussiert hatte, gab es andere herausragende Figuren, die die Entwicklung der Menschheit in den Blick genommen und philosophisch untersucht haben. Hier spielte der Schweizer Philosoph Jean Gebser früh eine zentrale Rolle. Als Kulturwissenschaftler widmete er sich im frühen 20. Jahrhundert der Bewusstseinsgeschichte des Menschen und entwickelte ein Modell, um sie besser zu verstehen.

Gebsers Modell (1999) beschreibt fünf Stufen: die archaische, die magische, die mythische, die mentale und schließlich die integrale Stufe. Die letzten beiden Stufen, insbesondere der Übergang von der mentalen zur integralen Stufe, sind für unsere Zeit hier und jetzt zentral. Als Menschheit befinden wir uns an einem Punkt der Entwicklung, an dem wir aus dem starken Glauben an die Wissenschaft hinaustreten und einsehen, dass nicht nur sie allein die einzig richtigen Antworten auf alle Fragen und damit alle Wahrheiten kennt. Unsere Ratio tritt im Arbeits- und Privatleben häufiger in den Hintergrund, da wir spüren, dass andere Aspekte wichtiger werden: unsere Gefühle, unser Wohlbefinden und unsere zwischenmenschlichen Beziehungen. Zunehmend kümmern wir uns nicht mehr nur um uns selbst und unseren eigenen Vorteil. Mehr und mehr beziehen wir das Wohl unserer Mitmenschen und das Wohl der Umwelt in unsere Überlegungen mit ein. Wir sind im Begriff, eine neue Form des Wirtschaftens zu entwickeln, die nicht mehr darauf abzielt, möglichst viel Gewinn zu machen, sondern darauf, möglichst hohe Mehrwerte für Mensch und Umwelt zu generieren.

Wilber (2007) seinerseits fasst die Entwicklung des Menschen in drei Stufen zusammen und beschreibt den Weg als Übergang vom ego- über das ethno- hin zum weltzentrischen Bewusstsein. Er illustriert dies an der moralischen Entwicklung eines Kindes: Früh in seinem Leben bezieht es sich ganz auf sich selbst und ist noch nicht sozialisiert. In seiner moralischen Entwicklung ist es egozentriert. Später bezieht es mehr und mehr seine Familie, das soziale Umfeld, aber auch die (nationale) Kultur in seine Entwicklung mit ein (ethnozentrisch). Schließlich, und hier liegt das große Potenzial, kann der Mensch in seiner moralischen Entwicklung die weltzentrische Stufe erreichen, die das Wohl aller Menschen mitberücksichtigt.

Wohl des Planeten rückt in den Fokus

Auf uns als Führungskräfte und Organisationen bezogen kann dies heißen: Wo wir uns – früh im alten Normal – vor allem uns selbst wichtig waren, auf den eigenen Vorteil bedacht, und mit der Organisation ausschließlich nach Profit strebten, haben wir über die letzten Jahrzehnte immer stärker das Wohl aller Mitarbeitenden und Anspruchsgruppen in unsere Betrachtung miteinbezogen. Und schließlich – das sehen wir an der starken Bewegung hin zu mehr Nachhaltigkeit – liegt uns zum guten Glück auch immer mehr das Wohl unseres Planeten, der Welt als großes Ganzes am Herzen.

Von der Hierarchie der Bedürfnisse zu Spiral Dynamics

Nach Gebser und Piaget griffen in den 1960er-Jahren weitere Wissenschaftler:innen diese Gedanken auf und entwickelten weiterführende Modelle, um unsere Entwicklung besser zu verstehen. Allseits bekannt gesellt sich beispielsweise die »Hierarchie der Bedürfnisse« von Abraham Maslow in diese Tradition. Für die Organisationsentwicklung besonders einschlägig ist das von Don Edward Beck und Christopher C. Cowan (2017) entwickelte Modell der »Spiral Dynamics«, das auf der Arbeit von Clare Graves beruht. Es beschreibt eine spiralförmige Entwicklungsbewegung unseres Bewusstseins – als Individuen und im Kollektiv – durch unterschiedliche Stufen.

Das Modell wird immer wieder kontrovers diskutiert. Das Kritische daran ist, dass es vermeintlich Menschen schubladisiert, sie bestimmten Kasten zuordnet. Das war jedoch nie die Absicht: Mit seinen Stufen beschreibt Spiral Dynamics nicht die Entwicklungsstadien von Menschen, sondern die unterschiedlichen Aspekte ihres Bewusstseins, die gerade prominent sind. So steht ein Mensch nicht auf einer bestimmten Stufe, sondern zeigt nur gerade deren Charakteristika (Robledo 2020).

Alle Stufen sind in uns angelegt und – je nach Kontext, in dem wir uns befinden, und je nach Wegpunkt auf unserer individuellen Reise der Entwicklung – unterschiedlichen ausgeprägt.

Zentral ist: Menschen, Kulturen und Organisationen orientieren sich an Werten. Diese Werte beeinflussen unser Fühlen, Denken und Handeln. Wenn wir versuchen, Organisationen so zu gestalten, dass sie möglichst gut mit der heutigen Komplexität umgehen können, dann tun wir gut daran zu verstehen, an welchen Werten wir uns im- oder explizit orientieren.

Farbcodierte Stufen zur leichteren Orientierung

Spiral Dynamics als Modell arbeitet mit farbcodierten Stufen, die uns eine Orientierung erlauben. Wenn wir uns einen Überblick über diese Stufen verschaffen, werden wir schnell Parallelen zur Evolution des Menschen feststellen.

Vorweg noch eines: Es gibt unterschiedliche Stufenmodelle und Interpretationen. Für dieses Buch lehnen wir uns an die Interpretation von Frédéric Laloux in seinem Bestseller »Reinventing Organizations« (2014) an. Er reduziert die Stufen aus dem Spiral-Dynamics-Modell und vereinfacht es, sodass es sich gut dafür eignet, auf Führung und Kommunikation in Organisationen zu blicken. Laloux benutzt zur Kennzeichnung der Stufen – wie dies auch andere tun – eine klar definierte Farbcodierung.[1]

1. *Rot* – **Macht:** In der *roten* Stufe geht es um die Ausübung von Macht. Es gibt hier keine formellen Hierarchien, vielmehr weiß jeder – einem Rudel ähnlich –, »wer der Chef ist«. Positiv gedeutet kann *Rot* sich mit Mut, starkem Willen, Ehrgeiz und Enthusiasmus durchsetzen. Negativ ausgeprägt herrscht *Rot* mit Autorität, ist aggressiv und schürt ein Klima der Angst.

2. *Bernstein* – **Konformität:** *Bernstein* setzt auf starre Hierarchien. Strukturen sind hier stabil und skalierbar. Zentral sind Ordnung und Vorhersagbarkeit, während Wandel immer kritisch betrachtet wird. *Bernstein* plant mittel- und langfristig und geht davon aus, dass immer funktionieren wird, was einst funktioniert hat.

3. *Orange* – **Leistung:** Die *orange* Stufe beschreibt unsere Entwicklung hin zur stark marktwirtschaftlich orientierten Gesellschaft. Hier sind Erfolg und Wohlstand unser Ziel. Rationalität, Wissenschaft und Innovation sind die zentralen Aspekte. *Orange* Organisationen verstehen sich als gut geölte Maschine. *Orange* legt wenig Wert auf die Rechte des Kollektivs und ist blind für Gefühle und Kultur. Die Maximen der Effizienz und der Effektivität gelten hier auch für das Privatleben.

---

1   Je nach Autor:in unterscheiden sich Selektion und Anzahl der Farben respektive Stufen. Mit der Auswahl der Kennzeichnungen von Laloux erheben wir keinen Anspruch auf Richtigkeit, vielmehr dient sie der Vereinfachung dieses Modells.

4. *Grün* – **Familie:** Die *grüne* Stufe stellt die Verbundenheit der Menschen in den Vordergrund. Hier streben wir nach Harmonie in der Gruppe, nach dem Leben in funktionierenden Gemeinschaften. Entsprechend sind wir in *Grün* achtsam und empathisch und sehen uns als gleichwertig.

5. *Petrol* – **lebender Organismus:** *Petrol* integriert die anderen Stufen – diese Stufe wird deshalb auch die »integrale Stufe« genannt. Hier übernehmen wir Verantwortung für unser eigenes Sein in der Evolution. Wir fokussieren auf die Zukunft. Wir schenken nicht allein der Wissenschaft Glauben, sondern nutzen aktiv auch unsere Intuition für Entscheidungen. Auf dieser Stufe ergeben sich neue Möglichkeiten für unser Tun, die Gestaltung von Organisationen und das soziale Miteinander.

Sicher, das Modell vereinfacht stark. Doch: Wenn man es nicht überlädt – es nicht als Landschaft, sondern eben als unzulängliche Karte sieht –, kann es Orientierung geben. Es kann uns darin unterstützen zu erkennen, an welchem Punkt der Entwicklung wir uns individuell und als Organisation befinden. Wichtig dabei: Die Entwicklung ist nicht linear, wie wir dies vielleicht annehmen. Vielmehr verläuft sie in Zyklen. Jede der beschriebenen Ebenen wirkt in uns – jede ist unterschiedlich stark ausgeprägt. Und: Jede der Ebenen hat ihren Sinn, jede ist nützlich. Je mehr es uns gelingt, alle Stufen als gleichwertig anzusehen, desto eher können wir alle Stufen integrieren.

Je mehr wir uns dieser Werte in uns bewusst sind, desto bewusster können wir unsere Führung und Kommunikation gestalten. Denn: Sind wir uns unserer Werte bewusst, können wir auch die Werte in anderen erkennen. Wir können damit authentisch und zugleich empathisch sein. Damit schaffen wir die besten Voraussetzungen für eine Kommunikation, die mit der heutigen Komplexität umgehen kann.

2.4   Kommunikation im integralen Modell

Besonders spannend wird es, wenn wir die Vier-Quadranten-Linse und die Entwicklungsebenen von Spiral Dynamics verbinden. Dann entsteht eine vollumfängliche Landkarte für sämtliche Themen der Arbeit in einer Organisation. Auffallend ist, dass sich mit der Entwicklung die eigene wie auch die kollektive Kommunikation in der Organisation stark verändern. Organisationen formen und verändern sich im Wesentlichen durch Kommunikation. Entwickelt sich diese, wird klar, wie viel Potenzial in der integralen Perspektive liegt. Und hier kommt Habermas' »Theorie des kommunikativen Handelns« (Römpp 2015) zum Zug. Auch Habermas gilt als Pionier der

Entwicklungssicht und hat einen gleichsam integralen Blick auf Kommunikation. Er differenziert in seiner Theorie drei Welten, die sich als drei Entwicklungsstufen mit zunehmender Komplexität interpretieren lassen:

- die objektive Welt als extern sichtbare Seite, die nachvollziehbar ist und in der logisch und nach Ursache-Wirkungs-Modellen instrumentell gehandelt wird
- die subjektive, nicht sichtbare Welt als innere Seite des Sprechers, in der auf die soziale Welt der Normen verwiesen wird – bei Habermas als »dramaturgisch« beschrieben
- die soziale Welt, in der die eigentliche Interaktion stattfindet und rationale sowie irrationale Elemente zusammenkommen

Während die Kommunikation selbst in der sozialen Welt stattfindet, unterliegt sie doch immer quasi einer Plausibilitätsprüfung: Die Wahrheit wird in der objektiven Welt geprüft. Die Ehrlichkeit speist sich aus der subjektiven Welt. Und die Legitimität ergibt sich aus der sozialen Welt.

Kommunikatives Handeln in den vier Quadranten

Genau an diesem Punkt zeigt sich die integrale Vier-Quadranten-Perspektive: Für Habermas umfasst Kommunikation immer alle vier Quadranten – und dennoch kann sie auch pro Quadrant separat betrachtet werden. Anders formuliert: Habermas unterscheidet auf der individuellen Ebene zwischen innerer und äußerer Sicht (vergleichbar den Quadranten 1 und 2), integriert diese Betrachtungsweise jedoch auf der kollektiven Ebene in einer sozialen Welt (Quadranten 3 und 4).

Adam Leonard (2004), der später gemeinsam mit Ken Wilber, Terry Patten und Marco Morelli den Ratgeber-Bestseller »Integral Life Practice« (Wilber et al. 2008) verfasste, griff Habermas' Ansätze auf und überführte sie in ein Quadranten-Modell, das Kommunikation effektiv integrierte. Seine Bestandsaufnahme war ein erster Versuch, um Kommunikation auf abstrakter Ebene in allen vier Quadranten zu verankern.

Leonard beschreibt Haltung als wichtiges kommunikatives Konstrukt in Quadrant 1. Haltung beschreibt eine Tendenz oder Bewertung einer Sache, oft dargestellt anhand von Gegensätzen – gut oder schlecht, nützlich oder schädlich, angenehm oder unangenehm. Haltungen sind interne Phänomene mit Strahlkraft nach außen: Sie werden zu Meinungen und beeinflussen somit unser Verhalten.

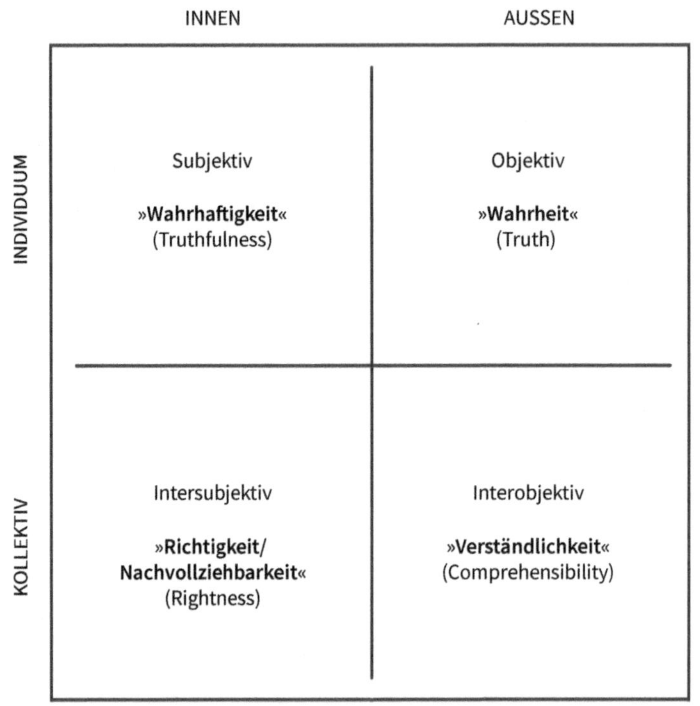

	INNEN	AUSSEN
INDIVIDUUM	Subjektiv »**Wahrhaftigkeit**« (Truthfulness)	Objektiv »**Wahrheit**« (Truth)
KOLLEKTIV	Intersubjektiv »**Richtigkeit/ Nachvollziehbarkeit**« (Rightness)	Interobjektiv »**Verständlichkeit**« (Comprehensibility)

Abb. 4: Anwendung der vier Quadranten auf Kommunikation durch Leonard (2004)

Transformative Kraft von Werten

Auch wenn Haltungen sich direkt auf unsere Kommunikation auswirken, ist es schwierig, Haltungen durch Kommunikation zu beeinflussen. Somit stellt sich die Frage: Wie entstehen Haltungen – was geht ihnen sozusagen voraus? Anderson beschreibt Werte – die Dinge, die uns wichtig sind – als »Mutter der Haltung«.

Werten wird eine transformative Qualität zugeschrieben, da sie unsere Wertungen, Einschätzungen und Vergleiche steuern. Dennoch ist es für uns schwierig, unser eigenes, aktuelles Wertesystem einzuschätzen – meist wird es erst durch eine Entwicklung in ein neues Wertesystem hinein möglich, über die vorherigen Werte zu reflektieren. Erst wenn zum Beispiel eine Krise unser Wertesystem infrage stellt, wird dieses sichtbar.

Wichtig in diesem Zusammenhang: Werte können wir sowohl auf der individuellen als auch auf der kollektiven Ebene beobachten. Während die individuellen Werte unser persönliches Verhalten beeinflussen, gelten die kollektiven Werte als prägendes Element der Organisationskultur. Mehr dazu lesen Sie in Kapitel 5.

Werte in der Kommunikation

Fokussieren wir auf die Werte in der Kommunikation und deren Entwicklung, zeigt sich über alle Quadranten hinweg folgendes Bild (Abb. 5):

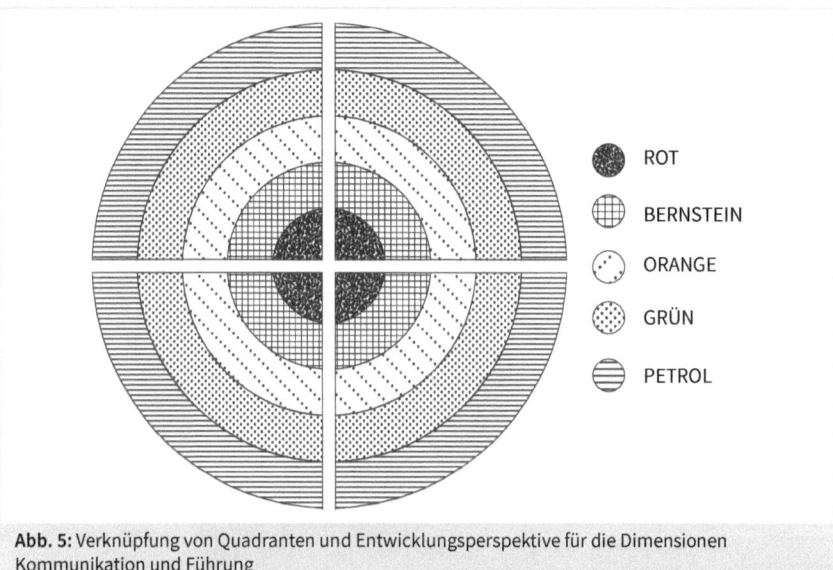

ROT

BERNSTEIN

ORANGE

GRÜN

PETROL

Abb. 5: Verknüpfung von Quadranten und Entwicklungsperspektive für die Dimensionen Kommunikation und Führung

- *Rot:* Kommunikator:innen in *Rot* sind egozentrisch, treten dominant auf und verteidigen ihre Macht. Sie kommunizieren dabei spontan und direkt – ohne Betroffene in Entscheidungsfindungsprozesse miteinzubeziehen. Die Prozesse und Strukturen zeigen sich informell – das Gesetz ist ungeschrieben, und die Kultur ist eine der Gefolgschaft und Unterordnung. Genauso bringt eine *rote* Führungskraft Mut und Durchsetzungskraft als durchaus positive Aspekte mit. Prominentes Beispiel für *Rot* ist das Wolfsrudel.
- *Bernstein:* Führungskräfte in *Bernstein* planen mittel- und langfristig. Sie setzen auf stabile und skalierbare Strukturen und Prozesse. So sind Hierarchien in *Bernstein* starr und tief. Zentral sind hier Ordnung und Vorhersagbarkeit, während Wandel immer kritisch betrachtet wird. *Bernstein* glaubt an die Richtigkeit der einen Lösung und daran, dass immer funktionieren wird, was einst funktioniert hat. Eine Führungskraft mit stark *Bernstein*-dominanter Ausprägung gibt den Mitarbeitenden Instruktionen und macht deutlich, was von ihnen erwartet wird.
- *Orange:* Eine Führungskraft mit *oranger* Prägung orientiert sich oft an ihrem persönlichen Vorteil. Sie würde in die Diskussion einsteigen und zum Finden von Entscheidungen einen Kompromiss anstreben – vor allem aus taktischen Gründen. Gegenüber dem Team setzt sie Ziele und erwartet, dass die Mitarbeitenden Verantwortung übernehmen. Die *orange* Organisation ist konsequent auf Effizienz

und Effektivität getrimmt. Die Kultur ist durchweg leistungsgetrieben und strebt den Sieg über die Mitbewerber an.

- *Grün:* Eine *Grün*-orientierte Persönlichkeit stellt das Wohl der Gemeinschaft ins Zentrum. In ihrer Kommunikation setzt sie derweil stark auf den Dialog. Ihr ist es wichtig, einen Konsens zu finden. Der Kontakt untereinander und damit das gemeinsame Entscheiden stehen im Vordergrund. Strukturen und Prozesse gestalten sich in *Grün* so, dass möglichst viel individuelle Mitsprache und Mitwirkung möglich sind. Die Kultur hält Werte wie Harmonie und Gleichheit hoch.
- *Petrol:* Die integrale, *Petrol*-orientierte Führungskraft ist aus dem Macht- und Positionskampf ausgestiegen. In ihrer Kommunikation stellt sie Transparenz in den Vordergrund. Ziel ist hier nicht der Konsens, sondern der *Konsent*. Bei diesem Prinzip werden im Entscheidungsfindungsprozess Einwände auf den Tisch gebracht. Mit jedem qualifizierten Einwand wird der Lösungsvorschlag adaptiert. So entsteht ein fließender Prozess, der die kollektive Intelligenz aller – jeder und jedes Einzelnen – nutzt. Weitere Eigenschaften von *Petrol* sind:
  - kann das Gegenüber und seine Meinung akzeptieren – ohne den Anspruch zu erheben, selbst richtig zu liegen
  - öffnet Räume für Dialog und sieht Konflikte als eine Chance zur Entwicklung
  - bietet institutionalisiert Räume für experimentelle Kommunikation. In diesen wird es möglich, gemeinsam Sinn zu suchen respektive zu kreieren (im Englischen wird hierfür das Wort »Sensemaking« verwendet).

Vielleicht finden Sie sich in einer dieser Ausprägungen wieder und das Modell hilft Ihnen bei der Reflexion Ihres Führungs- und Kommunikationsverhaltens.

Genau bei dieser Reflexion Ihres eigenen Denkens und Fühlens und Ihrer Einstellung beginnt unsere Reise.

2.5   Reise durch die Quadranten

In unserer Arbeit mit Organisationen in der Kommunikationsberatung und Organisationsentwicklung haben wir festgestellt, wie viel Wert darin liegen kann, mit der Entwicklungsreise bei uns selbst, beim einzelnen Menschen zu starten.

Beginnen wir die Reise in die Zukunft bei uns selbst, fällt die Gestaltung von Führung, Kommunikation, Prozessen und Strukturen und schließlich der Kultur in einer Organisation wesentlich leichter. Treten wir einen Schritt zurück und erlauben uns die Selbstreflexion, nehmen wir unser eigenes Leben und Arbeiten bewusster wahr. Wir sehen klarer und verstehen, weshalb wir auf eine bestimmte Art und Weise handeln und kommunizieren.

Der Startpunkt unserer Reise liegt im ersten Quadranten. Beim nächsten Wegpunkt, dem zweiten Quadranten, fokussieren wir mit geschärftem Blick, im Bewusstsein unserer Überzeugungen und Haltungen, unsere eigene Führung und Kommunikation. Im dritten Quadranten finden wir heraus, wie sich Kommunikation strukturell und prozessual für die heutige Zeit gestalten lässt. Und im vierten Quadranten versuchen wir, eine Kultur zu beschreiben, die daraus entstehen kann.

Wenn Sie alle vier Wegpunkte durchlaufen haben, können Sie eine ganzheitliche, integrale Sichtweise einnehmen. Damit schaffen Sie für sich selbst und Ihre Organisation die bestmöglichen Voraussetzungen für eine gelingende Kommunikation.

2.6   Purpose – Antrieb für die Reise

Wenn jemand eine (lange) Reise tut … braucht er genügend Antrieb. In unserer Arbeit mit Führungskräften und Teams haben wir festgestellt, worin sich oft sehr viel Energie zeigt: In der Diskussion um den individuellen Sinn und Zweck, den Purpose. Gerade zur Zeit der Krise wird deutlicher denn je: Purpose stiftet entscheidend Orientierung. Und: Kann jemand in der täglichen Arbeit seinem Purpose gerecht werden, trägt dies entscheidend zum Wohlbefinden bei. So lautete ein Statement aus der eingangs erwähnten Sensemaking-Studie (Hübner 2020) mit Manager:innen anlässlich der durch Covid-19 verursachten Krise wie folgt: »Der Purpose soll dazu beitragen, dass die Mitarbeiter erfüllt sind. Die Diskrepanz zwischen dem eigenen und dem Purpose des Unternehmens sollte möglichst gering sein.«

Genauso ist klar: »Purpose« ist ein Begriff, der längst inflationär gebraucht wird. Und es gibt dafür bestimmt so viele Definitionen wie Anwender:innen. Im Kern – und da sind wir ganz bei Simon Sinek, dem Autor von »Start with Why« (2011) und Purpose-Pionier erster Stunde – beschreibt ein Purpose genau das persönliche »Why«. Doch was ist damit gemeint? Während die englische Sprache hier etwas eindimensional bleibt, bietet das Deutsche die wunderbare Möglichkeit, »Why« besser zu differenzieren. Denn es wären zwei Übersetzungen bzw. Deutungen möglich: »warum« und »wozu«. Das Warum ist dabei auf die Vergangenheit gerichtet. Es beinhaltet die persönlichen Erfahrungen und Kompetenzen. Das Wozu ist zukunftsgerichtet und umschreibt die Motivebene. Warum und wozu tun wir also, was wir tun? Worin finden wir unsere Motivation?

Sinek differenziert sein »Why« in die Aspekte »Contribution« für »Beitrag« oder »Mehrwert« und »Impact« für »Wirkung«. Hier erkennen wir wieder die Aspekte des Warum und des Wozu. Ich tue etwas, weil ich bestimmte Erfahrungen und Kompetenzen habe, um etwas Bestimmtes zu erreichen. Das Erreichen – die Wirkung – bezieht sich immer auf ein Gegenüber oder ein Objekt.

In der Frage »Welche Mehrwerte schaffen ich für wen?« liegt dabei besonders viel Kraft. Erkenne ich, welchen Mehrwert ich als Mensch oder Organisation für jemanden schaffe, verleiht mir dies starken Antrieb. Ich erkenne, was es ist, das andere ohne mich bzw. allein nicht schaffen würden. Und genau in dieser Erkenntnis liegt die Kraft. Das Tool »Individueller Purpose« unterstützt Sie dabei, Ihren Purpose zu entdecken.

DIGITALE EXTRAS

Tool: Individueller Purpose

VERB:	---
	(persönlicher Beitrag)
SODASS:	---
	(Impact / was Sie im Leben anderer ändern)

Abb. 6: Die Purpose-Formel nach Simon Sinek (2011)

Wofür?

Mit dem Entdecken des eigenen »Purpose«, der Vorstellung unseres eigenen Zweckes, finden wir heraus, was uns antreibt. Der Purpose-Pionier Simon Sinek (2011) formulierte es mit seinem Bestseller treffend: »Start with Why« – beginnen Sie mit dem Warum, dem Purpose also. Und das ist in der Tat ein guter Startpunkt. Die Klarheit darüber, **warum** (vergangenheitsgerichtet) und **wozu** (zukunftsgerichtet) Sie tun, was Sie tun, birgt ein großes Momentum, einen Antrieb für Ihr Leben und Arbeiten.

Einerseits gibt Ihnen die Klarheit über den individuellen Purpose Motivation:
- Inspiration für Ihr Handeln
- Unterstützung bei der Selbstverwirklichung
- Möglichkeit, nachhaltig Resilienz aufzubauen

Können Sie sich Ihrem Purpose entsprechend ideal in Ihre Arbeit, Ihre Organisation einbringen, fördert das Ihre Zufriedenheit entscheidend.

Andererseits gibt Ihnen das Bewusstsein um Ihren individuellen Purpose Orientierung:
- Er hilft Ihnen zu erkennen, wo Ihre Zeit und Energie am besten investiert sind.
- Er hilft auch dabei, ohne Reue Nein zu sagen.
- Er fördert Ihre Autonomie.

Worauf es ankommt

Sinek konstruierte in seinem »Start with Why« eine Formel, die bei der Formulierung des Purpose hilft. So machte Sinek zwei zentrale Komponenten von Purpose aus: die »Contribution« – Ihren Beitrag also – einerseits und andererseits den »Impact« – die Wirkung, die Sie mit diesem Beitrag erzielen.

Um zu diesen Elementen zu finden, braucht es sowohl einen Blick nach innen als auch einen nach außen: Ersterer gelingt Ihnen mit einem Set von Fragen, das wir Ihnen in der Schritt-für-Schritt-Anleitung vorstellen. Beim Blick nach außen geht es darum zu erkennen, für wen Sie welche Mehrwerte schaffen und welche Wirkung (im Sinne von »Impact«) dabei entsteht – wer oder was also von Ihrem Beitrag, den Sie mit all Ihren Talenten, Ressourcen und Kapazitäten leisten, idealerweise profitiert.

Schritt für Schritt
Schritt 1: Buchen Sie sich im Kalender einen Termin für eine ungestörte Stunde. Suchen Sie sich einen ruhigen Platz in einer Umgebung, die Sie inspiriert, und legen Sie sich Ihre liebsten Schreibutensilien bereit. Gehen Sie die Suche ganz offen an und lassen Sie Ihren Gedanken beim Beantworten der Fragen freien Lauf. Merken Sie sich: Es gibt in Ihren Antworten kein Richtig oder Falsch – es geht darum, dass Sie für sich ganz individuell Sinn konstruieren.

Schritt 2 – Vorbereitung (ca. 15 Minuten): Gehen Sie die Fragen in Ruhe durch (s. Schritt 3) und machen Sie sich mit ihnen bekannt. Nehmen Sie sich Zeit, sich tief in eine Situation hineinzudenken, in der Sie in bestmöglicher Form waren – eine Situation, in der Sie richtig aufgeblüht sind und sich im vollen Fluss fühlten. Je präziser Sie sich in die Vorstellung dieser Situation hineindenken und -fühlen können, desto mehr Erkenntnisse werden Sie gewinnen und desto wirkungsvoller wird die Übung für Sie sein.

Schritt 3 – Fragebogen (ca. 15 Minuten): Gehen Sie Schritt für Schritt durch die Fragen und machen Sie sich Notizen zu Ihren Antworten. Lassen Sie auch hier Ihren Gedanken einfach freien Lauf. Was auch immer Ihnen zuerst in den Sinn kommt – vertrauen Sie auf Ihre Intuition.
1. Stellen Sie sich die Leitfrage: Was hat mich in dieser Situation so glücklich und erfolgreich gemacht?
2. Nehmen wir an, Sie wären der Körperkunst nicht abgeneigt und würden sich tätowieren lassen: Welches wäre das eine Verb, dass Sie sich als Motiv aussuchen würden?
3. Stellen Sie sich vor, Sie hätten in Ihrem Leben Berühmtheit erlangt und man würde Ihnen eine Statue bauen. Was stünde auf deren Plakette?
4. Vervollständigen Sie den folgenden Satz: »Ich wache jeden Morgen voller Inspiration auf zu …, sodass …«

Schritt 4 – Formulieren des Purpose-Statements (ca. 15 Minuten): Das Purpose-Statement sollte möglichst einfach und klar formuliert sein. Simon Sinek schlägt hierfür die Purpose-Formel aus Abbildung 6 vor:

- Ein Verb, das Ihren persönlichen Beitrag zum Erfolg in wichtigen Situationen beschreibt,
- gekoppelt an einen Halbsatz, der ausdrückt, welchen Unterschied Sie für andere machen.

Lassen Sie uns als Beispiel Simon Sineks (2011) eigenes Purpose-Statement heranziehen: »Menschen zu inspirieren, die Dinge zu tun, die sie inspirieren [sein Beitrag], damit wir gemeinsam unsere Welt verändern können [seine Wirkung].«

Um Ihnen den Ablauf zu erleichtern, haben wir einen Leitfaden für die Erarbeitung Ihres individuellen Purpose als digitales Extra bereitgestellt.

Rahmenbedingungen

Dauer:	1 Stunde
Format:	selbst ausführen – auf Papier oder im Raum; alternativ: paarweise als Interview
Teilnehmende:	individuell bzw. Teams

Purpose treibt Menschen und Organisationen an

Wissen wir um unseren individuellen Purpose, unser persönliches Why, können wir auch eher erkennen, in welchen Organisationen wir diesem Purpose am besten entsprechen können.

Wo passt unser Puzzleteil am besten? Im Wissen um unseren Purpose werden wir auch unsere Kommunikation und Führung so gestalten, dass wir ihm ideal entsprechen können. Sind sich die Mitglieder einer Organisation ihres individuellen Purpose bewusst, entsteht schnell auch ein noch viel klareres Bild vom gemeinsamen Purpose. Entwickelt eine Organisation ihre Strukturen und Prozesse so, dass ein Purpose möglichst gut erfüllt werden kann, wird sehr viel Kraft freigesetzt. Befeuert wird dies durch die gemeinsame, Purpose-basierte Kultur, die eine Organisation eint sowie Motivation und Orientierung stiftet.

Wenn wir Purpose als individuellen und kollektiven Treiber verstehen, bietet er die Energie für Entwicklung in allen Quadranten. Der Purpose ist dabei die Quelle aller Kraft einer Organisation. Aus ihm heraus entsteht ein Fluss – ein kontinuierlicher Flow durch die vier Quadranten.

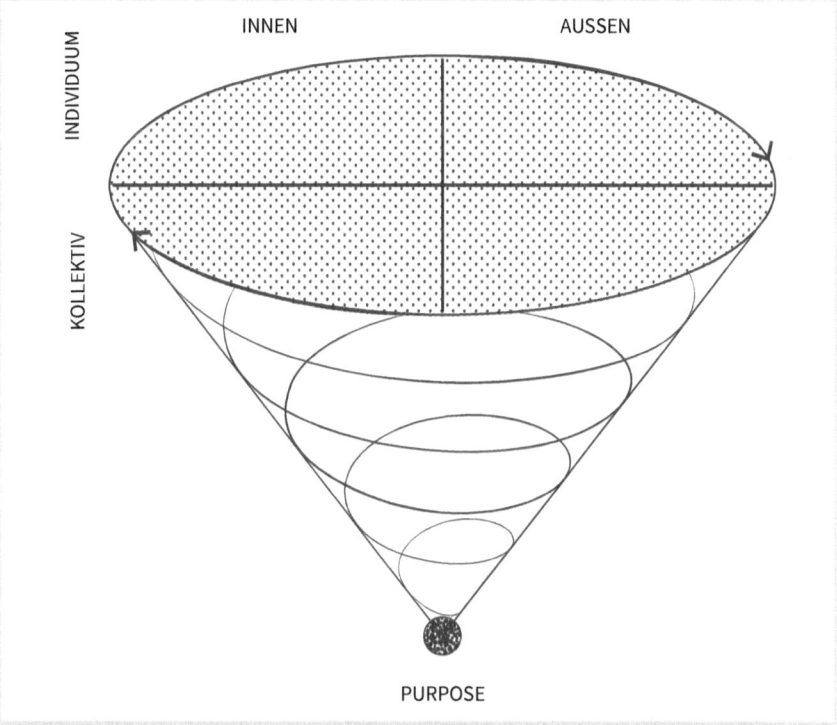

Abb. 7: Purpose ist Treiber für die Entwicklung der Organisation und ihrer Mitglieder. Durch das Momentum entsteht ein kontinuierlicher Flow durch die Quadranten.

2.7   Erste Destination: Denken, Fühlen, Einstellung

Wie oben dargestellt gibt es eine eigene, innere Realität und eine äußere Realität – sowohl für das Individuum als auch für das Kollektiv, die Organisation. Dabei kann man die Realität gut als das verstehen, was wir uns selbst als Reaktion auf die äußeren Umstände kreieren (Permantier 2019).

Der erste Quadrant umfasst alle individuellen, subjektiven Wahrnehmungen und Erfahrungen. Ihre Innenwelt kennen nur Sie – niemand kann von außen beobachten, was in Ihnen vorgeht. Doch genau hier geschieht das Allermeiste.

Hier finden sich Ihre Gedanken und Gefühle. Ganz besonders finden sich hier aber auch Ihre Motive: Weshalb handeln und kommunizieren Sie, wie Sie dies üblicherweise tun?

Auch die Wahrnehmung unseres Körpers findet sich im ersten Quadranten. Unser Körper hilft als Instrument: Er ist Gradmesser einerseits und Richtungsgeber andererseits. Mit ihm – quasi als Resonanzkörper – kann es uns gelingen, uns unserer Gedanken, Emotionen und Motive bewusster zu werden. Sind wir uns unserer körperlichen Empfindungen wie Verspannungen, Engegefühl u. Ä. bewusst, wissen wir oft schnell, ob Entscheidungen stimmig sind.

Hierauf fokussiert Mindfulness (Achtsamkeit): Sie schult uns darin, unseren Körper wahrzunehmen und seine Signale und Impulse zu deuten. Achtsamkeitsmeditation und Atemübungen bringen uns in tiefen Kontakt mit unserem Körper. Das Interessante daran ist, dass mit der Schulung unserer Körperwahrnehmung ganz besonders auch unsere Fähigkeit, uns unserer Gedanken und Emotionen bewusst zu werden, steigt. Sprich: Mit höherem Körperbewusstsein steigt oft auch unsere emotionale Intelligenz.

Wie wir mit unserem Körper arbeiten, um unser Denken, Fühlen und unsere Einstellung zu entwickeln, werden wir im nächsten Kapitel (Kap. 3) entdecken.

Voraussetzung dafür ist, dass wir beobachten können, was in uns vorgeht. Beobachten ist dann möglich, wenn wir etwas Distanz einnehmen – in diesem Fall Distanz zu unserem Geist, unserem Denken und unserem Körper. In der beobachtenden Position können wir die Reiz-Reaktions-Kette unterbrechen. Wir bringen Luft zwischen Reiz und Reaktion und verschaffen uns damit die Möglichkeit, auf das zu achten, was dabei in uns geschieht: welche Gefühle aufkommen und welche Motive wir unserem Handeln und Kommunizieren da gerade zugrunde legen.

Mit dieser Erkenntnis können Sie Ihr Handeln und Kommunizieren bewusst gestalten. Permantier (2019) umschreibt sehr schön, wie mit einer reiferen, entwickelten Haltung das Gewahrsein für die eigene Innenwelt größer werden kann und wie wir damit mehr Einfluss auf unsere Reaktionen nehmen können.

In diesem Zwischenraum erkennen wir auch unsere eigene Haltung, unsere tiefsten Überzeugungen. Und genau dies ist der Weg zur Authentizität. Wir sind dann authentisch, wenn unsere Handlungen – dazu gehört auch unsere Kommunikation – unseren inneren Überzeugungen entsprechen. Dazu müssen wir sie kennen.

In Verbindung mit der Entwicklungsperspektive, entlang der Stufen von Frédéric Laloux, ergibt sich für den ersten Quadranten – immer mit Fokus auf Kommunikation – folgendes Bild (Abb. 8):

Rot: Die Führungskraft mit dominant *rotem* Anteil hat die Überzeugung, über alle Macht in der Organisation zu verfügen. Sie handelt und kommuniziert mit Mut.

Bernstein: Die Führungskraft mit *bernstein*farbener Prägung ist auf Statussymbole und die Wahrung ihres Ranges bedacht. Sie achtet auf Loyalität und kommuniziert mit der Intention, für sich eine Bedeutung zu finden.

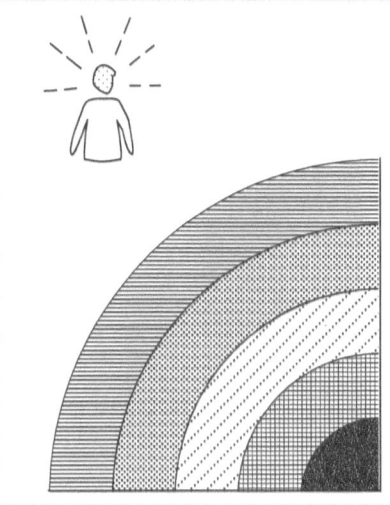

PETROL: Akzeptanz des Gegenübers ohne Wertung

GRÜN: empathisch, das Wohl anderer berücksichtigend

ORANGE: Fokussiert auf den persönlichen Vorteil

BERNSTEIN: Berücksichtigung von Status und Erhalt der Position

ROT: egozentrisch mit Fokus auf Dominanz und Macht

Abb. 8: Entwicklungsstufen Quadrant 1 mit Fokus auf Kommunikation und Führung

Orange: Die Führungskraft mit *Orange*-Tendenz versucht Kommunikation so zu gestalten, dass daraus für sie persönliche Vorteile entstehen. Gleichzeitig achtet sie auf Rationalität und Wirksamkeit ihrer Worte.

Grün: Die zu *Grün* tendierende Führungskraft hat die Haltung, dass es allen in der Organisation gut gehen muss. Sie würde entsprechend Konflikte meiden und immer auf Harmonie abzielen. Authentizität und Partizipation sind für sie wichtige Schlagworte.

Petrol: Die *Petrol*-Führungskraft hat die Überzeugung, im Recht sein zu müssen, hinter sich gelassen. Sie akzeptiert die Meinungen der Gegenüber vollauf und sieht sie als bereichernd. Das Ausüben von Macht und Kontrolle, Statussymbole und der persönliche Vorteil spielen für sie keine Rolle. Ihr Anspruch ist es, der Organisation und ihrem Zweck möglichst gut zu dienen.

2.8   Eigene Klarheit – Klarheit in der Organisation

Werden wir uns klar, was unsere Gefühle sind und aus welcher Motivation wir kommunizieren und handeln, entsteht für uns viel Klarheit – und Freiheit: die Freiheit, unsere Reaktionen bewusst zu wählen.

Wenn wir diese Klarheit in die Organisation tragen, profitiert das ganze System davon. Damit nutzen wir unsere Intuition. Tun dies alle Mitglieder einer Organisation, steigert sich die kollektive Intelligenz enorm. Die Organisation wird de facto emotional intelligenter. Und genau diese Intelligenz ist es, die uns in einer immer komplexer werdenden Umwelt unterstützt.

Wo wir im alten Normal dazu tendierten, stark auf unser Verhalten zu fokussieren – denken wir nur an das Stichwort »Leadership« –, fügen wir mit dem Fokus auf unser Denken und Fühlen sowie unsere Einstellung eine neue Dimension hinzu. Sie kann uns in der VUCA-Welt unterstützen.

Im Folgenden möchten wir Ihnen zwei Werkzeuge zur Verfügung stellen, die bei der Reflexion des ersten Quadranten hilfreich sein können. Das Erkennen der eigenen Gedanken, Gefühle und der Einstellung gelingt deutlich besser mit ruhigem Geist. Hierfür eignet sich besonders gut eine Meditation. Auch die Methode des »Journaling« unterstützt Sie dabei, Ihre Gedanken und Gefühle zu erkennen und in der Folge Ihre Einstellung zu entwickeln.

Tool: Meditation

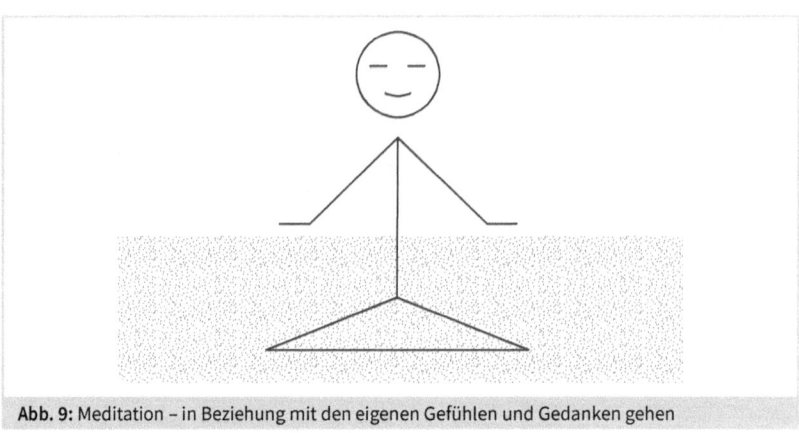

Abb. 9: Meditation – in Beziehung mit den eigenen Gefühlen und Gedanken gehen

Wofür?

Meditation ist ein wirksames Mittel, um Geist und Körper zu beruhigen und den Kopf freizubekommen. In diesem Zustand können Sie herausfinden, in welcher Beziehung Sie zu Ihren eigenen Gefühlen und Gedanken stehen, und die Muster Ihres Denkens und Handelns erforschen. Viele Meditierende fühlen sich gesünder, sind weniger gestresst und empfinden ihr Leben als sinnerfüllt. Wer regelmäßig meditiert, kann nach einer herausfordernden Situation relativ schnell aus der Anspannung herauskommen.

Beispiel

Generell kann Meditation immer angewandt werden und führt vor allem in der Routine schneller zu geistigem Wohlbefinden. Wir empfehlen, mit kurzen Meditationseinheiten zu beginnen und die Länge nach Bedarf zu steigern. Meditation kann auch helfen, wenn schwierige persönliche Entscheidungen anstehen oder eine wichtige Entscheidung im Unternehmen zu treffen ist.

Worauf es ankommt

- Wer mit dem Meditieren beginnt, wird oftmals die Erfahrung machen, dass die Gedanken umso wilder rasen, je mehr man sich bemüht, zur Ruhe zu kommen. Nicht aufgeben, denn das genau ist Teil der Übung: In eine neue Beziehung zu seinem Gedankenstrom zu kommen steigert das Bewusstsein.
- Beobachten Sie, welche Gefühle oder Gedanken an die Oberfläche kommen, und bewerten Sie sie nicht. Begegnen Sie ihnen mit einer freundlichen, neugierigen und achtsamen Haltung.
- Es geht nicht darum, alles Belastende loszuwerden, denn so gehen Sie in den Widerstand. Es geht darum, belastende Gefühle und Gedanken zu erkennen, zuzulassen und sich nicht von ihnen vereinnahmen zu lassen.
- Was Sie in der Meditation lernen, können Sie auf alle Lebenslagen übertragen und auch im Beruf anwenden. Wer erkennt, an welchen Stellen er sich das Leben selbst schwer macht oder mit einer Situation nicht klarkommt, hat die Möglichkeit, etwas zu ändern. Sie können den Dingen, die Sie nicht ändern können, mit Gleichmut begegnen und sich auf die wichtigen Dinge konzentrieren – auf das, was Sie letztendlich auch ändern können.
- Durch Meditation können auch unangenehme Wahrheiten ins Bewusstsein rücken – zum Beispiel, wie gestresst Sie eigentlich sind oder weshalb Sie eine bestimmte Situation wirklich belastet, denn durch die neu gewonnene Achtsamkeit lösen sich Verdrängungsmechanismen auf.
- Es gibt verschiedene Meditationstechniken und es dauert vielleicht ein wenig, bis Sie für sich eine oder mehrere passende gefunden haben.
- Sie können zu verschiedenen Tageszeiten meditieren. Am Anfang empfiehlt es sich jedoch, eine Routine zu entwickeln und feste Meditationszeiten einzuplanen.
- Wenn Sie Meditation wie eine gedankliche Hygiene behandeln und einplanen, fällt es Ihnen leichter, sie als festen Bestandteil Ihres Alltags zu nutzen.
- Geben Sie nicht auf! Meditation benötigt Ausdauer und Training. Meditieren kann härter sein als ein Lauftraining.

Schritt für Schritt

Schritt 1 – Ankommen: Schaffen Sie sich einen Raum, in dem Sie möglichst ungestört sind. Setzen Sie sich bequemen hin (Schneidersitz, auf den Knien, auf einem Stuhl oder Kissen), sodass Sie auch ein paar Minuten möglichst regungslos und mit geradem Rücken sitzen können. Nehmen Sie sich einen Augenblick Zeit, um im Hier und Jetzt anzukommen.

Schritt 2 – Atem beobachten: Beobachten Sie zuerst unvoreingenommen Ihren Atem. Sie können den Eigenschaften Ihres Atems Bezeichnungen geben wie warm/kalt, feucht/trocken, schnell/langsam, tief/flach. Verfolgen Sie Ihren Atem im gesamten Körper – welche Körperteile er bewegt und welche er erreicht. Sie können sich auch bei jedem Atemzug ganz bewusst sagen: »Ich atme ein, ich atme aus.«

Schritt 3 – Meditation: Wenden Sie sich dann Ihren Gedanken zu und beobachten Sie diese ganz unvoreingenommen und mit Neugierde – als wären Sie ein Forscher, der ein Naturphänomen beobachtet. Sie können dabei Ihre Gedanken wie vorbeiziehende Phänomene betrachten, indem Sie sie Kategorien zuordnen wie »Gefühl« oder »Erinnerung«. Sie können Ihre Gedanken auch auf Wolken setzen und sanft davonziehen lassen. So lernen Sie, Abstand zu Ihren Gedanken zu gewinnen und sich nicht zwangsläufig von ihnen leiten zu lassen. Sie werden feststellen, dass Ihre Gedanken oft Produkte Ihres Geistes und keine getreue Abbildung Ihrer Realität sind. Sollten Sie mit Ihren Gedanken doch abschweifen, bestrafen Sie sich nicht dafür oder erklären die Meditation für gescheitert. Konzentrieren Sie sich einfach wieder auf Ihren Atem und bringen Sie sich so wieder ins Hier und Jetzt zurück.

Schritt 4 – Beenden: Stellen Sie sich einen Timer, wenn Sie einen straffen Zeitplan einzuhalten haben oder sicherstellen wollen, sich bis zum Ende dieser Zeit in Meditation zu probieren. Oder verlassen Sie sich auf Ihr Gefühl, das Ihnen sagt, wann Sie genug meditiert haben. Vertiefen Sie Ihren Atem, beginnen Sie, langsam Ihre Glieder zu strecken, und öffnen Sie langsam Ihre Augen.

Rahmenbedingungen

Dauer:	ca. 5 – 15 Minuten
Format:	selbst ausführen; Anleitung eines Meditationslehrenden oder Anleitung per Aufnahme (CD, App)
Teilnehmende:	individuell

Tool: Journaling

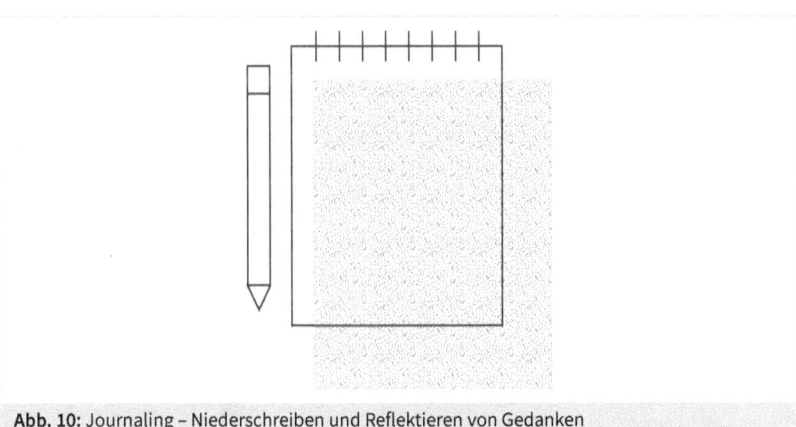

Abb. 10: Journaling – Niederschreiben und Reflektieren von Gedanken

Wofür?

»Journaling« – zu Deutsch das Niederschreiben von Gedanken ähnlich dem Führen eines Tagebuchs – ist ein Prozess, der es uns erlaubt, tiefere Erkenntnisse über uns selbst zu gewinnen. Die geführte Variante durchläuft dabei vorab klar definierte Fragen. Im ersten Quadranten verortet hilft uns Journaling dabei, mehr über unser eigenes Denken, unser Fühlen und unsere Einstellungen zu erfahren. Dieses Wissen hilft uns wiederum dabei, Potenzial zu erkennen und unsere Führung und Kommunikation von einer neuen, gestärkten Basis aus zu planen. Schon im Journaling lassen sich oft ganz konkrete Schritte erkennen, die sich anschließend einfach in die Tat umsetzen lassen. Essenziell beim Journaling ist es, dass Sie einfach drauflosschreiben und nicht erst reflektieren und dann zu schreiben beginnen. So hilft Ihnen auch dieses Tool, den Zugang zu Ihrer intuitiven Intelligenz zu stärken.

Beispiel

- Sie sind im Begriff, den nächsten beruflichen Schritt zu planen, wissen jedoch noch nicht, wie dieser aussehen könnte.
- Sie möchte Ihre eigene Führung und Kommunikation reflektieren und vorhandenes Potenzial ausschöpfen.

Worauf es ankommt

- Schreiben Sie direkt drauflos – ohne Hemmungen. Ihre Niederschrift muss weder grammatikalisch noch orthographisch korrekt sein – sie muss keinen Ansprüchen genügen. Sie sollte absolut spontan sein.
- Suchen Sie sich für Ihr Journaling eine Zeit im Tagesverlauf, die es Ihnen erlaubt, sich ganz auf sich selbst zu konzentrieren. Vielen gelingt dies am Morgen, bevor der Trubel des Alltags losgeht, am besten. Anderen wiederum fällt

es abends nach getaner Arbeit wesentlich leichter, sich in eine entsprechende Stimmung zu versetzen.

- Suchen Sie sich eine Umgebung, die Sie inspiriert – Ihnen aber auch genügend Ruhe und Raum bietet, Ihre Gedanken frei fließen zu lassen.

Schritt für Schritt

Das geführte Journaling unterstützt Sie mit klar formulierten Fragen. Es gibt eine Vielzahl von Fragen, die für den gegebenen Zweck der Selbstreflexion hilfreich sind. Hier finden Sie ein Set von Fragen, das wir als besonders geeignet erachten (Scharmer 2020):

- Was schätzen Sie an der momentanen Situation in Leben und Arbeiten besonders?
- Wie haben Sie dazu beigetragen, dass es zu dieser Situation kam?
- Was hält Sie allenfalls noch zurück im Vorangehen?
- Welches sind Ihre ganz persönlichen Energiequellen?
- Welche Möglichkeiten für die Zukunft erkennen Sie schon jetzt?
- Welches sind die ersten Schritte, die Sie schon heute unternehmen könnten?

Schritt 1 – Fragen vorbereiten: Lesen Sie sich unsere Vorschläge für mögliche Fragen durch. Stimmen diese für Sie? Sehen Sie weitere Fragen, die Ihnen eine besonders gute Selbstreflexion ermöglichen würden? Sollten Sie eigene Fragen entwickeln wollen, vermeiden Sie dabei Warum-Fragen. Diese führen Sie in ein Mindset der Kausalität – Sie würden nach Gründen suchen. Diese liegen immer in der Vergangenheit. Fokussieren Sie ganz auf die Zukunft, auf die Lösung und auf Ihre starken Ressourcen.

Schritt 2 – Prozess vorbereiten: Setzen Sie sich einen Termin im Kalender, zu dem Sie niemand stört, und begeben Sie sich an einen Ort, der Sie inspiriert, Ihnen aber auch genügend Ruhe bietet, um optimal in die Reflexion einzusteigen. Legen Sie die Fragen und Ihre liebsten Schreibutensilien bereit.

Schritt 3 – Journaling: Schauen Sie sich die Fragen nochmals an und legen Sie einfach los – schreiben Sie! Und das, ohne weiter zu reflektieren. Zu Beginn wird dies noch schwerfallen, doch mit der Zeit gewinnen Sie Vertrauen in sich und kommen immer leichter in den Schreibfluss. Was auch immer Ihnen gerade einfällt: Beginnen Sie damit und schauen Sie, wo der Prozess Sie hinträgt. Wann immer Sie merken, dass Sie einer Fragen genügend Aufmerksamkeit gewidmet haben, wechseln Sie zur nächsten.

Schritt 4 – Lesen und Reflektieren: Lesen und reflektieren Sie das Geschriebene. Feiern Sie sich selbst und seien Sie stolz darauf, was entstanden ist. Was entdecken Sie? Lassen sich bereits neue Optionen für die Gestaltung Ihrer Zukunft oder, konkreter, Ihrer eigenen Führung und Kommunikation erkennen?

Rahmenbedingungen

Dauer: 30 Minuten

Format: selbst ausführen – auf Papier

Teilnehmende: individuell

3   Selbst in den Flow kommen

Es ist eine Frage, die uns jeden Tag beschäftigt: Wie gestalten wir als Führungskräfte unsere Führung und Kommunikation so, dass sie in komplexen Zeiten möglichst gut gelingt? Und – nicht zu vergessen – wie führen wir uns selbst, damit wir gut aufgestellt sind, um den Herausforderungen des heutigen Alltags zu begegnen? Das sind die Fragen, die uns zur zweiten Destination unserer Reise führen: zum zweiten Quadranten im integralen Modell.

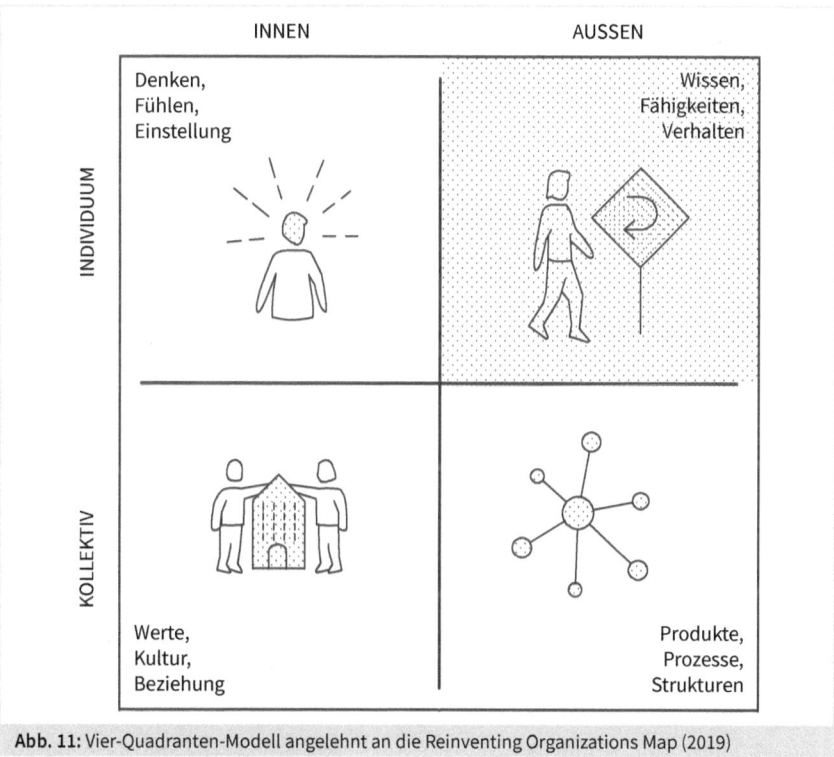

Abb. 11: Vier-Quadranten-Modell angelehnt an die Reinventing Organizations Map (2019)

Im Gegensatz zu unserer Innenwelt kann unser Verhalten von außen beobachtet werden. Und diese objektive Seite von Leben und Arbeiten kann beschrieben, gestaltet und aktiv verändert werden. Unsere Gestik und Mimik und unsere Stimme beispielsweise sind Faktoren, die die objektive Wahrnehmung entscheidend beeinflussen. Im weiteren Sinne umfasst Quadrant 2 alles, was wir als Individuen tun – inklusive aller Facetten körperlicher Betätigung.

Mit den Herausforderungen in Beruf und Alltag umgehen

Der Weg führt zu einer authentischen und zugleich empathischen Kommunikation und damit auch zu höherer Dialog- und Konfliktfähigkeit. Der zweite Quadrant umfasst unsere Kompetenzen, die uns befähigen, mit den Herausforderungen in Berufs- und Privatleben adäquat umzugehen. Wie verhalten wir uns, wenn wir mit Unwissen konfrontiert sind – wenn vermeintliche Sicherheit wegfällt und wir uns auf unsere eigenen Bordinstrumente, den eigenen Kompass verlassen müssen und nicht mehr auf Sicht navigieren können? An diesem Punkt geschieht das für den nachhaltigen Erfolg in der heutigen Umwelt Entscheidende: Wenn es uns gelingt, in aller Unsicherheit einen starken Zugang zu unserer Intuition zu schaffen, kreativ zu sein und aus eigenem Antrieb heraus Klarheit zu schaffen – dann sind wir für die heutigen Herausforderungen gut gerüstet. Dann werden wir wirklich selbstwirksam.

Unsere Fähigkeit, in der VUCA-Welt selbstwirksam zu sein, ist zentral. In der Zeit der Entstehung dieses Buches – von Sommer 2020 bis Sommer 2021 – kamen ganz besondere Herausforderungen hinzu. Im Kontext der Covid-19 – Pandemie und der daraus resultierenden Krise ist es besonders wichtig, einen guten Umgang mit Stress zu finden und an gelingender Kommunikation zu arbeiten. Die psychische Gesundheit ist hierfür entscheidend. Doch wie ist es um diese bestellt? Seit einigen Jahren lassen sich hier deutlich kritische Tendenzen ausmachen. Wir Menschen leiden massiv unter der steigenden Komplexität und der Unsicherheit.

Sie werden sehen: Handeln ist hier dringend notwendig. Lassen Sie uns also zuerst einen Blick auf den Kontext werfen.

3.1   Mitarbeitergesundheit: Alarmstufe Rot

Der Trend ist nicht neu, hat sich durch die Covid-19 – Pandemie jedoch nochmals deutlich verstärkt: Lange Ausfälle von Mitarbeitenden aufgrund von psychischen Erkrankungen sind in den letzten Jahren alarmierend gestiegen. Der Fehlzeiten-Report 2019 (Badura et al. 2020), in dem Daten von 14,4 Millionen Mitgliedern Deutschlands größter Krankenkasse, der AOK, ausgewertet wurden, maß schon vor der Pandemie einen Anstieg psychischer Erkrankungen um drastische 67,5 Prozent seit 2008. Auch der damit einhergehende durchschnittliche Arbeitsausfall von 27 Tagen im Gegensatz zum Durchschnitt von 12 Tagen je Fall im Jahr 2019 ist erschreckend hoch. Dabei ist nicht nur der Verlust der Arbeitskraft selbst kritisch für die Wirtschaftsleistung des Unternehmens, sondern auch die Doppelbelastung der anderen Teammitglieder und die aufwendige Wiedereingliederung der betroffenen Mitarbeitenden. Dieser Trend ist bedenklich, sind doch psychische Erkrankungen der Mitarbeitenden deutlicher Indikator dafür, dass vielerorts wohl grundsätzlich etwas schiefläuft. Die Pandemie verschärfte diesen Trend noch einmal.

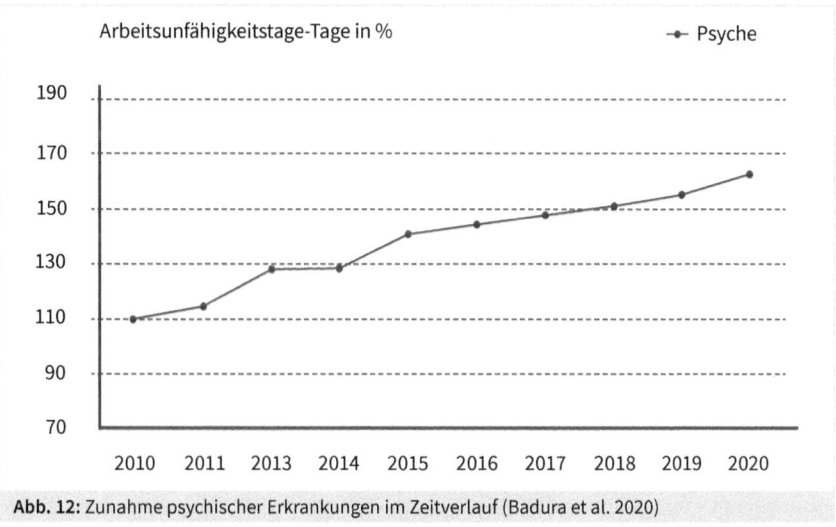

Abb. 12: Zunahme psychischer Erkrankungen im Zeitverlauf (Badura et al. 2020)

Da immer mehr Unternehmen erkennen, dass nachhaltiger wirtschaftlicher Erfolg mit dem psychischen und physischen Wohl der Mitarbeitenden steht und fällt, schießen seit vielen Jahren betriebliche Gesundheitspräventionsprogramme und Seminare zu Motivation, Führungsverhalten und Teambuilding wie Pilze aus dem Boden. Diese Programme leisten bestimmt eine Art »erste Hilfe«. Dass sie allerdings nicht das Patentrezept für eine gesunde Organisation sind, zeigt uns der anhaltende Anstieg der Zahlen zu psychischen Erkrankungen von Mitarbeitenden.

Wie geht es mir eigentlich?

Es gibt zahlreiche Angebote, mit denen Unternehmen ihre Mitarbeiter:innen darin unterstützen können, gesund zu bleiben. Menschen, die sich bereits in der Abwärtsspirale einer Burnout-Erkrankung befinden, erreichen diese Angebote jedoch meist nicht. Oft erkennen die Erkrankten selbst nicht, dass sie längst Hilfe bräuchten – es fehlt ihnen an der Fähigkeit zur Eigenwahrnehmung. Sie haben das Gefühl für ihre eigenen Grenzen längst verloren und verkennen ihre Not.

Es liegt auf der Hand: Betriebliches Gesundheitsmanagement (BGM) kann den einzelnen Mitarbeitenden unterstützen. Doch kommen wir nicht umhin, die Eigenverantwortung wahrzunehmen und uns täglich um uns selbst, unser eigenes psychisches Wohlbefinden zu kümmern. Nur wer sich erst mal um sich selbst kümmert, kann für andere da sein.

> **!**
>
> **Psychische Gesundheit: Beispiele aus der Wirtschaft**
>
> In Deutschland gibt es zahlreiche Angebote, die Unternehmen in ihren BGM-Maßnahmen unterstützen, teilweise mit steuerlichen Vorteilen. Unternehmen sind seit 2013 gesetzlich verpflichtet, eine aktuelle Gefährdungsbeurteilung zu erstellen, bei der psychische Belastungsfaktoren am Arbeitsplatz ermittelt werden sollen (GDA 2021). Diese führen laut aktueller Umfrage jedoch nur rund die Hälfte der Betriebe durch (IFBG 2021). Zudem stehen knapp einem Viertel der Betriebe nicht genügend finanzielle Mittel für BGM-Maßnahmen zur Verfügung.
>
> Eine Organisation, die das psychische Wohlbefinden ihrer Mitarbeitenden ins Zentrum stellt und Methoden zur frühzeitigen Erkennung von psychischen Belastungen anwendet, ist beispielsweise *SAP*. Mit dem Claim in der internen Kommunikation »Are you ok? It's ok not to be ok.« setzt sich *SAP* dafür ein, eine Kultur der Zugehörigkeit zu fördern und psychische Erkrankungen am Arbeitsplatz zu destigmatisieren (SAP 2021a). Das Unternehmen gibt mit einem »Mental Health Day« Mitarbeitenden die Chance, sich an einem Tag vollauf ihrer psychischen Gesundheit zu widmen und sich von der Arbeit zu erholen (SAP 2021b).
>
> *Vaude*, der Hersteller von Outdoor-Bekleidung, ist bekannt für seine Nachhaltigkeitsstrategie (Vaude 2021a). Obendrein bietet *Vaude* auch ein umfassendes Sportprogramm für seine Mitarbeitenden. Seit 2018 misst das Unternehmen regelmäßig die mentale Gesundheit seiner Mitarbeiter mit einer speziell auf mentale Gesundheit ausgerichteten Mitarbeiterbefragung (Vaude 2021b).
>
> Die Schweizer Stadt Bern geht ebenso mit gutem Beispiel voran und bietet den städtischen Mitarbeitenden sowie deren Angehörigen anonym und kostenfrei Beratung und Betreuung bei Problemen und Konflikten am Arbeitsplatz und im Privatleben an und vermittelt je nach Situation an externe Experten (Stadt Bern 2021).
>
> Einige Unternehmen setzen auf betriebsinterne »Feel-Good«- oder »Happiness-Manager«, welche die Community und das Zusammengehörigkeitsgefühl der Mitarbeiter:innen stärken. Andere setzen auf externe Berater oder versuchen anhand von Mitarbeiterbefragungen das psychische Wohlbefinden der Mitarbeitenden auszuloten.

Psychische Gesundheit – auch eine Teamaufgabe

Auch Teams brauchen im Kollektiv die Fähigkeit, gemeinsam auf die psychische Gesundheit von Kolleg:innen im Team zu achten. Führungskräften kommt hier die verantwortungsvolle Aufgabe zu zuzuhören, um so eventuelle psychische Belastungen bei ihren Mitarbeiter:innen frühzeitig zu erkennen. Denn selbst wenn jede:r aktiv nach sich selbst schaut – wer keine Möglichkeit hat, sich jemandem anzuvertrauen und offen über sein aktuelles Befinden und entsprechende Bedürfnisse zu sprechen, resigniert rasch.

Die Befürchtung, nicht ernst genommen zu werden oder negative Konsequenzen zu erfahren, ist nicht unbegründet und hält viele davon ab, sich Kolleg:innen oder dem/der Teamleiter:in gegenüber zu öffnen. In einer Kultur der Fleißarbeit, des Heldentums der Alphatiere fällt es uns schwer, einen Schritt zurückzutreten, unsere Grenzen zu erkennen und zu wahren. Dies geschieht bei Weitem nicht nur in großen Konzernen. Gerade im Wohltätigkeitsbereich oder in Start-ups laufen Mitarbeitende Gefahr, durch die allseits gepriesene »Can do«-Einsatzkultur mehr zu geben, als sie können. Auf Dauer schadet dies den Mitarbeitenden und dem Unternehmen.

Eine Möglichkeit, diesem Problem zu begegnen, ist das Tool »Check-in«, das möglichst immer dann zum Einsatz kommt, wenn Mitarbeitende – z. B. zu einem Meeting – zusammenkommen. Führungskräfte, die dieses Tool aktiv nutzen, haben uns berichtet, dass das Check-in für sie und das Team bisweilen wichtiger ist als das Meeting selbst.

Tool: Check-in/Check-out

Abb. 13: Mit Check-ins auf Augenhöhe kommunizieren

Wofür?

Check-ins und Check-outs sind Tools aus der Theorie U von Otto Scharmer (2020) mit dem Ziel Mitarbeiter:innen auf Augenhöhe zu begegnen und ihnen den Raum zu geben, auf einer persönlichen Ebene zu teilen, was in ihnen vorgeht. Wenn sie regelmäßig und authentisch praktiziert werden, können Sinnempfinden, Kohärenz und Vertrauen im Team zunehmen. Das fühlt sich befreiend an, man fühlt sich in seinem ganzen Sein erkannt und wertgeschätzt. Als Führungskraft oder Teamleiter:in können Sie nach einem Check-in besser auf Ihre Mitarbeiter:innen eingehen und immer wieder abschätzen, was Sie ihnen zutrauen können, ohne in die gefährlichen Bereiche der Über- oder Unterforderung zu kommen und somit die nachhaltigste Produktivität für das Unternehmen zu erlangen. Dafür ist es wichtig, dass Sie als Führungskraft mit gutem Beispiel vorangehen und sich selbst öffnen, Authentizität zeigen und Verletzlichkeit zulassen. Damit schaffen Sie eine gesunde Vertrauensbasis im Team und schließlich auch im Unternehmen.

Beispiel

Check-ins und Check-outs können bei jedem Zusammenkommen von Mit-arbeitenden eingesetzt werden. Vor allem bei Meetings, die die Effizienz und Kokreativität des gesamten Teams fordern, können sie die kollektive Intelligenz des gesamten Teams fördern. Jedes Teammitglied inklusive der Leitung hat die Möglichkeit, sich mitzuteilen. Dadurch fühlen sich die Teammitglieder gehört und wertgeschätzt. Leiter:innen können durch die ehrlichen Äußerungen der Team-mitglieder die Stimmung im Team besser verstehen und darauf eingehen. Durch das gemeinsame Ankommen und Sich-füreinander-Zeit-Nehmen wird eine Ver-bindung zum gegenwärtigen Moment geschaffen. Dies steigert die Konzentration und die Präsenz.

Worauf es ankommt

- Im Optimalfall wird das Tool immer dann angewendet, wenn das Team zu-sammenkommt – physisch oder auch online.
- Ideen zum Teilen: Gedanken, Absichten, Gefühle, Fakten, Bedürfnisse, Intui-tionen, Spannungen und Wünsche.
- Was diese Methode jenseits des Prozesses stark macht, ist die Art und Weise, wie die Menschen anwesend sind und den Raum nutzen.
- Je mehr Sie und Ihre Mitarbeiter:innen sich in dieser Methode üben, desto eher wird die Einladung von allen genutzt, sich offener und authentischer zu zeigen.
- Sprechen Sie aus der Ich-Perspektive.
- Bitte geben Sie nicht auf, wenn sich nicht gleich Offenheit und Vertrauen ein-stellen. Dieses Tool erfordert Mut und etwas Übung.

Schritt für Schritt

Schritt 1 – sicheren Raum schaffen (online oder offline): Zuerst schaffen Sie die Rahmenbedingungen für einen Raum, in dem Sie sich offen und vertrauensvoll den anderen mitteilen können. Wichtig ist, den Teilnehmer:innen dabei Sicherheit zu geben, dass das Gesagte im Raum bleibt und nicht gegen sie verwendet wird.

Schritt 2 – im Körper und bei sich ankommen: Ein Moderator oder Teilneh-mer:innen stellen die Check-in-Frage. Um anzukommen, kann eine Minute Stille vereinbart werden. Dann sollte festgelegt werden, wie viel Zeit pro Person (z. B. 5 Min.) oder für den gesamten Check-in zur Verfügung steht (z. B. 30 Min. insge-samt).

Schritt 3 – Check-in: Eine Person teilt sich der Runde mit. Danach kann es ent-weder der Reihe nach im Kreis weitergehen oder die erste Person nominiert die nächste Person. Möglich ist auch, dass sich nach und nach diejenigen mitteilen, die sich gerade danach fühlen (»Popcorn Style«).

Schritt 4: Nach dem Check-in kann noch mal eine Minute der Stille gewährt werden, um das Gesagte zu reflektieren und die Offenheit der Teilnehmer:innen wertzuschätzen. Dann kann das Meeting starten.

Varianten
Check-outs verlaufen nach dem gleichen Muster wie Check-ins und können am Ende einer Besprechung oder eines gemeinsamen Workshops angewendet werden.

Check-ins und Check-outs können auch im Privatleben angewandt werden. Probieren Sie es doch bei der nächsten Zusammenkunft mit Freunden aus. Sie werden merken, dass dies die Qualität Ihrer privaten Beziehungen positiv beeinflusst.

Inspirierende Fragen für Check-ins
*   Wie geht es mir heute? Welches Wort würde meinen heutigen Gemütszustand beschreiben?
*   Wie sieht mein innerer Wetterbericht gerade aus?
*   Wie komme ich heute hier an? Was bewegt mich?
*   Was hat mich die letzten x Monate/Wochen beschäftigt?

Inspirierende Fragen für Check-outs
*   Was hat mich berührt/überrascht?
*   Wofür bin ich dankbar?
*   Was beschäftigt mich?
*   Was nehme ich für mich mit?

Rahmenbedingungen
Dauer: ca. 5 – 30 Minuten (je nach Teamgröße und Intention)
Format: Check-in-Frage formulieren
Teilnehmende: Team (z. B. vor einer Besprechung)

3.2   Die Krise als Chance

Eine Krise ist immer auch eine Chance: Während der Covid-19 – Pandemie wurden viele Prozesse ad hoc neu gestaltet. Durch das erforderliche Homeoffice war vielerorts Turbodigitalisierung gefragt. Oft resultieren aus solchen Krisen Lösungen, deren Entwicklung aufgrund der gewohnten Abstimmungsschlaufen sonst Jahre in Anspruch genommen hätten. Covid-19 durchbrach das Hamsterrad, in dem sich viele gefangen sahen. Das Homeoffice hat uns auch wesentlich mehr Flexibilität gebracht. Und – ein besonders interessanter Aspekt: Die Virtualität der Meetings hat auch deren Kultur beeinflusst. In der Sicherheit der eigenen vier Wände fühlten sich mehr und teilweise auch andere Mitarbeitende in der Lage, sich in Meetings aktiv einzubringen. Machtgefälle wurden überwunden und eingeschliffene Muster durchbrochen. Und in vielen Fällen räumte das deutliche Plus an Flexibilität Mitarbeitenden die Möglichkeit ein, auch persönlich besser für ihre Work-Life-Balance zu sorgen.

Krisen sind für Mensch und Organisation eine Chance, sich neu zu erfinden. Führungskräfte können die Gunst der Stunde nutzen und ihre Führung und Kommunikation reflektieren und entwickeln. Organisationen können neue Prozesse und Strukturen ausbilden, die einen besseren Umgang mit der VUCA-Welt erlauben. Unternehmen erkennen jetzt, auf welche Werte Verlass war und ist – und wo es vielleicht Entwicklung und Rückbezug auf dienlichere Werte braucht.

Beschleunigter Trend zu Autonomie

Die Covid-19–Pandemie beschleunigte einen Trend, der sich schon über die letzten Jahrzehnte abzeichnete: Mitarbeitende gewinnen an Autonomie und fordern diese aktiv ein – allen voran die jungen Talente der Generation Z. Für eine marktwirtschaftlich orientierte Organisation lässt sich wohl guten Gewissens behaupten, dass ein »Control and Command«-Schema heute nicht mehr funktioniert – im Zeitalter des hybriden Arbeitens schon gar nicht. Wir sind der Überzeugung, dass im neuen Managementparadigma das Ausüben von Macht und Kontrolle nicht mehr zum gewünschten Ergebnis führt – ganz unabhängig davon, ob die Mitarbeitenden vor Ort im Büro oder zu Hause im Homeoffice ihrer Arbeit nachgehen. Die Art, wie wir führen und kommunizieren, hat sich in den letzten Jahren drastisch gewandelt. Nun zeigt sich: Jetzt ist nochmals eine grundlegende Transformation gefragt. Die Krise ist Prüfstein: Wo nicht nachhaltig gesundes Arbeiten möglich war, wird es dies in Zukunft erst recht nicht mehr sein. Jetzt kann entscheidend etwas gegen den seit Jahren anhaltenden Trend, die Abwärtsspirale in der Mitarbeitergesundheit, unternommen werden. Die VUCA-Welt fordert es ein: Wir sind aufgerufen, unsere Kompetenzen zur Selbstregulation ausbauen, um Warnzeichen der Über- oder Unterforderung bei uns selbst rechtzeitig zu erkennen, und in einem achtsamen Austausch mit unseren Kolleg:innen, unseren Mitarbeitenden einzufordern, dass auf die psychische und physische Gesundheit geachtet wird.

Warum also als Führungskraft nicht diese Chance nutzen, Mitarbeiter:innen zu mehr Eigenverantwortung und -initiative anzuregen, Selbstwirksamkeit und Resilienz zu stärken und in einen Dialog auf Augenhöhe zu treten?

3.3 Entwicklung der Kommunikation

Auch im zweiten Quadranten lässt sich ein Blick auf die unterschiedlichen Entwicklungsstufen werfen.

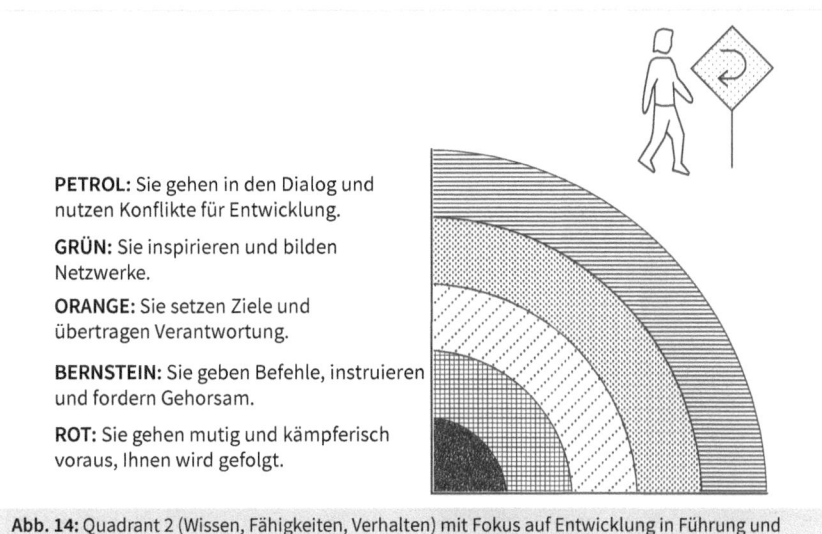

PETROL: Sie gehen in den Dialog und nutzen Konflikte für Entwicklung.

GRÜN: Sie inspirieren und bilden Netzwerke.

ORANGE: Sie setzen Ziele und übertragen Verantwortung.

BERNSTEIN: Sie geben Befehle, instruieren und fordern Gehorsam.

ROT: Sie gehen mutig und kämpferisch voraus, Ihnen wird gefolgt.

Abb. 14: Quadrant 2 (Wissen, Fähigkeiten, Verhalten) mit Fokus auf Entwicklung in Führung und Kommunikation

Je nach Organisation und Situation sind unterschiedliche Arten von Kommunikation und Führung gefragt. Beim Rettungseinsatz oder in Notsituationen mag Führungskommunikation der Stufen *Rot* und *Bernstein*, wie wir sie unten beschreiben, angemessen sein. Im Gegensatz dazu wäre Führungskräften einer stark dem Wettbewerb ausgesetzten Organisation (klassischerweise Stufe *Orange*), beispielsweise mit Digitalisierungsdruck und Disruption im Marktumfeld, anzuraten, die Kompetenzen und Fähigkeiten der Mitarbeitenden zu nutzen. Bedingen würde dies die Entwicklung hin zu den Stufen *Grün* und *Petrol*.

Wenn wir auf das Modell blicken, sehen wir, welche unterschiedlichen Ausprägungen die Gestaltung von Führung und Kommunikation annehmen kann. Auch hier wieder wichtig: Das Modell soll nicht mehr, aber auch nicht weniger als eine Landkarte sein, die uns Orientierung gibt und mögliche Richtungen für unsere Entwicklung aufzeigt.

Rot: Eine *rot* agierende Führungsperson geht heroisch voran und sagt den Mitarbeitenden, was zu tun ist.

Bernstein: Die *Bernstein*-Führungskraft instruiert und fordert Gehorsam ein. Sie erstellt Kommunikationsrichtlinien und fordert ein, dass nach diesen kommuniziert wird.

Orange: Eine Führungskraft der Farbe *Orange* setzt Ziele und fordert von den Mitarbeitenden Verantwortung für die Umsetzung ein. Sie misst den Grad der Umsetzung der Ziele.

Grün: Eine *grün* handelnde Führungskraft inspiriert Mitarbeitende zu Kreativität und neuen Lösungen. Sie spinnt Netzwerke in der Organisation mit dem Ziel, eine starke Gemeinschaft zu bilden.

Petrol: Eine *Petrol*-Führungskraft schafft Raum für Dialog und sieht Konflikte als Potenzial für Entwicklung und entsprechend als zu nutzende Chancen. Sie kann die gesamte Klaviatur der Führungs- und Kommunikationsstile spielen. Sie entscheidet in voller Präsenz, welche Art von Führung und Kommunikation im Moment für die Organisation und die Erfüllung ihres Zwecks am dienlichsten ist.

Entwicklung der Werte in Führung und Kommunikation

Im Kern der oben beschriebenen Entwicklung liegt auch im zweiten Quadranten die Reflexion und Transformation der Werte, entlang derer wir unsere Führung und Kommunikation gestalten. Die Entwicklung hin zu mehr Menschlichkeit wird deutlich. Wir haben die schöne Möglichkeit, uns nicht mehr länger als Zahnrädchen in einer gut geölten Organisationsmaschine zu verstehen – sondern eben als Teil eines organischen, lebendigen Systems. Es gibt eindrückliche Initiativen von Organisationen, die ihre Werte für Führung und Kommunikation konsequent auf Menschlichkeit ausrichten. Ein solches Beispiel ist das »Manifest für menschliche Führung« von Marcus Raitner (2019). Entstanden ist dieses im Rahmen einer Agilitätstransformation in der IT der *BMW*-Gruppe. Der Wandel der Sparte hin zu mehr Agilität und Selbstführung war Anlass dazu, Führung konsequent neu zu denken. Das Resultat dieses Prozesses ist ein Manifest, in dem sowohl Individuen in deren Interaktion als auch Prozesse und Werkzeuge wichtig sind – wobei der Mensch aber an erster Stelle steht.

Manifest für menschliche Führung

Wir glauben an die Kreativität, Leistungsbereitschaft und Motivation der Menschen. Für uns ist der Mensch nicht Mittel zum Zweck, sondern steht im Mittelpunkt. Wir betrachten das Menschliche als entscheidenden Erfolgsfaktor in unserer hochvernetzten Welt. Wir sehen die Aufgabe von Führung darin, nach Rahmenbedingungen zu streben, in denen sich Menschen in ihrer Unterschiedlichkeit entfalten und gemeinsam erfolgreich sein können.

Dabei sind uns die folgenden Werte wichtig:

Entfaltung menschlichen Potenzials –
mehr als Einsatz menschlicher Ressourcen

Diversität und Dissens –
mehr als Konformität und Konsens

Sinn und Vertrauen –
mehr als Anweisung und Kontrolle

Beiträge zu Netzwerken –
mehr als Positionen in Hierarchien

Anführer hervorbringen –
mehr als Anhänger anführen

Mutig das Neue erkunden –
mehr als effizient das Bekannte ausschöpfen

Das heißt, dass auch die Werte unten wichtig sind, wir aber die hervorgehobenen Werte oben höher einschätzen.

3.4   Authentische Führung und Kommunikation

Am ersten Wegpunkt unserer Reise haben wir uns mit dem ersten Quadranten – unserem eigenen Denken und Fühlen, unserer Einstellung beschäftigt. Mit dem zweiten Quadranten im integralen Modell können wir nun untersuchen, wie wir unsere eigene Führung und Kommunikation gestalten können, damit sie möglichst gut unserer Haltung entspricht – und uns damit erlaubt, präsent, authentisch und in gutem Kontakt mit unseren Gesprächspartner:innen zu sein.

In Quadrant 1 sind wir auch zur Entdeckung unseres eigenen Purpose aufgebrochen – dem zentralen Momentum, das Ihnen auch bei der Reise durch dieses Buch Antrieb verleihen soll. Und genau dieser individuelle Purpose verleiht Ihnen jetzt die Möglichkeit, Ihre eigene Führung und Kommunikation zu reflektieren und zu hinterfragen. Gestalten Sie Ihre Führung und Kommunikation so, dass Sie Ihrem Purpose entspricht, entsteht Authentizität. Sie handeln dann Ihren Gedanken, Gefühlen und Ihrer Einstellung entsprechend und das kommt – einfach gesagt – bei jedem Gegenüber gut an. Dann stimmt Ihr Verhalten mit den inneren Überzeugungen überein. Ist dies der Fall, entsteht eine gute Beziehung zu Ihren Mitarbeitenden: Die Beziehungsebene ist gestärkt – die starke Beziehung bietet einen optimalen Raum für die Sachebene der Kommunikation.

Empathie – Verstehen des Gegenübers

Reflektieren wir unser eigenes Verhalten, unsere eigene Kommunikation, schärfen wir damit auch unsere Fähigkeit, das Verhalten und Kommunizieren unserer Mitmenschen einzuschätzen. Durch den Umstand, dass wir uns erst mit unseren eigenen Gedanken und Gefühlen, unserer Einstellung befassen und unsere Führung und Kommunikation entsprechend gestalten, gelingt es auch besser zu hinterfragen, welche Motivation, welche Haltung wohl dem Verhalten unseres Gegenübers zugrunde liegt. Wie kommen wir davon weg, uns ein Bild nur aufgrund des beobachteten Verhaltens zu machen? Wir hinterfragen und versuchen, die Motivation unserer Gesprächspartner:innen zu verstehen. Damit werden wir empathisch.

Oft tendieren wir dazu, unseren Beobachtungen vollen Glauben zu schenken und sie als einzig gültige Wahrheit zu sehen. »Die Wahrheit beginnt zu zweit« lautet der Titel des Bestsellers von Michael Lukas Moeller (2011), in dem er auf die Herausforderungen von Paarbeziehungen eingeht. Treffender lässt es sich kaum sagen. Wenn es uns gelingt, vom Anspruch auf die Wahrheit loszukommen, machen wir einen entscheidenden Schritt in Richtung integrale Kommunikation. Dann können wir das Gegenüber mit ehrlichem Interesse miteinbeziehen.

Über den Körper zum Flow-Zustand

In den folgenden Kapiteln zu den Themen Zuhören, Dialog und Umgang mit Konflikten entdecken wir die Werkzeuge, die es uns erlauben, unsere eigene Führung und Kommunikation zu transformieren. Nach diesem eher kognitiven Teil werden wir den Körper integrieren. Sie werden sehen: Der Weg aus dem Kopf in den Körper ist eines der besten Mittel, um diese Transformation kraftvoll und nachhaltig zu gestalten. Mit dem bewussten Nutzen unseres Körpers können wir Flow erfahren. Wir trainieren im wahrsten Sinne des Wortes unsere Fähigkeit, Dinge in Fluss zu bringen. Fluss – Flow – entsteht dann, wenn wir selbst innerlich klar sind, unseren eigenen Überzeugungen entsprechend authentisch handeln, empathisch sind und damit Beziehungen achtsam gestalten.

Das gelingt uns dann gut, wenn unser ganzes System im Fluss ist. Dann können wir – mental und körperlich – vollkommen präsent sein. Gelingt dies auch unserem Gegenüber, kommen wir in den zwischenmenschlichen Flow. Wir schwingen also in fließende und gelingende Kommunikation ein.

3.5   Die Kunst des Zuhörens

Sind die Voraussetzungen für echte Empathie geschaffen, können wir uns in der Kunst des Zuhörens üben. Die integrale Perspektive verändert das Zuhören entscheidend. Oft tendieren wir dazu zuzuhören, um zu antworten. Dann sind wir jedoch jenseits von Empathie.

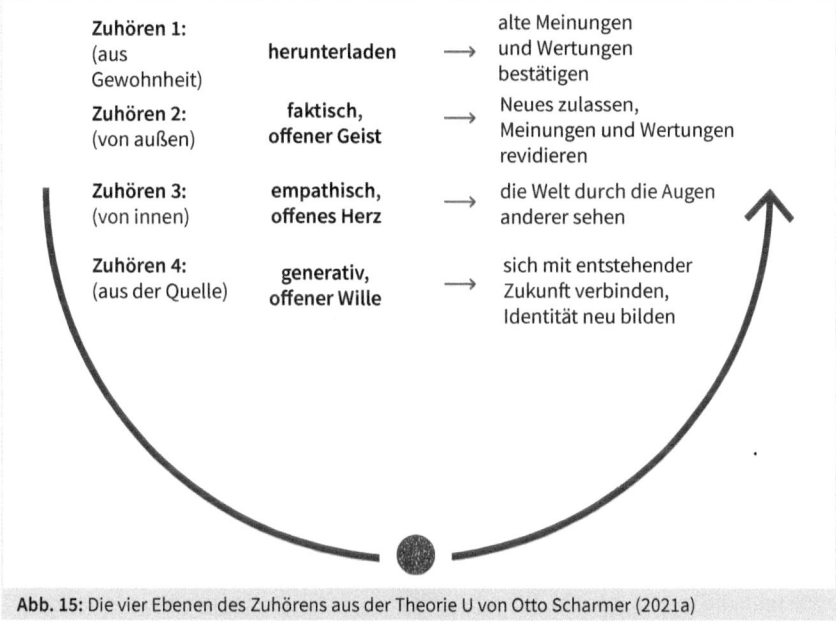

Abb. 15: Die vier Ebenen des Zuhörens aus der Theorie U von Otto Scharmer (2021a)

Otto Scharmer (2021a) bezeichnet Zuhören als die am meisten unterschätzte Führungseigenschaft und die sich aus der Unfähigkeit zuzuhören ergebende mangelnde Verbindung zueinander als das größte Führungsversagen der heutigen Zeit. Dadurch entsteht eine Lücke zwischen den Verantwortlichen auf der einen Seite und dem, was wirklich passiert, auf der anderen.

Scharmer hat ein Modell entwickelt, das vier verschiedene Ebenen des Zuhörens unterscheidet. Dabei beschreiben die Ebenen jeweils unsere Qualität der Aufmerksamkeit. Scharmer ermutigt seine Leser:innen dazu, die Kunst des Zuhörens nicht nur im beruflichen Kontext anzuwenden, sondern auch im Privatleben und somit alle Beziehungen wertzuschätzen und zu bereichern.

Vier Ebenen des Zuhörens

Auf der ersten Ebene des Zuhörens, im von Scharmer so genannten Downloading, geht es um das gewohnheitsmäßige »Herunterladen« von dem, was wir bereits kennen. Hier finden sich auch unsere Wertungen und Urteile, die wir immer mit uns tragen. Wir bestätigen unsere Meinungen, als wären wir in dem geschlossenen Raum unseres eigenen Wissens gefangen – »closed mind«.

Auf der zweiten Ebene des sachlichen Zuhörens erkennen wir die Unterschiede zwischen dem Gesagten und dem uns bekannten Wissen. Ähnlich wie beim wissenschaftlichen Arbeiten öffnen wir in diesem Zustand die Fenster unseres geschlossenen Raums und beobachten, was draußen passiert. Wir halten die zugrunde liegende Dynamik der Stimme des Urteilens, die vorgefestigte Meinungen und Weltanschauungen bereithält, zurück und öffnen uns dem Neuen. Diese Art des Zuhörens kann hilfreich sein, aber sie entspricht nicht dem menschlichen Naturell: In gewisser Weise trennen wir die Fakten des Gesprächs von dem Menschen, mit dem wir das Gespräch führen, und hören nur mit unserem offenen Verstand zu – »open mind«.

Auf der dritten Ebene betrachten wir durch unsere empathische Haltung mit offenem Herzen – »open heart« – die Situation aus den Augen des anderen und fühlen uns hinein in dessen Erfahrung. Dies führt zu einer emotionalen Verbindung. Deren Qualität hängt stark davon ab, wie weit die oder der andere sich uns gegenüber öffnet. Ein geschützter Raum und das Vertrauen von beiden Seiten sind unabdingbare Voraussetzungen. Es geht darum, in einer Konversation dem Gegenüber und dem Gesagten mit Mitgefühl und Empathie zu begegnen und unsere oftmals zynische Stimme zu unterdrücken.

Diese drei Ebenen sind uns bereits bekannt, auch wenn wir sie nicht immer anwenden. Neu in Scharmers Modell ist die vierte Ebene – das generative Zuhören. Beim generativen Zuhören verschiebt sich die Aufmerksamkeit von unserem Ich auf das große Ganze und bezieht das Feld mit ein. Wir hören zu, was im Kollektiv entstehen möchte. Auf dieser Ebene erweitert sich unser Bewusstsein und ein tieferes Selbstverständnis kann entstehen. Allein schon das Bewusstsein für die Ebene des schöpferischen Zuhörens kann ein Umdenken in unserem Selbstverständnis bewirken.

Das Ego fallen lassen

Auf dieser vierten Ebene gelingt es uns, das eigene Ego fallen zu lassen und in einen Raum der Stille und des Werdens zu kommen. In diesem Raum kann eine andere Qualität von Gegenwärtigkeit entstehen, indem wir uns mit den Kernideen des Gesprächs und der möglichen Zukunft verbinden. Eine Lehrerin, ein Coach oder eine Führungskraft, der/die diese Art des Zuhörens anwendet, erkennt im Gespräch das größte zukünftige Potenzial des anderen. Die treibende Kraft des offenen Willens – »open will« – ist der Mut, sich ins Unbekannte vorzuwagen und das Potenzial der Veränderung zu umarmen.

Wir möchten Sie mit diesem kurzen theoretischen Auszug zu den vier Ebenen des Zuhörens ermutigen, Ihre Konversationen zu reflektieren und zu schauen, wann Sie sich in welcher Ebene befinden. Beginnen Sie mit *open mind*, *open heart* und *open will* zu kommunizieren und Sie werden sehen: Ihre Dialoge erhalten eine ganz neue Qualität.

3.6   Konflikte für Entwicklung nutzen

Mit der wichtigste Wegpunkt auf unserer Reise durch den zweiten Quadranten ist unser Umgang mit Konflikten. Wir können noch so authentisch und empathisch sein – wenn es uns im entscheidenden, kritischen Moment eines Konflikts nicht gelingt, neue Wege einzuschlagen, werden wir das Potenzial der integralen Kommunikation nicht schöpfen können.

Spannungen als richtungsweisend erkennen

Im Kern liegt eine Erkenntnis: Die Spannungen in Konflikten können wir kontinuierlich für die Entwicklung nutzen – unsere eigene, die unserer Teams und schließlich die der gesamten Organisation. Wir können sie definieren als die Differenz zwischen dem, was ist, und dem, was sein könnte. In diesem Sinne sind sie positiv und richtungweisend. In Spannungen liegt das wertvolle Potenzial für nachhaltige Transformation. Wenn uns dieses Reframing, die Neubetrachtung von Konflikten gelingt, sind wir auf dem besten Weg. Denn: Leben und Arbeiten wird nie ohne Konflikte vonstattengehen.

Treten Spannungen nicht inhaltlich, sondern zwischenmenschlich auf – beispielsweise in Form von Konflikten im Team oder mit der/dem Vorgesetzten –, sind wir besonders gefordert. In den meisten Fällen schaffen wir es kaum, unsere Konfliktpartner:innen ruhig auf ihr Verhalten und dessen Wirkung auf uns anzusprechen. Zu viel hängt von der Entscheidungsgewalt der/des Vorgesetzten ab. Die meisten von uns haben verlernt (oder gar nicht erst gelernt), wie man sich richtig streitet. Durch die allgemeine Harmoniebedürftigkeit, die bereits in familiären Strukturen entsteht, meiden wir Konflikte, schlucken Verletzungen hinunter und hoffen, dass sich der Konflikt von allein löst. Diese Harmoniebedürftigkeit ist eine typische Eigenschaft der Entwicklungsstufe *Grün*. Dabei vergessen wir, dass das Gegenüber unsere Gedanken und Gefühle gar nicht (er-)kennen kann. Sie liegen in unserer individuellen Innenwelt des ersten Quadranten. Dadurch verpassen wir es, ihm die Chance zu geben, sein Verhalten zu ändern und auf uns einzugehen, und uns dadurch selbst weiterzuentwickeln.

Eine Methode, die sich zur Optimierung der Kommunikation – gerade in Konflikten – bewährt hat, ist die sogenannte gewaltfreie Kommunikation.

Tool: Gewaltfreie Kommunikation

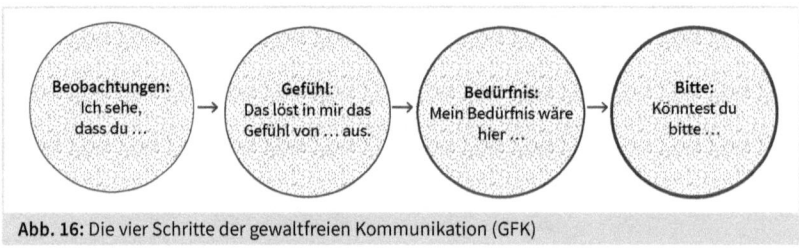

Abb. 16: Die vier Schritte der gewaltfreien Kommunikation (GFK)

Wofür?

Das Prinzip der gewaltfreien Kommunikation wurde in den 1960er-Jahren von Marshall Rosenberg (2016) entwickelt. Er setzte sich damals mit der amerikanischen Bürgerrechtsbewegung auseinander und half mit seinen Ansätzen, die Rassentrennung in vielen Institutionen zu überwinden. Das Konzept der gewaltfreien Kommunikation, kurz GFK, kann in allen möglichen Bereichen verwendet werden – sei es in der Bildung, im Privaten oder eben, in unserem Fall hier, für Organisationen.

Die GFK unterstützt uns dabei, unsere Perspektive klar zum Ausdruck zu bringen und empathisch zuzuhören. Sie lässt uns erkennen, welche Bedürfnisse und Gefühle unsere Gesprächspartner:innen haben – gerade in Konflikten. Rosenberg spricht dabei von zweierlei Arten Empathie: jene den anderen gegenüber und jene uns selbst gegenüber, der Selbstempathie.

Die GFK dient dazu, Klarheit zu erhalten und Strategien zu entwickeln, die die Bedürfnisse aller Seiten berücksichtigen. Interessant ist, dass die GFK Aspekte der in diesem Buch vorgestellten Entwicklungsperspektive mitaufnimmt – gerade jene der Stufen *Grün* und *Petrol*:

- Die GFK überwindet das moralische Urteilen über den Kommunikationspartner und dessen Verhalten. Sie erlaubt uns also eine Entwicklung hin zur wertungsfreien, völligen Akzeptanz des Gegenübers.
- Die GFK erlaubt uns, immer in Eigenverantwortung erst auf die eigenen Gedanken, Gefühle, auf unsere Einstellung zu achten. Sie lädt also dazu ein, den Quadranten 1 im Blick zu halten.

- Mit GFK kann es uns gelingen, uns aus der *Bernstein-* oder *Orange*-Entwicklungsebene von Kommunikation hinauszubewegen. Sie fordert ein, dass wir anstelle von Forderungen Bitten äußern. Damit vermeidet sie, dass wir Instruktionen geben, Befehle erteilen *(Bernstein)* oder die Verantwortung dem Gegenüber geben *(Orange)*.

Beispiel

Nehmen wir an, Sie haben in der Organisation eine problematische Beziehung zu einer Person – sei dies ein Mitarbeiter, eine Teamkollegin oder eine Vorgesetzte. Sie spüren, wie stark sie diese problematische Beziehung belastet, und finden keinen Weg, ohne zu starke Emotionen in ein Gespräch zu gehen. Sie fühlen sich durch das Handeln dieser Person vielleicht bedrängt oder in Ihrer Handlungsfreiheit eingeschränkt. Vielleicht sehen Sie keine konkreten Gründe, die zu dieser Spannung geführt haben, und eine differenzierte Betrachtung fällt noch schwer. Dann hilft Ihnen die GFK, Beobachtungen von Gefühlen und Bedürfnissen zu unterscheiden und damit mehr Klarheit in die Situation zu bringen.

Worauf es ankommt

Nehmen Sie sich auch für dieses Werkzeug genügend Zeit und Raum – gerade wenn Sie es das erste Mal anwenden. Es hilft, wenn Sie sich nicht in der Hektik des operativen Alltags befinden und in einer Umgebung sind, die Sie inspiriert und Ihnen Freiheit bietet. Notieren Sie Ihre Gedanken schriftlich, das unterstützt Sie in der Reflexion.

Schritt für Schritt

Die Methode der gewaltfreien Kommunikation umfasst vier Schritte: Beobachtung, Gefühl, Bedürfnis und Bitte. Beginnen Sie mit einer eigenen Reflexion der vier Schritte. Lassen Sie sich Zeit, damit Klarheit entstehen kann. Haben Sie für sich Klarheit und können Ihre Gefühle dank dieser Klarheit gut wahrnehmen und aushalten, gehen Sie in das Gespräch mit Ihrem Gegenüber. Auch dieses durchläuft exakt die vier Schritte in dieser Reihenfolge:

Schritt 1 – Beobachtung: Beschreiben Sie das konkrete Verhalten, die Handlungen Ihres Gegenübers in den problematischen Beziehungen. Werten oder interpretieren Sie dabei nicht. Beschreiben Sie einfach sachlich und nüchtern.

Schritt 2 – Gefühl: Sie werden feststellen: Die Beobachtung löst in Ihnen ein Gefühl aus. Dieses könnten Sie auch stark in Ihrem Körper wahrnehmen.

Schritt 3 – Bedürfnis: Was könnte die Situation für Sie verbessern? Welches darunterliegende Bedürfnis erkennen Sie? Hier geht es beispielsweise um Sicherheit oder Verständnis. Ihre Bedürfnisse zu erkennen und das Gegenüber einzuladen, auch dessen Bedürfnisse zu artikulieren, weist meist den Weg zu einer kreativen Lösung der Situation.

Schritt 4 – Bitte: Damit Ihr Bedürfnis erfüllt werden kann, braucht es die Unterstützung Ihres Gegenübers. Formulieren Sie sanft eine Bitte um eine konkrete Handlung, die Ihr Gegenüber jetzt ausführen kann. Wichtig dabei ist die Machbarkeit zum gegebenen Zeitpunkt. Damit unterscheiden Sie Bitten von Wünschen, die sich mehr auf die Zukunft beziehen und damit im gegebenen Moment wenig dienlich sind.

Rahmenbedingungen

Dauer:	30 Minuten (oder mehr, frei gestaltbar) für die eigene Reflexion; genügend Zeit und ein guter Raum für das Gespräch selbst
Format:	gedanklich selbst ausführen; Reflexion idealerweise schriftlich festhalten
Teilnehmende:	zwei Gesprächspartner:innen

Beobachten oder mitten hinein ins Geschehen?

Essenziell ist in allen Konfliktsituationen, erst den Kontakt zu uns selbst herzustellen. Es gilt, das Reiz-Reaktions-Schema zu unterbrechen. In der Arbeit mit unseren Kund:innen nutzen wir hier gerne die Metapher des Kinosaals: Wir verfügen immer über die Möglichkeit zu entscheiden, ob wir mitten im Geschehen des Films sein möchten – im schlimmsten Fall unter Lebensgefahr – oder ob wir uns, gemütlich eine Packung Popcorn haltend, in den Kinosessel kuscheln. Die wenigen Meter Distanz zur Leinwand werden es uns erlauben, uns selbst zu beobachten. Die Distanz räumt uns nicht nur Raum und damit Handlungsfreiheit, sondern insbesondere auch die Zeit ein, die wir brauchen, um unsere Motive zu hinterfragen und Handlungsoptionen bewusst zu wählen.

Hier, vom gemütlichen Sessel aus, können wir uns auch wesentlich besser fragen, was wohl das Motiv des Gegenübers ist – und was entsprechend seine Bedürfnisse wären. Wenn es uns gelingt, nicht sofort in die Reaktion zu gehen, können wir nach dem guten Kontakt zu uns selbst in einem zweiten Schritt auch den guten Kontakt zu unserem Gegenüber herstellen. Indem wir uns selbst öffnen und unsere Beweggründe und unsere damit verbundenen Gefühle verbalisieren, treten wir mit dem anderen in Kontakt und schaffen Vertrauen. Wir geben eine Investition in unsere Beziehung, indem wir unsere Karten offenlegen. Damit hat der andere die Chance, sich ebenfalls zu öffnen und mitzuteilen, und wir können aus der neu gewonnenen Perspektive schöpfen und uns aufeinander zubewegen. Dies muss nicht unbedingt gleich eine Lösung des Konflikts oder einen Kompromiss bedeuten, doch es entsteht eine Bewegung und Transformation, die Neues zulässt.

Wie fühlt es sich an, wenn die Verbindung zum Gegenüber gut ist? Wo spüre ich etwas im Körper? Was ver- oder entspannt sich? Auch hier können wir den Körper wiederum als wunderbar verlässliches Instrument nutzen.

Steht die Verbindung, können wir uns auf das Zuhören konzentrieren. Wir können durch die im vorangehenden Kapitel beschriebenen Ebenen des Zuhörens hindurchtauchen – unseren Verstand weiten (»open mind«), das Herz öffnen und empathisch sein (»open heart«) und lösungsorientiert darauf schauen, was aus dem Konflikt für die Zukunft Gutes entstehen könnte (»open will«, generatives Zuhören).

3.7   Einladung zum Dialog auf Augenhöhe

Im Trott unseres Businessalltags laufen Besprechungen und Zusammenkünfte in Unternehmen meist nach derselben impliziten Agenda ab. Oft kommen nur wenige Mitarbeitende zu Wort und dies sind meist die Führungskräfte und Projektleiter:innen. Um Mitarbeitende in Entscheidungsprozesse einzubinden, Eigenverantwortung zu fördern und die diversen Stimmen im Unternehmen zu hören, können die Prinzipien des Dialogs angewendet werden. »Dialog« ist hier – entgegen dem Volksmund – als Werkzeug zu verstehen, das wir Ihnen gerne näherbringen möchten.

Ein Dialog auf Augenhöhe entsteht, wenn beide Gesprächspartner sich vertrauensvoll und empathisch öffnen und zuhören können – Ebene drei nach Otto Scharmer (2021a). Um eine wirklich fruchtbare Konversation zu führen, bedarf es des vierten Levels. Beim Dialog geht es darum, unsere Rollen und Muster loszulassen und uns auf etwas komplett Neues einzulassen. Dabei ist es wichtig, in uns hineinzuspüren, eine vertrauensvolle Basis zu schaffen, inklusiv zu kommunizieren und aufmerksam zuzuhören. Sind Sie bereit für das Dialog-Abenteuer?

Platz schaffen für andere Blickwinkel

Der deutsch-amerikanische Physiker und Philosoph David Bohm gab nach intensivem Austausch mit dem indischen Denker Jiddu Krishnamurti dem Konzept »Dialog« ein neues Verständnis. Dialog (»dia« = durch, »logos« = Wort) meint in der Bohm'schen Vorstellung einen freien Sinnfluss – unter uns, durch uns hindurch und zwischen uns (Bohm 1998). Er ging davon aus, dass viele gesellschaftliche und persönliche Probleme ihren Ursprung in unserem Denken haben, das oft konditioniert und unhinterfragt ist. Indem wir durch Dialog diese Annahmen und Meinungen erkennen und loslassen, wird Platz geschaffen für andere Blickwinkel, die uns nachhaltig prägen können.

Neugierig zuhören und Neues entstehen lassen

Im Gegensatz zum Diskurs lässt der Dialog unterschiedliche Meinungen und Perspektiven zu und strebt somit nicht nach Konsens. Es geht also darum, mit Offenheit ein Thema gemeinsam zu erforschen, um zu einem tieferen Verständnis unserer gedanklichen Prozesse zu kommen. Offenheit und eine achtsame Wahrnehmung – ohne zu bewerten – zählen zu den Grundprinzipien des Dialogs. Durch die Wahrnehmung des eigenen Denkens und indem man sich selbst zuhört, öffnet sich Neues und man kann sich selbst besser kennenlernen. Ähnlich wie Otto Scharmer plädiert auch Bohm dafür, dem anderen zuzuhören – ohne direkt innerlich schon darauf zu antworten, sondern dem Gesagten respektvoll und neugierig zu begegnen und die eigenen Annahmen sozusagen in der Schwebe zu halten. Wenn wir diese Zuhörqualität auf die ganze Gruppe übertragen, die am Dialog beteiligt ist, versuchen wir die komplette Atmosphäre in der Gruppe wahrzunehmen und das, was die Gruppe als Ganzes sagt. Wenn wir selbst sprechen, versuchen wir, statt in eine Reaktion zu gehen, eine untersuchende Frage zu formulieren, die unsere eigenen Annahmen, die des anderen und die in der Gruppe berücksichtigt. Wir bringen uns komplett mit unserem momentanen Dasein in den Dialog ein und stoßen somit die Entwicklung einer neuen kollektiven Intelligenz an – ein Hören nach innen und nach außen.

Tool: Dialog

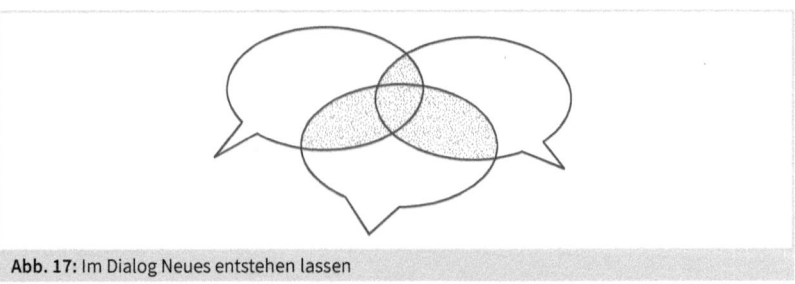

Abb. 17: Im Dialog Neues entstehen lassen

Wofür?

Mit »Dialog« meinen wir die Art von Gesprächen, die etwas in uns verändern, wenn wir an ihnen teilnehmen, und die etwas zwischen den Menschen, die an dem Gespräch beteiligt sind, bewegen. Dialoge sind der Ort, an dem wir »riskieren« müssen, authentisch zu sein und einen Raum mitzugestalten, in dem andere das Gleiche tun können (Andersen 2021). Es geht darum, unsere Denk- und Gesprächsgewohnheiten herauszufordern: mit Aufmerksamkeit zuzuhören, mit Absicht zu sprechen und es zu wagen, die Kamera umzudrehen, um uns selbst und die Rollen, die wir innerhalb eines Systems einnehmen, zu sehen. In diesem Dialograum versuchen wir nicht durch Fakten oder intellektuelles Wissen zu verstehen, sondern indem wir eine andere Perspektive einnehmen, durch die Augen und die Geschichte eines anderen Menschen sehen und ein neues Gefühl für die Umgebung bekommen, zu der das diskutierte Thema gehört. Komplexe Themen werden oft von Experten und der Führungsebene von Unternehmen erörtert. Wenn man aber den diversen Stimmen im Unternehmen Raum gibt – den Stimmen der Menschen, die von einer Entscheidung z. B. direkt betroffen sind –, eröffnen sich viel mehr Sichtweisen und blinde Flecken können erkannt werden. Diese Art von Dialog muss wie ein Muskel regelmäßig trainiert werden, um die Qualität eines jeden Gesprächs radikal zu ändern – sei es mit einer Person oder mit Hunderten von Menschen.

Beispiel

Es steht eine wichtige strategische Entscheidung im Unternehmen an, die ausschlaggebend für die nächsten Jahre ist. Die Dialogprinzipien lassen sich auch auf kleinere Entscheidungen anwenden. Hier kommt es auf die Tragweite des Themas an und darauf, wer involviert ist. Daraus ergibt sich die Entscheidung, ob und welche Variante für diesen bewussten Dialog gewählt werden soll.

Das Prinzip des Dialogs kann generell immer angewandt werden, wenn wir mit einer anderen Person sprechen. Entscheidend ist hier die Absicht. Wenn es nur darum geht, in der Teeküche Small Talk zu führen oder einen Termin abzuklären, können Sie sich auch an die Dialogprinzipien halten, sie spielen jedoch keine so große Rolle. Hier gilt es, situationsbedingt zu erkennen, wie wir der anderen Person gerade gegenübertreten möchten.

Die Dialogprinzipien können wir bewusst für ein Gespräch auf Augenhöhe einsetzen, zum Beispiel im Gespräch zwischen Geschäftsführer:in und Mitarbeitenden oder Kunden. Dadurch kann Neues entstehen und wir kommen davon weg, anderen zu sagen, was sie tun sollen. Im Dialog können wir gemeinsam etwas entwickeln und erarbeiten und nutzen somit unsere Synergie mit der anderen Person. Wir hören nicht mehr zu, um zu antworten, sondern um uns inspirieren zu lassen.

Die Dialogprinzipien empfehlen sich auch für Alltagssituationen.

Worauf es ankommt

- Sprechen Sie aus der Ich-Perspektive. Berichten Sie aus Ihrer Wahrnehmung, Perspektive und Geschichte heraus und werden Sie nicht zum »Experten« für das gesamte besprochene Thema.
- Konzentrieren Sie sich auf die Kernbotschaften und das Wesentliche, was kommuniziert werden soll.
- Seien Sie ganz präsent – in Ihrer Wahrnehmung, in Körperempfindungen und Gefühlen.

- Lassen Sie sich nicht von Ihren eigenen Wertungen, Urteilen oder Annahmen be-einflussen. Niemand weiß alles, und es geht nicht darum, wer recht hat, sondern darum, gemeinsam zu erforschen und an die Oberfläche zu bringen, was noch nicht sichtbar ist. Dies unterscheidet den Dialog von Diskussionen und Debatten.
- Lassen Sie sich gegenseitig aussprechen, sprechen Sie mit Absicht und einer nach dem anderen. Hören Sie einander gut zu. Schenken Sie sich gegenseitig Respekt.
- Wenn Sie das Gesagte überfordert oder es für Sie zu viele Informationen auf einmal sind, können Sie Ihr Gegenüber auch bitten, kurz zu stoppen, bis das Gesagte Sie erreicht hat und alle Informationen bei Ihnen angekommen sind.
- Verknüpfen und verbinden Sie Ihre Ideen, ohne Wissen als Eigentum zu be-trachten, sondern als gegenseitige Inspiration.
- Sorgen Sie dafür, dass jeder gehört werden kann. Laden Sie auch die stillen Teilnehmer ein, sich zu äußern.
- Akzeptieren Sie abweichende Meinungen. Es muss kein Konsens über das Ge-sprochene erreicht werden. Innovation entsteht durch das Zusammenführen verschiedener Perspektiven und Ideen.
- Machen Sie Gefühle transparent und schaffen Sie somit eine Gesprächsebene jenseit vorgefertigter Meinungen.
- Bringen Sie sich ganz ein: mit Ihrer Menschlichkeit, aber auch mit Ihrem Wis-sen und Ihrer Erfahrungen.

Schritt für Schritt
Schritt 1 – sicheren Raum schaffen (online oder offline): Zuerst schaffen Sie ge-meinsam die Rahmenbedingungen für einen Raum, in dem Sie und Ihre Gesprächs-partner:innen sich sicher fühlen. Wichtig ist, den Teilnehmer:innen die Sicherheit zu geben, dass das Gesagte im Raum bleibt und nicht gegen sie verwendet wird. Seien Sie sich auch bewusst, dass jede:r Einzelne zur Sicherheit des Raums beiträgt und dies nicht allein Ihre Aufgabe als Führungskraft/Moderator:in ist.

Schritt 2 – Türöffner/Eisbrecher: Um die Teilnehmer:innen des Dialogs in einen Zustand der Öffnung und des Vertrauens zu bringen, kann der Beginn des Dialogs spielerisch gestaltet werden (z. B. mit einem kreativen Check-in oder einer kör-perlichen Übung).

Schritt 3 – Dialog: Ein Dialog findet meist zu einem bestimmten vorgegebenen Thema oder einer Frage statt. Die vier wichtigsten Prinzipien noch mal zusam-mengefasst sind:
- aus der Ich-Perspektive sprechen
- aus einem Vorsatz heraus sprechen (Zweckgebundenheit, Kernelement)
- aufmerksam zuhören
- Ratschläge durch Neugier ersetzen

Schritt 4: Nach dem Dialog kann das Gesprochene von einem Teammitglied mündlich und/oder schriftlich zusammengefasst oder auf andere kreative Art und Weise festgehalten werden (Video, Fotos, gemalte Bilder etc.).

Varianten

Triaden: In einer Triade findet ein Dialog zwischen drei Teilnehmer:innen statt. Diese nehmen verschiedene Rollen ein, die sie nacheinander durchtauschen. Es wird ein Zeitrahmen für jeden Sprecher vorgegeben (z. B. 5 Min.), den es strikt einzuhalten gilt, sodass alle gleich viel Sprechzeit haben. Nach jedem Sprecher/ jeder Sprecherin kann Feedback von den anderen beiden Rollen angeboten werden (z. B. 2 Min.), danach werden die Rollen getauscht. Es kann auch Zeit für eine generelle Feedbackrunde eingeplant werden, nachdem alle gesprochen haben. Diese drei Rollen werden in Triaden besetzt:

1. Sprecher:in/Geschichtenerzähler:in: Diese Person berichtet über ihre Erkenntnisse und Erfahrungen in Bezug auf die Frage (nach den Prinzipien des Dialogs).
2. Zuhörer:in: Diese Person hört aktiv zu, stellt vertiefende Fragen und versucht den roten Faden der Geschichte zu ermitteln – sie kann dabei auch Momente der Stille zulassen.
3. Beobachter:in/Zeuge oder Zeugin: Die/Der Beobachtende legt ihren/seinen Fokus darauf, welche Bilder und Emotionen während des Sprechens auftauchen und was an Körpersprache und Essenz mitgeteilt wird. Der/Die Beobachter:in kann Notizen machen oder zeichnen und diese dem/der Sprecher:in als Feedback anbieten.

Dialog-Walk: Beim Dialog-Walk gehen zwei Mitarbeiter:innen (unabhängig von Rolle oder Status im Unternehmen) zusammen spazieren und treten dabei miteinander in einen Dialog. Sie können sich persönlich physisch treffen – oder auch übers Telefon miteinander Kontakt halten. Formulieren Sie eine Frage oder ein Thema, über das Sie miteinander sprechen möchten, und werden Sie sich noch mal der Dialogprinzipien bewusst. Nun beginnt der/die erste Sprecher:in in einem vorher festgelegten Zeitrahmen (z. B. 7 – 10 Min.) über das Thema oder die Frage zu sprechen. Der/Die andere hört empathisch und aufmerksam zu, ohne zu unterbrechen. Dann ist der/die andere dran. Danach kann man sich noch über das Gesprochene gemeinsam austauschen oder ein Follow-up organisieren. Der Vorteil dieser Methode ist, dass Sie ein anderes Setting schaffen, um miteinander in Verbindung zu treten: raus aus dem Büro, rein in die Natur und in die körperliche Bewegung.

Rahmenbedingungen

Dauer:	15 – 90 Minuten (je nach Teamgröße, Dialogvariante und Thema)
Format:	Fragen und Thema vorgeben, Variante wählen
Teilnehmende:	Team, Teile des Teams, gesamtes Unternehmen

Und nun möchten wir Sie zur nächsten Destination der Reise führen. Wie oben kurz angesprochen schlagen wir vor, den Körper als Instrument für unsere Entwicklung zu nutzen. Im täglichen Leben und Arbeiten ist er ein wunderbarer Spiegel. Je achtsamer wir den Umgang mit unserem Körper gestalten, je bewusster wir seine Signale wahrnehmen können, desto höher wird unsere Resilienz sein – die Fähigkeit, sich aus eigener Kraft heraus in Widrigkeiten wieder neu auszurichten (Wellensiek 2014).

3.8   Körperliche Bewegung und Flow

Zwischen psychischem und physischem Befinden besteht ein enger Zusammenhang (Storch 2006). Körperliche Bewegung dient nicht nur der Herstellung und dem Erhalt unserer Gesundheit, sondern hilft uns dabei, unsere Erlebnisse und mental Belastendes zu verarbeiten. Gerade Läufer und Radfahrer berichten davon, durch die Bewegung zu Klarheit zu gelangen und Abstand zum Erlebten zu gewinnen. Es geht jedoch nicht nur darum, sich körperlich zu betätigen, um zu sportlichem Erfolg zu gelangen und den Körper zu Höchstleistung anzuregen, sondern darum, ganz genau auf seinen Körper zu hören und Warnzeichen zu erkennen.

Der international bekannte Schriftsteller und Langstreckenläufer Haruki Murakami (2010) berichtet in seinem autobiografischen Buch über den Zusammenhang von Laufen, Schreiben und seinem Inneren:

> »Das meiste über mich selbst und über das Schreiben von Romanen habe ich durch mein tägliches Lauftraining gelernt, auf natürliche, physische, praktische Weise. Wie stark darf ich mich antreiben, ohne mich zu überfordern? Wie viele Pausen brauche ich, ab wann wird die Ruhe zu viel? Wie weit kann ich meine Meinung verfolgen, ab wann wird es engstirnig? Wie tief darf ich in mein Inneres eintauchen, ohne mir der äußeren Welt bewusst zu sein? Bis zu welchem Grad darf ich auf meine Fähigkeiten vertrauen, und wann sollte ich an mir zweifeln?«

> »Der Geist eines Menschen wird doch von seinem Körper gelenkt, nicht wahr? Oder ist es umgekehrt, und das Geistige wirkt sich auf die Funktionsweise des Körpers aus? Oder beeinflussen Körper und Geist sich gegenseitig und wirken aufeinander ein?«

> Murakami 2010 (S. 75 und 77)

Diese Fragen dürfen Sie, liebe Leser:innen, für sich selbst beantworten.

Mit Flow zu verbessertem Lebensgefühl

Murakami spricht vielfach vom Flow-Zustand beim Laufen und Schreiben, den er durch regelmäßiges Training seines Körpers und/oder seiner Gedanken erreicht. Er trainiert nicht nur täglich seine körperlichen Muskeln beim Laufen, sondern auch seine gedanklichen beim Schreiben. Spätestens seit Mihály Csíkszentmihályi, dem Gründervater des Flow-Konzepts, ist »Flow« in aller Munde (Csíkszentmihályi 1991). Flow verhelfe einem zu einem besseren Lebensgefühl, Menschen werden süchtig nach Flow und der oft damit einhergehende sogenannte Tunnelblick sei ein erstrebenswerter Zustand bei der Arbeit. Menschen, die selbst Flow generieren und erleben dürfen, berichten tatsächlich von erhöhter Produktivität und Kreativität bei der Arbeit sowie einer erweiterten intrinsischen Motivation. Aus Arbeitgeberperspektive betrachtet wäre es wünschenswert, wenn die Mitarbeiter:innen tatsächlich häufig Flow erleben, somit zum wirtschaftlichen Erfolg des Unternehmens beitragen und durch ihre Motivation das Unternehmen auch von innen stärken würden. Die aktuelle Lage und Umfragen in Unternehmen lassen jedoch Gegenteiliges erkennen. Ist uns also der Flow abhandengekommen?

Flow entsteht in der optimalen Abstimmung zwischen Herausforderung und Langeweile. Ist der Mitarbeiter überfordert, löst dies Stress und Angst aus. Ist er unterfordert, treten Apathie und Lethargie ein. Den optimalen Zustand zu erlangen gilt als Herausforderung und Chance für Führungskräfte und ihre Mitarbeitenden. Flow kann und muss sogar trainiert werden und kann durch seine konstante Rückmeldung als Barometer für Überlastung genutzt werden. Seine autotelische Eigenschaft, also das Tun selbst als Belohnung zu betrachten, gilt als Motivationsanregung schlechthin. Wenn wir uns konstant im Flow bewegen, dadurch ein positives Lebensgefühl erzeugen und uns in unserem Wohlfühlzustand befinden – wäre Flow dann vielleicht ein möglicher Zielzustand und ein Lösungsweg für die Herausforderungen in Unternehmen?

Körperbewusstsein trainieren

Mit gezielter körperlicher Bewegung können wir uns sehr leicht in den Zustand des Flow versetzen und unser Körperbewusstsein trainieren. Flow hilft uns, unsere Arbeit zielgerichtet und konzentriert auszuführen und dabei Freude zu empfinden. Dies unterstützt uns dabei, uns selbst besser wahrzunehmen, innere Balance herzustellen, Veränderungen zu erkennen und darauf zu reagieren. Und das gelingt, wenn wir unser Körperbewusstsein schärfen. Das Tool des Bodyscan ist hierfür ein guter Startpunkt.

Tool: Bodyscan

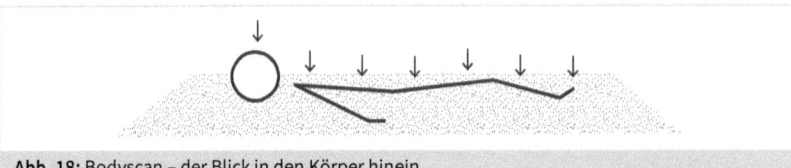

Abb. 18: Bodyscan – der Blick in den Körper hinein

Wofür?

Die Methode des Bodyscans hat ihren Ursprung in der buddhistischen Vipassana-Meditation und wird als wichtiges Instrument verwendet, um den inneren Zustand zu erspüren (Kirch 2021). Der Bodyscan kann jederzeit ausgeführt werden, um einen Blick nach innen zu werfen und sich durch das sorgsame Erkunden des eigenen Körpers seines inneren Zustands bewusst zu werden. Durch einen Körperscan kann man auf körperlicher Ebene herausfinden, was im Inneren vorgeht, und Zugang zu seiner Gefühlswelt schaffen. Schließlich hat der innere Zustand großen Einfluss auf den Inhalt und die Qualität der Interaktionen mit anderen.

Beispiel

Der Bodyscan kann als tägliche innere Gefühlshygiene verstanden und einfach in den Alltag integriert werden. Schon beim Aufwachen oder bei der Fahrt zur Arbeit können Sie mit einem kurzen Bodyscan Spannungen in Ihrem Körper erkunden und bewusst wahrnehmen. »Wie fühlt sich das in meinem Körper an? Wo spüre ich Spannungen in meinem Körper?« Im Businessalltag kann das Tool direkt vor wichtigen Meetings eingesetzt werden. Die Übung eignet sich auch bei herausfordernden Situationen oder schwierigen Entscheidungen.

Worauf es ankommt

- Beim Bodyscan registriert der Praktizierende achtsam alle auftauchenden Empfindungen.
- Die Empfindungen werden nicht bewertet, sondern freundlich und wertfrei betrachtet.
- Alles während des Bodyscans Wahrgenommene wird angenommen, das Angenehme wie auch das Unangenehme.
- Es geht darum, nicht nur auf kognitivem Weg durch Nachdenken zu tiefen inneren Erkenntnissen zu gelangen, sondern über die körperliche Ebene, denn darin spiegeln sich unsere unbewussten inneren Muster wider.
- Durch den neutralen Blick auf unsere Körperempfindungen lernen wir, auf das Äußere gelassener zu reagieren und unser automatisch-unbewusstes Reaktionsverhalten zu verringern. Wir können in Alltagssituationen, die uns triggern, bewusst entscheiden, wie wir damit umgehen.

- Gerade Menschen, die den Zugang zu ihrem Körper und ihrer Gefühlswelt verloren haben, können durch den Bodyscan wieder mehr Bewusstheit und Wahrnehmung erlangen.

Schritt für Schritt

Schritt 1 – sicheren Raum schaffen: Oft fällt es uns schwer, auf Kommando die Innenperspektive einzunehmen. In einem ersten Schritt möchten wir dafür einen Raum schaffen. Dies kann ein physischer Raum sein, wie ein Zimmer oder Büro, oder ein mentaler Raum, in dem man für kurze Zeit abschalten kann. Mit mehr Erfahrung im Bodyscan kann die Übung durch die Erschaffung eines mentalen Raums überall und jederzeit ausgeführt werden.

Schritt 2 – im Körper ankommen: Dann geht es darum, im eigenen Körper anzukommen und diesen als Ganzes wahrzunehmen. Sie können die Übung auf dem Rücken liegend, im Sitzen oder auch im Stehen ausführen. Zu Beginn empfiehlt es sich, bequem zu sitzen oder die Übung im Liegen auszuführen, wenn Sie nicht allzu müde sind. Indem Sie ein paarmal durch die Nase ein- und durch den Mund wieder ausatmen, signalisieren Sie Ihrem Körper, eine kurze Pause zu machen. Mit jedem Einatmen konzentrieren Sie sich bewusst auf den gegenwärtigen Moment, mit jedem Ausatmen legen Sie die Sorgen und Gedanken ab, die Sie gerade noch beschäftigen.

Schritt 3 – Bodyscan: Nun beginnt mit dem gedanklichen Abtasten des Körpers der eigentliche Bodyscan. Richten Sie Ihre Aufmerksamkeit zuerst auf Ihre Zehen, dann Ihre Füße, Unterschenkel, Knie und so weiter. Gehen Sie Schritt für Schritt weiter, von Körperteil zu Körperteil. Achten Sie genau darauf, wie sich jeder Körperteil anfühlt und was sie dabei empfinden, ohne jegliche Wertung. Seien Sie wie ein stiller Beobachter. Sollten unangenehme oder angenehme Empfindungen auftreten, nehmen Sie diese wahr und lassen Sie diese dann wieder neutral ziehen. Sollten Sie mit den Gedanken abschweifen, bringen Sie Ihre Aufmerksamkeit wieder ganz bewusst auf den zuletzt betrachteten Körperteil oder helfen Sie sich mit Ihrem Atem wieder zurück zur Konzentration.

Schritt 4: Nach dem Bodyscan können Sie noch eine Weile ruhen. Sie können sich kurz strecken und danach – in sich ruhend – zurück an die Arbeit gehen. Mit jedem Bodyscan werden Sie geübter.

Rahmenbedingungen

Dauer:	ca. 5 – 10 Minuten
Format:	gedanklich selbst oder im Rahmen eines geführten Bodyscans mit Trainer:in oder einer Tonaufnahme ausführen
Teilnehmende:	individuell oder im Team (z. B. vor einer Besprechung)

Gesundheitliche und betriebliche Vorteile durch Yoga

Zahlreiche Sportarten ermöglichen es, durch körperliche Betätigung in den Flow-Zustand zu kommen. Murakami nutzt hierfür, wie in diesem Kapitel bereits beschrieben, das Laufen. Zahlreiche Führungskräfte praktizieren Radsport – sowohl Rennradfahren als auch Mountainbiking – als Möglichkeit, den Körper in den Flow zu bringen und sich dabei gleichzeitig mit Natur und Umwelt zu verbinden.

Einen nach unseren Beobachtungen ebenfalls leichten Zugang zu Körpererfahrung und -bewusstsein schafft eine philosophische Lehre, die eine ganze Reihe körperlicher und geistiger Übungen und Praktiken verknüpft: Wer unter unseren Leser:innen bereits zu den Yogapraktizierenden gehört, weiß um dieses wunderbare Tool, mit dem ein Gefühl von Flow erreicht werden kann.

Zu den Hintergründen: Yoga gibt es schon seit Tausenden von Jahren. In den 1970er-Jahren ist die Welle von den USA auch zu uns nach Europa geschwappt (Feuerstein 2013). Sowohl die indische als auch die westliche Medizin verweisen auf die großen Vorteile für die Gesundheit, die das regelmäßige Dehnen mit sich bringt: Die Atem- und Yogaübungen können den Blutdruck senken, die Lungenkapazität erhöhen und das Herz stärken (Iyengar 1993). Durch die Dehnübungen lockert sich das Fasziengewebe, Gelenke werden beweglicher und mit mehr Blut versorgt und der Hormonhaushalt reguliert sich. All dies beugt gängigen Volkskrankheiten wie Rückenschmerzen, Herz-Kreislauf-Problemen sowie Arthrose vor und kann deren Verlauf aufhalten.

Yoga beruhigt die Nerven und hat starken Einfluss auf die Frequenz unserer Gehirnwellen. So zeigen Messungen, dass Yoga und die damit einhergehende Atmung unsere Gehirnwellen vom aktiven Zustand der Betawellen in den ruhigen Zustand von Theta- und Alphawellen versetzen können. Dies kann mentalen Erkrankungen wie Depressionen und Angststörungen entgegenwirken. Eine Studie des Universitätsklinikums Jena (Klatte et al. 2016) belegt die Wirksamkeit. Unternehmen, die ihren Mitarbeitenden Yoga primär aus gesundheitlichen Aspekten anbieten, berichten oft von einer scheinbar »magischen« Wirkung auf ihre Mitarbeitenden, die das Betriebsklima nachhaltig und positiv beeinflusst.

Anpassungsfähigkeit, Haltung und Flow

Yoga lehrt uns nicht nur körperlich stärker und flexibler zu werden, sondern auch, sich an immer wieder neue Situationen anzupassen. Wir strecken unsere Körperteile in verschiedene Richtungen und schulen so auch unser inneres Auge darin, verschiedene Blickwinkel einzunehmen. Die Veränderung im Äußeren bringt eine Veränderung im Inneren hervor (Aurobindo 1998).

Der im Yoga erlebte Flow endet nicht mit dem Beenden der Übungen, wir nehmen ihn mit in unseren Alltag.

Yoga verbessert unsere Haltung. Wer mit geradem Rücken aufrecht durchs Leben schreitet, wirkt selbstbewusst. Diese körperliche Haltung wirkt sich auch auf das eigene Selbstbewusstsein aus. Statt sich klein und unbedeutend zu fühlen, kommt man in seine wahre Größe und wird von seinen Mitmenschen ganz anders wahrgenommen. Im Yoga lernt man, Vertrauen in seinen Körper aufzubauen und dadurch auch ins Leben. Ken Wilber geht sogar so weit zu sagen, Yoga »… wird einen weit über sich selbst hinausbringen; ja, manche sagen, er wird einen zur Unendlichkeit bringen.« (Feuerstein 2013, S. 11)

Yoga kann jedem Menschen helfen, in den Flow zu kommen, den optimalen Zustand, der uns bei der Arbeit produktiver und insgesamt glücklicher macht. Yoga optimiert unsere Gesundheit und unterstützt uns dabei, mit unserem Körper und mit anderen in Resonanz zu gehen und Resilienz aufzubauen. Yoga lässt uns mitfühlender mit anderen werden und schafft somit im Team oder im Unternehmen eine Kultur des gegenseitigen Verstehens, des Auffangens und des Miteinanders. Was könnte man sich als Führungskraft denn Schöneres vorstellen? Nicht umsonst führen immer mehr Teams und Organisationen Yogapraktiken ein, die – oft von Mitarbeitenden selbst organisiert oder durch externe Coaches unterstützt – Flow-Erlebnisse schaffen.

Tool: Yoga

Abb. 19: Mit Yoga körperliche und mentale Haltung stärken

Wofür?
Yoga ist eine alte indische Bewegungsform, die die Eigenwahrnehmung schult, die körperliche und mentale Haltung stärkt, Konzentration und Flexibilität steigert, Stress und Schmerzen reduziert und sich durch eine ganzheitliche Wirkung positiv auf das gesamte Leben und die Gesundheit auch jenseits der Matte auswirken kann.

Beispiel
Da Yoga ganzheitlich wirkt, kann es in verschiedenen Situationen und Bereichen angewandt werden. Der gesundheitliche Aspekt steht für viele in der Yogapraxis

im Vordergrund. Daher kann Yoga zum Beispiel gut im Rahmen des betrieblichen Gesundheitsmanagements angeboten werden. Viele Unternehmen bieten mittlerweile ein- bis zweimal pro Woche kostenfreie Yogastunden vor oder nach der Arbeit an. Yoga kann als Präventionstool und feste Institution im Team genutzt werden, um das innere und äußere Wohlbefinden der Mitarbeiter:innen zu unterstützen und körperliche Bewegung fest in den Büroalltag zu integrieren. Auf lange Sicht berichten viele Führungskräfte von einer Steigerung des allgemeinen Wohlbefindens der Mitarbeiter:innen, einem spürbar größeren Zusammenhalt im Team, Stressreduktion, erhöhter Leistungsbereitschaft, verbesserter Kommunikation und einer angenehmeren Betriebsatmosphäre.

Worauf es ankommt
- Beim Yoga ist es wichtig, auf sich und seinen Körper zu hören und seine Grenzen zu achten.
- Sie stehen weder in Konkurrenz zu anderen noch zu sich selbst.
- Die hier vorgestellten Übungen können Sie auch allein ausführen. Sie sollen ein erster Impuls sein und tun Ihrem Körper gut.
- Yoga kann zu jeder Tageszeit praktiziert werden, am effizientesten ist es morgens vor dem Frühstück mit aktivierenden Übungen, in den Arbeitspause mit ein paar kleinen Übungen oder nach Feierabend mit beruhigenden Übungen.

Schritt für Schritt
Schritt 1 – Ankommen: Bevor Sie in die Yogaübungen starten, empfehlen wir, erst mal bei sich anzukommen. Dafür können Sie sich bequem hinsetzen (Stuhl, Kissen, Boden), die Augen schließen und sich ganz auf Ihren Atem konzentrieren. Spüren Sie, wie sich Ihre Bauchdecke und Ihr Brustkorb beim Einatmen heben und beim Ausatmen wieder senken. Sie können ein paarmal durch den Mund ausatmen und so Ihrem Körper signalisieren, dass Sie sich entspannen möchten. Lassen Sie Ihr Ausatmen länger werden als das Einatmen. Wenn Gedanken auftauchen, nehmen Sie diese kurz wahr und lassen Sie sie dann ziehen. Sie können so gerne ein paar Minuten sitzen bleiben, bis Sie merken, dass Sie nun im Hier und Jetzt angekommen sind.

Schritt 2 – Aufwärmen: Unter »Aufwärmen« versteht man beim Yoga, alle Gelenke und Körperteile sanft zu strecken und zu kreisen, bevor man mit den eigentlichen Übungen beginnt. Kreisen Sie sanft Ihren Kopf, rollen Sie Ihre Schultern und Handgelenke, bewegen Sie in einer Wellenbewegung Ihre Wirbelsäule und schließlich noch Ihre Beine und Füße.

Schritt 3 – Yogaübungen: Sie können nun die auf den Bildern dargestellten Yogaübungen beliebig oft ausführen.

1) Stehend oder sitzend

a) Wirbelsäule mobilisieren
Finger verschränken,
Arme nach vorn strecken und
Rücken rund machen
Ausatmen

Arme nach oben strecken
und Rücken wölben
Einatmen
10 Atemzüge

2) Stehend

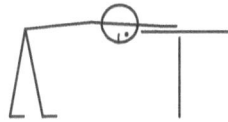 

a) Rückenstrecker
Beine hüftbreit,
Hände auf Tisch oder Stuhllehne,
Rücken gerade,
Kopf zwischen Arme
10 Atemzüge

b) Aushängen
Beine hüftbreit,
Kopf und Arme hängen lassen
Verstärktes Ausatmen
10 Atemzüge

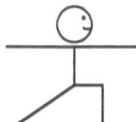 

c) Krieger 2 – starke Beine
Hinterer Fuß zeigt zur Seite, vorderer Fuß
nach vorn, vorderes Knie 90°-Winkel,
Arme parallel zum Boden
5 Atemzüge, Seite wechseln

d) Dreieck – starker Rumpf
Hinterer Fuß zeigt zur Seite, vorderer Fuß
nach vorn, beide Beine durchgestreckt,
Oberkörper nach vorn und dann nach
unten lehnen, einen Arm nach oben,
einen nach unten strecken
5 Atemzüge, Seite wechseln

Abb. 20: Yoga-Beispielübungen – Teil 1

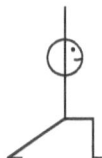
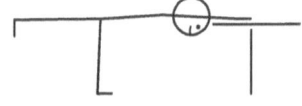

e) Großer Ausfallschritt Hüftstrecker
Hinterer Fuß nach vorn, vorderer Fuß nach vorn, vorderes Bein 90° gebeugt, Arme nach oben
5 Atemzüge, Seite wechseln

f) Krieger 3 – Balance
Ein Bein nach hinten strecken, Hände auf Tisch oder Stuhllehne, Arme strecken
5 Atemzüge, Seite wechseln

3) Sitzend

a) Drehsitz
Beine hüftbreit auf Boden, Oberköper über die Achse rotierend nach hinten drehen,
Arm auf Stuhllehne
5 Atemzüge, Seite wechseln

b) Armstrecker – Brustkorböffner
Eine Hand hinter den Rücken von unten zwischen die Schulterblätter, mit der anderen Hand von oben erste Hand greifen
5 Atemzüge, Seite wechseln

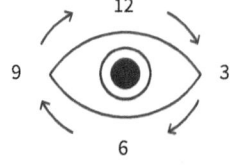

c) Adlerarme – Schulterstrecker
Ellenbogen vor Körper überkreuzen, Hände zusammennehmen
5 Atemzüge, Seite wechseln

d) Augenyoga
Augen schließen, im Uhrzeigersinn ab 12 Uhr Augen langsam drehen, eine Runde, dann gegen den Uhrzeigersinn

Abb. 21: Yoga-Beispielübungen – Teil 2

Schritt 4 – Beenden: Setzen Sie sich für einen Moment auf Ihren Stuhl, Ihr Kissen oder den Boden. Schließen Sie Ihre Augen, achten Sie noch mal ganz bewusst auf Ihren Atem und auf Ihren Körper. Spüren Sie nach, wie sich Ihr Atem, Ihr Körper und Ihre Gedanken verändert haben, ohne dies zu bewerten.

Rahmenbedingungen

Dauer: ca. 10 – 20 Minuten

Format: selbst ausführen (siehe Übungen) oder mit einer/einem erfahrenen Yogalehrer:in

Teilnehmende: individuell oder im Team

3.9 Mit Kaizen die Führungskultur verbessern

Einen aktuellen Versuch, um Flow im Unternehmen zu etablieren, unternimmt Masaaki Imai, der bereits in den 80er-Jahren des 20. Jahrhunderts die Managementphilosophie des *Kaizen* begründet hat. Kaizen kommt aus dem Japanischen und bedeutet »Verbesserung« in einer sehr breiten Definition, die die Persönlichkeit des Individuums, das Privatleben, das soziale Leben und das Arbeitsleben umfasst. Angewandt auf den Arbeitsplatz bedeutet Kaizen kontinuierliche Verbesserung, die jeden einbezieht – Führungskräfte und Mitarbeitende gleichermaßen.

Mit seinem neuen Buch »Strategic Kaizen« (2021), das Imai kürzlich im Alter von über 90 Jahren veröffentlicht hat, spricht er vor allem CEOs und Führungskräfte an: Für ihn leistet Kaizen einen besonders wichtigen Beitrag zur Gestaltung der Wirtschaft in der Zukunft – zu einem Zeitpunkt, zu dem sich Kritik an der Gewinnorientierung vieler Unternehmen breitmacht: Während Mitarbeitende wie auch Kunden zunehmend kritisieren, dass für viele Führungskräfte immer noch zuerst die finanzielle Messlatte gilt, liegt das Potenzial in den wertschöpfenden Geschäftsprozessen, wie zum Beispiel Operations. *Gemba* (der Ort des Geschehens) befindet sich stets dort, wo die Arbeit kreiert wird. Dort werden oft Arbeitszeit und Ressourcen verschwendet, Ineffizienzen sind an der Tagesordnung, Redundanzen werden oft ausgeblendet. Dort, so Imai, liegt das größte Potenzial einer Organisation für Verbesserungen.

Er fordert Führungskräfte dazu auf, den traditionellen Fokus auf Volumen und Geschwindigkeit aufzugeben und durch einen weitaus wirksameren Ansatz zu ersetzen: Flow, synchronisiert durch das gesamte Unternehmen hindurch. Imai interpretiert den Zielzustand als einen reibungslosen, kontinuierlichen und zügigen Arbeitsablauf, den es permanent im Blick zu halten gilt. Für das Schaffen der Voraussetzungen für Flow nimmt er gerade das Topmanagement in die Pflicht. Um langfristig erfolgreich zu sein, sollen Führungskräfte Kontakt halten und in einer guten Kommunikation zu den Leuten an der Front stehen: Dies heißt in erster Linie »zuhören« und den Kommunikationsfluss von unten nach oben organisieren.

3.10   Flow als lebenslanges Unterfangen

Der Organisationsforscher Marco Robledo (2020) unterstützt die Sicht, dass es ein lebenslanges Unterfangen ist, eine integrale Führungskraft zu werden, und dass der Prozess des individuellen Lernens und permanenten Weiterkommens nie endet.

Robledo bezieht sich dabei auf den Mathematiker und Wissenschaftler Blaise Pascal, der bereits im 17. Jahrhundert drei Ordnungen der Wirklichkeit identifizierte: den physischen Bereich oder die Ordnung des Körpers, den intellektuellen Bereich oder die Ordnung des Geistes und den spirituellen Bereich oder die Ordnung des Herzens. Allzu oft leben wir jedoch nur in einem oder zweien dieser Bereiche und vernachlässigen die anderen, wodurch wir auf ein erfüllteres Leben verzichten. Wenn wir im physischen Bereich leben, kümmern wir uns primär um materielle Dinge. Wenn wir in unserem Verstand leben, sind Konzepte und Ideen die primären Dinge, die zählen. Das Reich, das wir am leichtesten vernachlässigen, ist laut Pascal das Reich des Geistigen. Er hielt es für das wichtigste, da dort die Quelle des Glücks liegt.

Für Robledo ergeben sich daraus vier Arten von Schlüsselfaktoren der integralen Führung, an denen es permanent zu arbeiten gilt:
- Technische Faktoren: Die Führungskraft braucht Wissen und technische Fähigkeiten, um effektiv und effizient zu führen und Entscheidungen zu treffen.
- Emotionale Faktoren: Führung findet nur statt, wenn es Mitarbeitende gibt, die folgen. Eine Führungskraft muss andere überzeugen, inspirieren und beeinflussen.
- Ethische Faktoren: Die integrale Führungskraft ist ein:e moralische:r Stellvertreter:in, der/die starken moralischen Prinzipien folgt und ein Verhaltensvorbild ist.
- Spirituelle Faktoren: Integrale Führungskräfte überwinden Eigeninteressen zum Wohle der Organisation und vermitteln kraftvolle und bedeutungsvolle Visionen.

Wer es schafft, alle vier Schlüsselfaktoren bewusst zu erleben, hat gute Chancen, den Flow-Zustand zu erreichen – wobei auch Robledo, ähnlich wie Masaaki Imai, die Wirkung von Flow vor allem im Bereich der optimierten Aufgabenbewältigung sieht: Wenn wir im Flow sind, können wir unsere Energie und Aufmerksamkeit in einem solchen Ausmaß fokussieren, dass eine vollständige Absorption in der vor uns liegenden Arbeit erreicht werden kann, was zu einer Leistung von fast wundersamer Wirksamkeit führt.

> **!**   **Die befreiende Rolle des Fördernden und Unterstützenden**
>
> Dass der Weg zu einem derartigen Gipfel ein langer ist und die Bereitschaft zur eigenen Veränderung voraussetzt, beschreiben Klaus-Dieter Dohne und Dorothea Radzik (2020) eindrücklich anhand des mittelständischen Innenbauunternehmens *Germerott*. Wolfgang

Germerott, Geschäftsführer des 60-Mann-Betriebs, befindet sich seit mehr als 10 Jahren mit seinem Team auf einer Transformationsreise. Sein Anlass, mit diesem Unterfangen zu beginnen, war schlichtweg das Gefühl, dass er sich selbst verbraucht, wenn er künftig nicht andere Wege beschreitet. In dem jahrelangen Prozess hat sich auch seine innere Haltung geändert: weg von einem Verhalten, das geprägt war durch Forderungen an seine Belegschaft – hin zu der Bereitschaft, etwas zu geben. Dazu gehört für ihn insbesondere auch das Zuhören in Bezug auf die Sorgen, Ängste und Erfahrungen der Mitarbeitenden im Alltag.

Auch ethische Faktoren sieht Germerott als wichtigen Punkt: Zu oft seien Führungsteams nicht bereit, den Vorhang zu öffnen, ohne einen Sicherungstrick in der Hinterhand zu behalten, um den Vorhang wieder zu schließen. Dies nicht zu tun sei ein großer Schritt, der gleichzeitig Vertrauen bildet.

Darüber hinaus ging es bei Germerott ebenfalls um das Kommunikationsverhalten: Sich unangenehme Antworten anzuhören, ohne darauf top-down zu antworten, war für ihn eine wichtige Entscheidung – und letztlich auch die Basis dafür, geeigneten Mitarbeitenden in der eigenen Organisation eine Entwicklungsmöglichkeit zu eröffnen. Heute sieht er seine neue Rolle als Förderer und Unterstützer seiner Mitarbeitenden als eine Befreiung.

In Eigenverantwortung vorangehen

Sie sehen: Gehen Sie als Führungskraft in die Eigenverantwortung und tragen das Entdeckte in die Organisation, ist das Potenzial enorm. Sie werden dienlichere Formen des alltäglichen Umgangs im Team finden und Schritt für Schritt die Basis dafür schaffen, dass Mitarbeitende gesund sind und dass Ihre Organisation nachhaltig zukunftsfähig wird.

Nutzen Sie die Chance und gehen Sie als Führungskraft als positives Beispiel mit Ihrer persönlichen oder kollektiven Transformation voran. Es geht darum, mit anderen in Resonanz zu gehen, andere Perspektiven einzunehmen, anderen mit Empathie und Wohlwollen zu begegnen, Menschlichkeit und Verletzlichkeit zuzulassen und dies Ihren Gegenübern auch zuzugestehen, zu vertrauen und damit ein Stück Macht und Kontrolle loszulassen. Ja – vertrauen und loslassen. Spüren Sie schon die Erleichterung? Sie dürfen so sein, wie Sie sind, in Ihrem authentischen Selbst. Und damit haben Sie es in der Hand, Ihre Kolleg:innen zu erreichen und das gesamte Unternehmen zu beeinflussen.

Hinterfragen und entwickeln Sie Ihre Führung und Kommunikation, sind damit auch konkrete Entscheidungen zu treffen. In der Vorbereitung dieser Entscheidungen unterstützt Sie das Werkzeug »Tetralemma«, das wir Ihnen in der Folge gerne vorstellen möchten.

Tool: Tetralemma

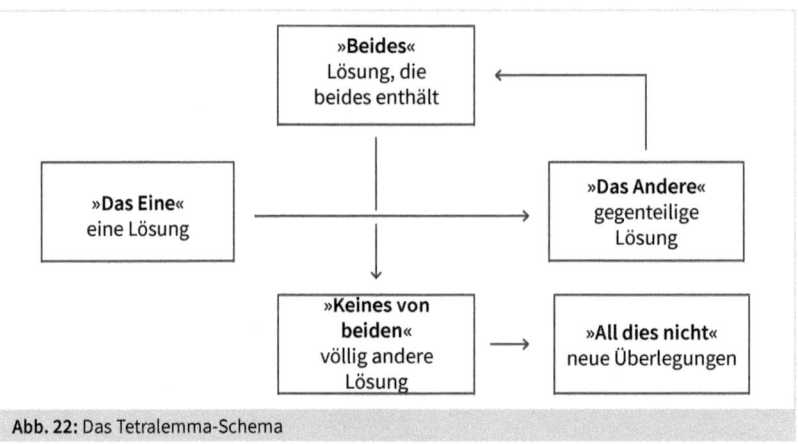

Abb. 22: Das Tetralemma-Schema

Wofür?
Das Werkzeug »Tetralemma« (Sparrer/Varga von Kibéd 2000) hilft uns, aus einem Dilemma auszusteigen, indem es weitere mögliche Handlungsoptionen ins Feld führt. Das Tool bringt schlicht mehr Farbe in eine schwarz-weiße Welt. Der Entscheidungs- und Handlungsspielraum wird erweitert. Das Tool kann sowohl individuell als auch in Teams eingesetzt werden. In unserem Fall – verortet im zweiten Quadranten – dient es dazu, neue Perspektiven zu gewinnen.

Das Tetralemma hilft uns, die rein rationale Ebene zu verlassen, und erschließt über das Erkunden alternativer Positionen unsere intuitive Intelligenz.
* Erkennen von Gedanken, Gefühlen und der eigenen Einstellung
* Entwicklung der eigenen Gedanken, Gefühle und der Einstellung
* Gewinnen neuer Perspektiven, Erreichen von Klarheit über persönliche Bedürfnisse
* Auflösen von Blockaden und Durchbrechen von Mustern

Beispiel
Besonders eignet sich das Tetralemma in Situationen, die Entscheidungen erfordern, die scheinbar unvereinbar sind – dann also, wenn Sie Dilemmata und Paradoxien antreffen. In unserer VUCA-Welt kommt es immer öfter zu Situationen, die eine tiefe Reflexion und anschließend kreatives, innovatives Handeln erfordern. Gerade die Dimension A von VUCA (Ambiguität, Mehrdeutigkeit) erfordert maximale mentale Flexibilität und Agilität im Handeln. Das Bewusstsein dafür, dass die eigene Realität eben nur die eigene ist und so alles auch ganz anders sein könnte, steigert sich, wenn es uns gelingt, neue Perspektiven einzunehmen und neue Handlungsoptionen ins Auge zu fassen.

Worauf es ankommt

- In erster Linie braucht das Tetralemma Ihre Bereitschaft, Positionen zu hinterfragen und neue Lösungen zu finden. Damit einher geht die Bereitschaft, das eigene Denken und Fühlen zu erkennen und die eigene Einstellung zu entwickeln.
- Nehmen Sie sich Zeit (mindestens 45 Minuten) und Raum: Beim Tetralemma handelt es sich um eine systemische Strukturaufstellung. Je mehr Zeit Sie sich schaffen können, desto mehr mentalen Raum haben Sie zur Verfügung. Auch der physische Raum unterstützt Sie beim Erkunden neuer Positionen, da Sie die Positionen beispielsweise auf Karten notieren, die sie an unterschiedlichen Stellen im Raum platzieren. Auf diese unterschiedlichen Positionen – sogenannte Bodenanker – können Sie zugehen und sich daraufstellen. Das erlaubt Ihnen, sich voll und ganz – mit der ganzen körperlichen Präsenz – in eine Handlungsoption einzufühlen.

Schritt für Schritt

Das Tetralemma kann sowohl im Kleinen mit Stift und Papier durchgeführt werden als auch in der großen Variante mit Moderationskarten im Raum als sogenannte Aufstellung. Die folgende Aufzählung zeigt die fünf möglichen Positionen und die Bewegungen, die Sie mental oder physisch vollziehen können.

- »Das Eine«: Die erste Position – sie ist quasi »top of mind«. Sie kommt uns zuerst in den Sinn und meist halten wir sie für die »richtige«.
- »Das Andere«: Dies ist die gegenteilige Position. Sie ist unvereinbar mit der ersten Position, steht dieser also diametral gegenüber. Meist halten wir diese andere Position für die »falsche«.
- »Beides«: Hier wird es spannend. Dies ist die Position, die die beiden ersten Positionen »das Eine« und »das Andere« vereint. Denn: Oft sind diese nur scheinbar widersprüchlich.
- »Keines von beiden«: Hier steht die Frage im Mittelpunkt, worum es eigentlich sonst noch gehen könnte. Vielleicht sind »das Eine« oder »das Andere« einfach Symptome darunter liegender Phänomene.
- »All dies nicht (und selbst das nicht)«: Oft stellen wir fest, dass keine der vier bisherigen Positionen alle Aspekte beinhaltet. Heitger/Serfass (2015) geben dieser Position den Zusatz »und selbst das nicht« – gemeint ist damit, dass als Konsequenz aus der Erkenntnis, dass auch dies keine Möglichkeit darstellt, keine neue Position eingenommen wird. Hier schränken Sie sich nicht auf eine neue Position ein, sondern können vielleicht mit der offenen Frage verbleiben.

Schritt 1 – das Szenario aufbauen: Zeichnen Sie das Schema aus Abbildung 22 auf ein großes Blatt Papier oder notieren Sie die Positionstitel auf Moderationskarten und legen Sie diese (idealerweise in der abgebildeten kreuzförmigen

Anordnung im Raum) auf dem Boden vor sich aus. Die fünfte Karte platzieren Sie dabei etwas außerhalb. Gönnen Sie sich dafür einen Raum mit ausreichend Platz, in dem keine Möbelstücke Sie an der freien Bewegung hindern.

Schritt 2 – Erkunden der ersten beiden Positionen: Fokussieren Sie auf die ersten beiden Optionen auf Ihrem Blatt oder treten Sie im Raum in die Nähe der ersten beiden Karten. Benennen Sie beide Alternativen in Ihren eigenen Worten und notieren Sie in Stichworten die Definitionen Ihrer beiden Positionen. Klären Sie dabei auch und benennen Sie, welche Bedeutung »das Eine« oder »das Andere« für Sie hat. Halten Sie hier einen Moment inne – gehen Sie mental die eine und dann die andere Position durch. Haben Sie die Optionen im Raum platziert, bewegen Sie sich noch nicht. Lassen Sie sich jeweils rund eine Minute Zeit und spüren Sie in sich hinein. Verändert sich Ihr Körperempfinden, stellen Sie Unterschiede zwischen den Positionen fest?

Schritt 3 – »Beides«: Fokussieren Sie nun auf Ihrem Blatt auf die dritte Position »Beides« oder bewegen Sie sich im Raum an diese Stelle. Was erkennen Sie hier? Stellen Sie sich folgende Fragen (Heitger/Serfass 2015):
*   Welche Teile »des Einen« könnten sinnvoll »im Anderen« auftauchen?
*   Gibt es übersehene Überschneidungen?
*   Kann etwas Neues aus Komponenten der ersten beiden Positionen entwickelt werden?
*   Sind Teile »des Anderen« oder »Falschen« richtige Lernschritte?
*   Achten Sie dann auch hier wieder auf Ihren Körper. Welche Empfindungen zeigen sich?

Schritt 4 – »Keines von beiden«: Fokussieren Sie nun auf die vierte Position »Keines von beiden« und nutzen Sie folgende Fragen für die Reflexion (Heitger/Serfass 2015):
*   Worum könnte es »eigentlich« bzw. noch gehen?
*   Worum könnte es statt »des Einen« und »des Anderen« gehen?

Beobachten Sie Ihre Gedanken und Gefühle. Achten Sie nun auch hier auf die Signale Ihres Körpers.

Schritt 5 – »All dies nicht (und selbst das nicht)«: Im fünften Schritt geht es darum, die Perspektive nochmals radikal zu ändern und weit herauszuzoomen: Was wäre, wenn keine der durchlaufenen Positionen mit Ihnen in Resonanz ginge? Was wäre, wenn alles möglich ist – sich also noch viele weitere mögliche Positionen zeigen?

Schritt 6 – Reflexion: Sie können die einzelnen Positionen nochmals durchge-hen. In einem weiteren Durchgang kann es gut sein, dass Sie nochmals ein neues Erkenntnisniveau erreichen. Sollten Sie für sich die Erkundung beendet haben, starten Sie mit der Reflexion:

- Haben Sie »das Eine« oder »das Andere« als positiv erlebt? Der Körper zeigt hier schon die Richtung für die Lösung an (Fritzsche 2012, Habedank 2017).
- Spürten Sie im Fokus auf die beiden Positionen respektive auf diesen stehend etwas Positives? Dann ist vielleicht das Ergebnis der dritten Komponente »Beides« von großer Bedeutung für Sie.
- Oder aber haben Sie den vierten Aspekt, das »Keines von beiden«, als be-sonders positiv empfunden? Sollte dies der Fall sein, entdecken Sie vielleicht schon im Prozess neue Handlungsoptionen und können die bisherigen ge-trost verwerfen.
- Sollte die fünfte Position »Dies nicht und auch das nicht« besonders mit Ihnen in Resonanz gegangen sein, starten Sie eine weitere Entdeckungsreise: Viel-leicht entdecken Sie einen bisher unbekannten Wunsch (Fritzsche 2012)?

Rahmenbedingungen

Dauer:	45 Minuten bis 2 Stunden, je nach Präferenz und Möglichkeit
Format:	gedanklich selbst ausführen – auf Papier oder im Raum
Teilnehmende:	individuell (jedoch gut auch im Team anwendbar)

4 Zukunft definieren

Lassen Sie uns nun einen Blick in den nächsten Quadranten werfen, der mit »Produkte, Prozesse und Strukturen« überschrieben ist.

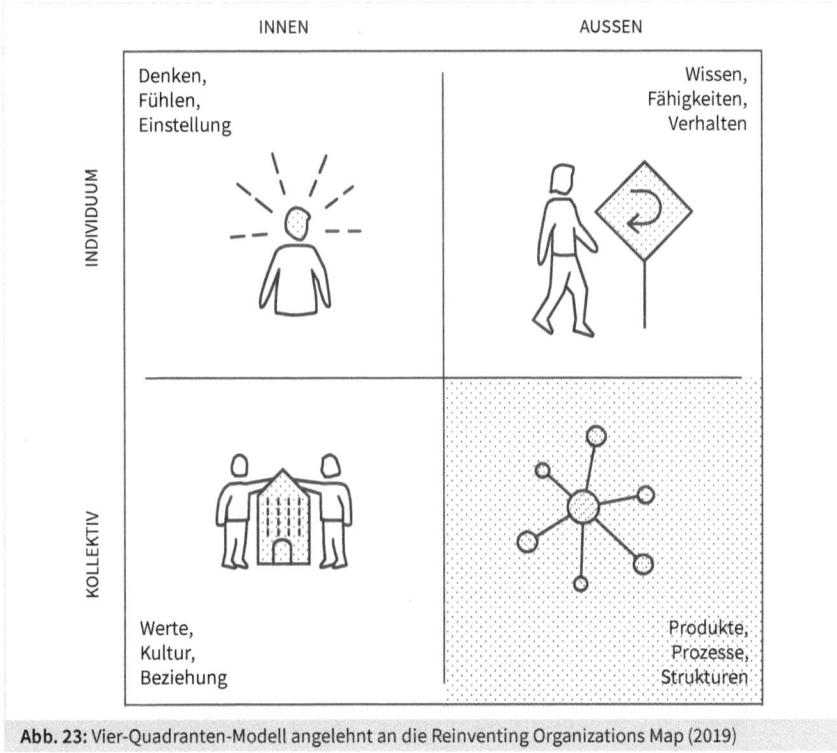

Abb. 23: Vier-Quadranten-Modell angelehnt an die Reinventing Organizations Map (2019)

Der Zustand, den wir heute häufig antreffen, wenn wir mit Führungskräften reden und mit ihnen in einen Austausch zum Thema Struktur gehen, lässt sich nicht mit »Flow« beschreiben. Es dominieren eher andere Begriffe, die sich von klein bis groß und von Handwerk bis High Tech durchziehen: Überlastung, Müdigkeit, Frustration.

4.1 Change vs. Transformation: Wovon sprechen wir heute?

Mit Prozessen und Strukturen sowie den daraus resultierenden Produkten assoziieren die meisten Manager eine Reorganisation, ein weiteres Strategieprogramm, eine weitere Digitalisierungsinitiative, die mit blumigen Meldungen angekündigt und in Projekten generalstabsmäßig umgesetzt werden. Erfunden von wenigen, ausgerollt auf alle, begeistern sie nur noch wenige. Zu viele haben den Glauben an immer wiederkehrende Veränderungs- und Planungszyklen verloren, die in den letzten Jahren gehäuft unter dem Schlagwort »Transformation« unter das Volk gebracht werden. Laut einer Studie von *Deloitte* in Kooperation mit der Hochschule St. Gallen (2020) haben 85 Prozent aller Unternehmen weit mehr als eine Transformation durchlaufen. Allerdings erreichten nur 30 Prozent dieser Unternehmen das gewünschte Ergebnis.

Seit vielen Jahren heißt es: Veränderung ist die neue Konstante. Wird nun Transformation zum neuen Normal, wie *Deloitte* es in der zitierten Studie anklingen lässt? Dem Hype der Begrifflichkeit folgend könnte man dies annehmen. Gar wünschenswert wird es, wenn wir uns die Terminologie nochmals genauer anschauen – und zwar im direkten Vergleich der Begriffe »Veränderung« und »Transformation«. Beides findet sich nämlich in der Natur wieder.

»Veränderung« korrespondiert beispielsweise mit dem Bild eines Chamäleons, das situativ seine Farbe wechselt. Es geht um Taktik, Umsetzung und inkrementelle Anpassungen an die Umwelt. Hierfür werden bekannte Methoden angewendet. Das Chamäleon verändert sich äußerlich, um besser auf bekannte Situationen einzugehen.

»Transformation« hingegen passt zu dem Bild eines Schmetterlings, der zuvor eine Raupe war und durch eine innere und äußere Verwandlung entsteht. Transformation entwickelt sich durch eine Vielzahl von Veränderungen, die stattfinden, um sich neu zu erfinden. Ein lebendiger Organismus richtet sich auf eine neue Zukunft aus und verschiebt damit seinen Bezugsrahmen.

Auf den Punkt gebracht bedeutet dies: Transformation bestimmt eine neue Vision – während Veränderung eine Vision übernimmt und sich ihr anpasst.

Komplexität erfordert, in Einklang mit der Umwelt zu agieren

Die Unterscheidung zwischen Veränderung und Transformation korrespondiert auch mit der Unterscheidung des Komplizierten vom Komplexen. Ein kompliziertes System, auch wenn es sehr groß ist und unser individuelles Wissen überschreitet, basiert auf kausalen Zusammenhängen und somit dem Maschinenbild einer Organisation: Wenn man den Motor ölt, ihn regelmäßig wartet und ihm guten Treibstoff gibt, wird er in der Regel seine gewohnte Leistung bringen.

Ganz anders im komplexen System: Es handelt sich um einen lebendigen Organismus mit einer unendlichen Zahl von Ursache-Wirkungs-Zusammenhängen, die sich weder mit Rationalität noch mit KI-Computern in Gänze erfassen und auswerten lassen. Ein komplexes System agiert im Einklang mit seiner Umwelt, nimmt Informationen auf und fühlt auch in die entstehende Energie hinein. Auch exponentielle Entwicklungen, die nicht linear ansteigen, sind typisch für komplexe Zusammenhänge, wie zum Beispiel:

- Digitalisierung, mit der disruptive Geschäftsmodelle einhergehen
- die Covid-19 – Pandemie, deren Management Politiker und Unternehmer rund um den Globus stark fordert
- eine Klimakrise, die wir kommen sehen und die sich in ihren Symptomen bereits zeigte
- die Abnahme der Biodiversität, deren Auswirkungen wir erst erahnen, wenn wir in funktionierende Ökosysteme eintauchen.

Nun gut, mögen Sie sagen: Was hat das alles mit Kommunikation in Organisationen zu tun? Das ist ganz einfach: Es scheint die nicht mehr funktionierende Kommunikation zu sein, die vielen Managern auffällt, wenn sie in komplexe Situationen wie eine unerwartete Pandemie oder generell in Krisensituationen abtauchen.

4.2 Die Kraft der Kommunikation

Bereits ganz zu Anfang der Pandemie haben uns zahlreiche Führungskräfte gesagt, dass der plötzliche Wechsel ins Homeoffice zuallererst die Kommunikation auf den Kopf gestellt hat: Etablierte Meetingformate funktionierten nicht mehr und es galt, auf virtuelle Zusammenarbeit umzuschalten. Die Mitarbeitenden kamen mit vielen Fragen, auf die niemand vorbereitet war und die sich nicht aus dem Stegreif beantworten ließen. Plötzlich wurde vielen bewusst, dass auch die Kommunikation »zwischen den Zeilen« – auf dem Flur, in der Kaffeeküche, beim gemeinsamen Lunch im Casino – wichtige Emotionen vermittelte, die nun nicht mehr spürbar war.

Kommunikation: Grenzen verschwimmen

Aber nicht nur, dass Dinge fehlten: Auch die Kommunikation selbst schien sich zu ändern. Welchen Wert hatten zentrale Botschaften der Unternehmenskommunikation, vermittelt durch Intranetplattformen und interne soziale Medien, wenn es darauf ankam, in erster Linie das Team zusammenzuhalten? Und wie stand es um die individuelle Kommunikation zwischen Mitarbeiter:in und Führungskraft, wenn die Führungsspanne plötzlich ungemein größer erschien und nicht mehr genug Zeit blieb, um alle Jour fixes durchzuführen? Während einzelne Mitarbeitende im Homeoffice abtauchen, fühlen sich andere im virtuellen Arbeiten wohler und sind plötzlich sichtbarer. Insgesamt wurde zudem eines klar: Die Grenzen zwischen individueller und Unternehmenskommunikation verschwimmen, und die Teamebene der Kommunikation rückt in den Fokus.

Man könnte den Eindruck gewinnen, dass plötzlich die Kommunikation die Organisation bestimmt und vorantreibt – und nicht umgekehrt, wie dies in der klassischen

Managementliteratur steht und der Aufhängung vieler Kommunikationsabteilungen als Funktion oder Serviceeinheit im Geschäftsalltag entspricht. Kommunikation lässt sich in komplexen Situationen weder delegieren noch outsourcen, denn das wesentliche Geschehen in Organisationen – die Arbeit selbst wie auch die kollektive Sinnfindung – wird erst durch Kommunikation real und greifbar. Nur eben nicht durch Pressemitteilungen und vorbereitete Interviews im Intranet, sondern durch direkten Austausch in den Teams, durch die Verbindung zwischen Führungskraft und ihren Mitarbeitenden sowie den Dialog auf Augenhöhe mit den Kunden.

Organisation entsteht durch Kommunikation

Kommunikation entwickelt in einer durch wachsende Volatilität, Unsicherheit, Komplexität und Mehrdeutigkeit gekennzeichneten Welt eine gestaltende Kraft, die weit über die Informationsvermittlung hinausgeht. Seit einigen Jahren untersuchen Wissenschaftler wie Dennis Schöneborn und Dan Kärreman in Kopenhagen, Joep Cornelissen in Rotterdam oder Timothy Kuhn in Boulder, Colorado, die Frage, wie Organisationen entstehen, und veröffentlichen ihre Ergebnisse regelmäßig in der renommierten Publikation »Organization Studies«. Sie bestätigen die Umkehrung des Prinzips: Organisationen sind nicht Entitäten, in denen Kommunikation stattfindet – sondern umgekehrt: Die Organisation selbst findet in Kommunikation statt.

In diesem unter der Bezeichnung »CCO« (Communication constitutes organization) geführten Forschungsstrang (Schoeneborn/Kuhn/Kärreman 2019) entwickelt sich das neue prozessuale Verständnis, dass Organisationen generell als eine evolutionäre Errungenschaft der Kommunikation zu betrachten seien. Sie betonen die fundamentale Einbindung von Organisationen in die kommunikativen Beziehungen zu ihren Stakeholdern und der Gesellschaft insgesamt. Damit einher geht die Sicht, dass wesentliche Artefakte der Kommunikation – wie zum Beispiel Worte, Texte, Präsentationen, Technologien – eine gestaltende Kraft haben und die Organisation prägen. Auch lose Verbindungen und fluide soziale Kollektive – wie zum Beispiel Graswurzelbewegungen, Communities of Practice oder Fahrradgemeinschaften für den Weg zur Arbeit – gehören aus dieser Perspektive zu Organisationsformen, die sich durch Kommunikation bilden, verändern und auch wieder verschwinden.

4.3   Spannungen akzeptieren

Somit rückt die Frage, *was* eine Organisation ist, im Vergleich zu den Fragen, *wie* und *warum* Organisationen entstehen, in den Hintergrund. Dies deckt sich mit den Beobachtungen aus unserer Beratungspraxis in den letzten Jahren. Mit dem Interesse an langfristigen Strategieprogrammen lässt die Bedeutung von Organigrammen nach. Mit dem Wechsel vieler ins Homeoffice verlieren Statussymbole wie Dienstwagen oder die Größe des Einzelbüros ihre Strahlkraft. Auch räumliche Distanzen innerhalb einer Organisation werden nicht mehr als Hindernis betrachtet.

Wie transformieren? Das ist die Frage

Große Fragen wirft hingegen das Wie einer Organisation auf: Wie Arbeitsabläufe gestalten, damit in dem komplexen, lebendigen Unternehmen alles möglichst reibungslos und wirksam funktioniert? Wie klarmachen, wer was zu tun hat, ohne dass man die Mitarbeiter:innen sieht? Wie die Kunden bestmöglich bedienen und sich gleichzeitig der sich verändernden Umwelt bewusst sein? Wie transformieren? Das ist die Frage, um die es letztlich geht.

In der Unternehmenspraxis sorgt diese Frage nicht selten für Unsicherheit – und somit für Spannungen, die oft negativ interpretiert werden. Insbesondere beobachten wir häufig, wie schwer es Manager:innen fällt, von bekannten und etablierten Mechanismen abzulassen.

Dies fängt in der eigenen Organisation an, wenn es darum geht, in einer längeren Homeofficephase das Vertrauen zu Mitarbeiter:innen aufrechtzuerhalten und weiter auszubauen. Innovations- und Kommunikationsmanager:innen in mehreren Unternehmen berichteten uns von einem Gefühl der Zwiespältigkeit: dem Bewusstsein, die Mitarbeitenden nicht mehr täglich zu sehen und somit nicht direkt bei der Arbeit beobachten zu können, einerseits und der Schwierigkeit, sich ohne direkten Zugriff darauf zu verlassen, dass die Arbeit auch tatsächlich langfristig erledigt wird, andererseits.

Bei Zwiespältigkeit hilft nur Experimentieren

Bei einem Kunden der Pharmabranche beobachteten wir, dass das Führungsteam sehr wohl erkannte, dass die Mitarbeitenden an Überlastung litten und dies auf Kosten der Zufriedenheit interner Kunden ging. Dennoch konnte man sich nicht zum Experimentieren mit Kommunikation durchringen – zum Beispiel durch ein engeres Vernetzen von Mitarbeitenden und Manager:innen in einem fortlaufenden Austausch und Sensemaking-Prozess. Stattdessen griff man zunächst zum bekannten Instrumentarium und begann damit, Personal auszutauschen.

Auch bei Trainings im Bankensektor erlebten wir dieses Hin- und Hergerissensein, als es darum ging, den Vertriebsprozess vom etablierten Verkaufen von Finanzprodukten auf eine Kokreation mit Kunden hin auszurichten. Die Erkenntnis, dass man Kunden bei komplexen Fragestellungen wie Nachhaltigkeit nicht vor die Wahl stellen kann – »entweder klassisch oder nachhaltig investieren« –, war schnell erreicht. Dennoch taten sich viele schwer damit, bei der Lösung des Dilemmas nicht einfach nach neuen Produkten zu fragen, sondern sich auf ein gemeinsames Erarbeiten von Lösungen auf Augenhöhe mit dem Kunden einzulassen.

Von der Schwierigkeit des Loslassens

Auch in der Außenwelt zeigen sich immer wieder Beispiele, wie schwer sich Unternehmen damit tun, wirklich loszulassen, wenn es bei komplexen Fragestellungen tatsächlich darauf ankommt. Denken wir zum Beispiel an *Siemens*, wo sich das Management im Frühjahr 2020 auf eigene Entscheidungen berief und sich auf diesem Weg mit Klimaschützer:innen anlegte, statt gemeinsam mit allen Beteiligten nach einer neuen Lösung für einen in Kritik stehenden Auftrag zu suchen. Oder *Adidas*, als sich das Unternehmen zu Beginn der Coronasituation dazu entschloss, erst einmal keine Mieten mehr für die Filialen zu überweisen, sobald sich eine rechtliche Gelegenheit dazu bot. Die Liste ließe sich leicht fortsetzen bis hin zur *UEFA*, die während der Fußball-Europameisterschaft verbot, das Münchner Stadion als Zeichen der Toleranz in Regenbogenfarben erstrahlen zu lassen, oder *Coca-Cola* – das Unternehmen, das als Hauptsponsor der gleichen Veranstaltung mitansehen musste, wie der Top-Scorer Cristiano Ronaldo ihre Flaschen bei der Pressekonferenz aus dem Bildwinkel schob. All diese Beispiele unterstreichen: Das Festhalten an Mechanismen und Autoritäten, die man bis vor Kurzem als »normal« erachtet hatte, funktioniert plötzlich nicht mehr. Das Beharren auf dem eigenen Recht wird vor allem in sozialen Medien – und damit direkt vom Endkunden – offengelegt und bestraft.

Mit einer Transformation gehen viele Entscheidungsfragen einher, bei denen Manager:innen letztlich die Wahl haben: Setze ich auf die scheinbar bewährten Mittel der Vergangenheit – oder akzeptiere ich, dass neue, komplexe Situationen es erfordern, auch völlig neue Wege zu gehen?

4.4   Theorie U als Kommunikationstechnik

Otto Scharmer, Senior Lecturer am Massachusetts Institute of Technology und Gründer des dortigen Presencing Institute, betreibt seit vielen Jahren Aktionsforschung zu der Frage, wie Transformation in Wirtschaft und Gesellschaft stattfindet, und hat mit der »Theorie U« einen durchgängigen Denkansatz, verknüpft mit einer praktischen Methode entwickelt, die für Führung und Organisation einen großen Nutzen bringt.

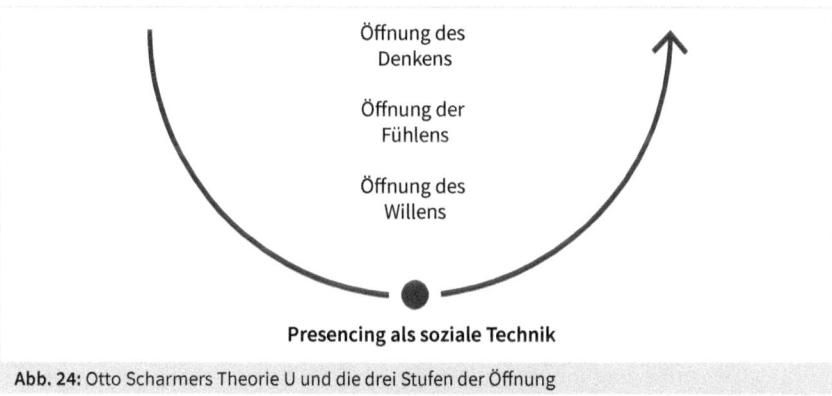

Öffnung des
Denkens

Öffnung der
Fühlens

Öffnung des
Willens

Presencing als soziale Technik

Abb. 24: Otto Scharmers Theorie U und die drei Stufen der Öffnung

Scharmer sieht 2021 als das Jahr des Eintritts in eine Dekade massiver sozialer Transformation, die wir mit einem Öffnen des Denkens, des Fühlens und des Willens bewältigen können – im Management wie in der Politik, bei NGOs genauso wie bei privaten Initiativen für gesellschaftlichen Wandel. Der Weg nach vorn ist »zusammen«, lautet seine Botschaft (Scharmer 2020).

Das Zukunftspotenzial greifbar machen

Im Zentrum der auch als »U-Prozess« beschriebenen Theorie liegt der Moment des Presencing, in dem wir unsere Aufmerksamkeit zu den Quellen unserer Handlung und unserer Gedanken lenken. Presencing heißt, sein größtes Zukunftspotenzial zu erspüren und von diesem Ort aus loszulassen vom scheinbar Bewährten – ein schöpferischer Prozess, in dem es darum geht, das Neue in die Welt zu bringen. Scharmer beschreibt das schrittweise Hinarbeiten auf den Punkt des Presencing als ein sukzessives Steigern der Kommunikationsqualität im Verlauf einer Transformation: Während anfangs oft unterschiedliche Denkwelten aufeinanderprallen und Floskeln und Phrasen den Austausch bestimmen (»Herunterladen«/»Downloading«), geht es in der anschließenden Debatte darum, divergierende Ansichten auszutauschen und Standpunkte zu vertreten. Im dritten Schritt steht der Dialog im Vordergrund: Indem wir die Kamera auf uns selbst richten, nehmen wir uns zunehmend als Teil des Ganzen wahr und wechseln vom Verteidigungs- in den Erkundungsmodus. Mit der Reflexion steigt die Einsicht, dass sich Standpunkte durchaus ändern lassen. In der folgenden Presencing-Ebene der Kommunikation geht es darum, den Zustand eines kollektiven Flows zu erreichen, in dem Neues entstehen kann und in dem wir von der Möglichkeit her sprechen. Das Zukunftspotenzial wird nicht nur sichtbar, sondern rückt in greifbare Nähe, erhält durch Bilder und den Austausch mit der Umwelt einen Aspekt der Konkretheit.

Autopoiese: Neues durch Reflexion entstehen lassen

Dieses Entstehen von Neuem ist eng verknüpft mit dem Begriff der Autopoiese – als neues griechisches Wort kreiert von den chilenischen Biologen Maturana und Varela (1987), um den Prozess der Selbsterschaffung und Selbsterhaltung eines lebendigen Systems zu beschreiben: Während alle sich verändernden Systeme durch äußere Grenzen sichtbar werden und sich aus Bausteinen zusammensetzen, die in Beziehungen zueinander stehen, zeichnen sich lebendige Systeme dadurch aus, dass ihre Bausteine sich selbst reproduzieren oder ihre Bausteine Elemente von außen transformieren. Maturana und Varela betonen, dass lebendige Systeme nur diejenigen Elemente verarbeiten, die für das System eine Bedeutung haben – sozusagen nützlich (oder schädlich) sind. Andere Elemente werden ignoriert.

Entscheidend für die Prozesse der Autopoiese sind die Beziehungen. Beziehungen entstehen durch Korrelationen verschiedener Elemente untereinander. Als Menschen können wir uns somit stets entscheiden: Entweder wir wählen das eine »oder« das andere – oder wir gehen in Reflexion über die verschiedenen Angebote. Maturana beschreibt dies auch als fortlaufenden »Konflikt von Zwecken bzw. Purposes«, wie uns gerade die Covid-19 – Pandemie vor Augen führt: Covid-19 macht uns die gegenseitige Abhängigkeit bewusst. Wenn wir uns nicht rational nach »entweder oder« entscheiden, sondern uns der emotionalen Seite zuwenden und die Reflexion wählen, können wir eine neue Vision entwickeln.

Durch Verbundenheit wirksam werden

In Otto Scharmers Worten ist dies der Weg, eine neue Zukunft entstehen zu lassen: Reflexion lässt eine tiefe Verbundenheit entstehen und eröffnet die Möglichkeit, gemeinsam wirksam zu handeln. Wir hören von diesem Phänomen immer wieder von einem Leitungskreis aus der Medizintechnik-Branche, dessen Mitglieder uns berichten, dass die Presencing-Erfahrung aus einer gemeinsamen Purpose-Findung lange Zeit trägt und das Team immer wieder neue Herausforderungen mit dem gemeinsamen Spirit aus dieser Teamerfahrung heraus angehen und effektiv lösen lässt – ein schier nicht endender Strom von Beziehungen, Kreativität, Energie und neuen Möglichkeiten. Die heutigen Probleme lassen sich somit weniger durch Theorie als vielmehr durch fortlaufende Reflexion, aus der heraus Neues entsteht, lösen. Wir selbst haben die Wahl (und eine mögliche Reise), die Zukunft zu erschaffen, die wir haben möchten.

4.5   Evolutionäre Kommunikation

In Ken Wilbers integraler Theorie sind wir mit dieser Perspektive auf Kommunikation im dritten Quadranten angekommen, der sich mit Strukturen beschäftigt – und insbesondere die Muster in Organisationen betrachtet, die durch Kommunikation entstehen. Lassen Sie uns daher nun einen Blick auf die Entwicklungsstufen der Kommunikation richten, die durchaus mit den in der Theorie U beschriebenen Ebenen der Kommunikation korrespondieren.

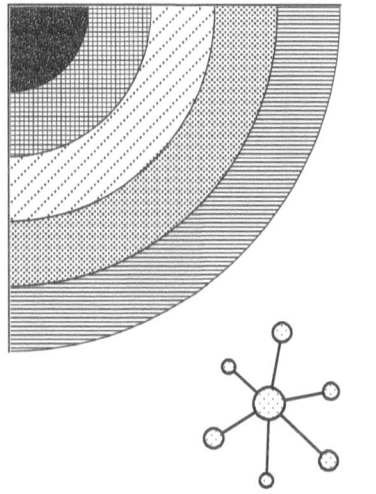

ROT: Ansagen und Instruktionen bestimmen die Kommunikation.

BERNSTEIN: Strukturen und Prozesse werden durch Informationen sichergestellt: Mitteilungen, Regelungen, Rundschreiben an große Zielgruppen.

ORANGE: Wettbewerb und Innovation dominieren die Kommunikation; Daten und Messbarkeit zählen.

GRÜN: Freies Netzwerken in der Organisation, Einbindung vieler Stakeholder in agile Prozesse.

PETROL: Räume für offene, experimentelle Kommunikation, die gemeinsames Sensemaking erlaubt.

Abb. 25: Quadrant 3 – Produkte, Strukturen und Prozesse – in Entwicklungsperspektive

Command & Control hat ausgedient

In der impulsiven Entwicklungsstufe *Rot* der Kommunikation finden sich durchaus Parallelen zum in der Theorie U beschriebenen Herunterladen: Einerseits findet Kommunikation nur in einem oberflächlichen Austausch statt – andererseits stehen aus der Entwicklungsperspektive Ansagen und Instruktionen im Vordergrund. »Tue dies oder tue das« – der überholte Führungsstil aus dem vorigen Jahrhundert? Im Prinzip schon, wenn wir davon ausgehen, dass es einfache Situationen, die weder kompliziert noch komplex sind und einem direkten Ursache-Wirkungs-Zusammenhang folgen, im Unternehmensalltag heute kaum noch gibt. Eine reine »Command & Control«-Kommunikation hat somit ausgedient.

Informationen verteilen und abspeichern

Strukturkommunikation der Farbe *Bernstein* findet sich in großen Organisationen hingegen häufiger. Denken Sie an die Vielzahl von Rundschreiben und Mitteilungen, die in Konzernen, Behörden, in der Politik und auch im Bildungsbereich bis heute die Runde machen – oder an klassische Pressemitteilungen, die als Einwegmeldungen weiterhin

regelmäßig in der Inbox von Journalisten landen. Dabei geht es weniger um Kommunikation als um Information, die sich auf Fakten und Regelungen reduziert und die zeitgleich
an viele Empfänger verteilt werden kann. Für den Empfänger steht das Abspeichern und
Verarbeiten der Information im Vordergrund – Feedback oder Rückmeldungen gehören
nicht zum Standardprozess. In der Terminologie der Theorie U lässt sich diese Form der
Information ebenfalls nur downloaden. Um eine transformative Wirkung zu beobachten, lohnt es sich, in die weiteren Entwicklungsstufen der Kommunikation zu blicken.

Gewinnt im Meinungsmarkt der Stärkere?

In die Form des Debattierens und somit den Erkundungsmodus kommen wir ab der
Entwicklungsstufe *Orange*, in der wir auf Hochleistung getrimmte Organisationen treffen, die als effiziente und gleichermaßen effektive Maschinen arbeiten, ausgerichtet auf
Wettbewerb und Innovation. Auch die Kommunikation richtet sich nach diesen Kriterien aus: Kommunikator:innen krempeln die Ärmel hoch, der/die Stärkere setzt sich im
internen und externen Meinungsmarkt durch – und ergattert die größten Budgets. Innovation wird hier heute oft mit der fortschreitenden Digitalisierung der Kommunikation
gleichgesetzt: In Intranets und interne soziale Medien wird ebenso investiert wie in die
Website und externe soziale Plattformen. Kommunikationsleistung wird anhand einer
Vielzahl von Datenpunkten gemessen, um die Best Practice stets weiter zu verbessern
und dem Konkurrenten die eine oder andere Scharte zu schlagen.

Der Reizüberflutung vorbeugen

Wertekultur, Empowerment der Mitarbeitenden und die möglichst gleichzeitige Einbindung aller Stakeholder in Prozesse stehen im Mittelpunkt der Organisationen der Farbe
Grün, die oft mit dem Begriff »agil« in Verbindung gebracht werden. Man legt grundsätzlich
Wert auf viel Kommunikation, der fortlaufende Austausch – sowohl im Debattier- als auch
im Dialogmodus – wird geschätzt. In Kommunikationsteams setzt man auf sogenannte
agile »Newsrooms«, in denen ein reges Treiben herrscht und viele Bezugs- und Daten-
punkte ausgewertet werden sollen. Teilweise leiden die Mitarbeitenden jedoch an einer
entstehenden Reizüberflutung: Es ist nicht immer klar, über welche der vielen Medien
welche Inhalte fließen. Strukturen werden als unübersichtlich betrachtet und verändern
sich oft – was dem Bedürfnis nach schneller Anpassung an Veränderungen geschuldet ist.

Raum schaffen für Sensemaking

Bleiben die *Petrol*-Organisationen, die sich als lebendiger Organismus verstehen und
sich auf die Fahnen geschrieben haben, dass sie auf eine bewusste Art und Weise an

komplexe Herausforderungen herangehen. Auch im Kommunikationsteam setzt man auf Selbstführung und Eigenverantwortung – die Arbeit ist ausgerichtet auf einen Purpose, der individuell präsent ist, als Gradmesser für Entscheidungen dient und reine finanzielle Interessen überstrahlt. Im Mittelpunkt steht eine experimentelle Kommunikation, die Raum schafft für eine Sinnfindung – ein sog. Sensemaking – unter Einbindung diverser Stakeholder. Das Kommunikationsteam entwickelt sich weg vom Informationsvermittler hin zum Moderator und Gastgeber für Kommunikationsräume, in denen Neues entstehen kann.

Tool: Objectives & Key Results

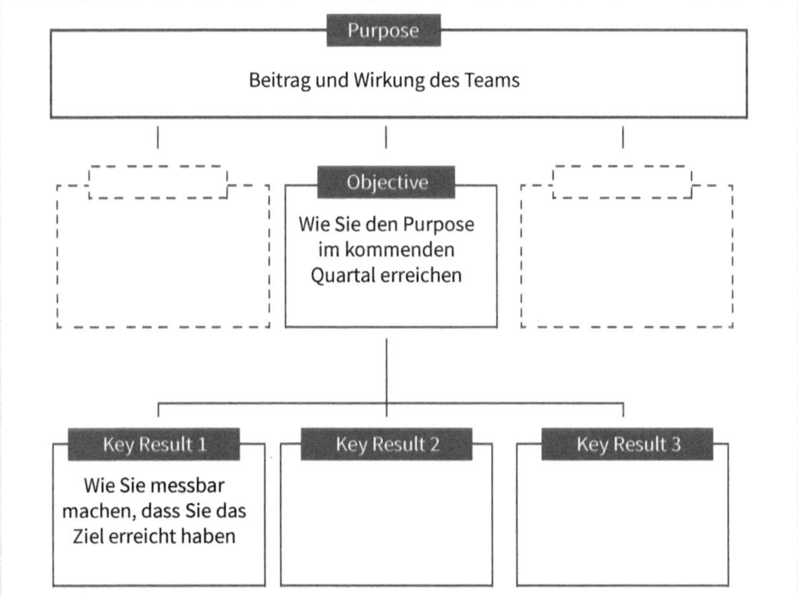

Abb. 26: Objectives & Key Results (OKRs) leicht gemacht

Wofür?

Unabhängig davon, in welcher Farbe oder Entwicklungsstufe Ihre Organisation kommuniziert: Ziele und Strategien sind gefordert, um sich auf Aktivitäten zu fokussieren, die aktuell wichtig sind, und letztlich auch den Erfolg messbar zu machen. Objectives & Key Results (OKRs) sind quasi das Schweizer Messer, wenn es darum geht, Schwerpunkte zu bilden und diese in einem beliebigen Umfeld – großes oder kleines Unternehmen, Start-up oder traditioneller Familienbetrieb, Behörde oder NGO – wirksam umzusetzen. OKRs wurden ursprünglich von Andrew Grove bei *Intel* eingeführt und sind bis heute ein wesentliches Führungstool bei Firmen wie *Google* (Doerr 2018). Die beiden wesentlichen Elemente sind: Objectives – genauer gesagt drei bis maximal fünf Ziele, die beschreiben, wie eine Organisation im kommenden Quartal zur Erreichung ihres Purpose beiträgt, unterlegt mit je drei Key Results – also Schlüsselergebnissen, die das jeweilige Ziel durch konkrete und messbare Handlungen unterlegen.

Beispiel

Die Kommunikationsabteilung eines internationalen Unternehmens steht vor der Aufgabe, eine Serie von Kundenveranstaltungen rund um den Globus mit vorhandenen Ressourcen und gekoppelt an eine fortlaufende Social-Media-Berichterstattung mit vorhandenen Ressourcen umzusetzen. Eine Aufgabe vergleichbarer Größenordnung und Komplexität hat das Team bisher noch nicht bewältigt. Insofern gilt es, gleich mehrere Herausforderungen zu lösen: Wie können wir den Fokus auf die »richtigen Dinge« legen, um das Ziel langfristig zu erreichen? Wie können wir teamübergreifend zusammenarbeiten, um die knappen Ressourcen bestmöglich einzusetzen? Wie stellen wir sicher, das übergreifende Ziel des Unternehmens nicht aus den Augen zu verlieren? Und wie können wir dem Management gegenüber jederzeit auskunftsfähig bleiben und das Projekt sauber abarbeiten? Ein OKR-Prozess über mehrere Quartale hilft dem Team, das Projekt – etwas Neues, für das es keine Referenzen oder Best Practices heranziehen kann – zu entwickeln und mit messbarem Erfolg umzusetzen.

Worauf es ankommt

Google (2021) beschreibt die Kernfaktoren von OKRs wie folgt:

- Ziele werden ehrgeizig formuliert und reichen über die Komfortzone hinaus.
- Schlüsselergebnisse sind messbar und sollten leicht mit einer Zahl zu bewerten sein (*Google* verwendet eine Skala von 0 bis 1,0).
- OKRs sind jederzeit transparent, sodass jeder in der Organisation sehen kann, woran andere arbeiten.
- Der »Sweet Spot« für eine OKR-Bewertung liegt ungefähr bei 70 Prozent – eine höhere Zielerreichung deutet darauf hin, dass die OKRs nicht groß genug gedacht wurden.
- OKRs eignen sich daher nicht als moderne Form der Zielvereinbarung im Sinne einer HR-Maßnahme.
- OKRs sind keine »gemeinsame To-do-Liste« – sondern aggregierte und konkrete Prioritäten, die eine klare Ausrichtung geben.

In unserer Beratungspraxis stellen wir eine enge Verbindung zwischen Objectives und dem Purpose der Organisation oder des Teams her, indem wir die Ziele stets auf den Beitrag und den Impact der Organisation ausrichten. Somit werden OKRs zu einer sehr bodenständigen Methode, um den Purpose zu operationalisieren und mit Relevanz im Tagesgeschäft zu versehen.

Schritt für Schritt

Legen Sie das OKR Retreat als quartalmäßige Routine fest und bestimmen Sie einen OKR Master, der oder die den OKR-Prozess vorbereitet und moderiert. OKR-Prozesse funktionieren gut per Videokonferenz, zum Beispiel unterstützt durch ein virtuelles Whiteboard. Auch als Offsite-Meeting sind OKR-Sitzungen bestens geeignet – warum dann nicht gleich eine gemeinsame Wanderung oder andere körperliche Aktivität (siehe Kapitel 3) anschließen?

- Blocken Sie einmal pro Quartal einen halben Tag für die OKR-Session des gesamten Teams und sammeln Sie vorab – zum Beispiel über Tactical Meetings (s. Kap. 4.12) Spannungen des Teams.
- Werfen Sie eingangs einen Blick zurück auf das letzte OKR-Quartal und werten Sie die aktuellen Spannungen aus. Steigen Sie in den Dialog ein: Welche Themenbereiche sind Purpose-relevant und könnten ein Objective ergeben?
- Sammeln Sie Vorschläge für Objectives, diskutieren und priorisieren Sie diese in Teilgruppen und aggregieren Sie maximal drei bis fünf Ziele. Im Plenum kann dies durch Punktevergabe erfolgen. Formulieren Sie die Ziele aus – sie sollten groß und umfangreich sein, das Team fordern.
- Wenn die Objectives formuliert sind, visualisieren Sie diese am Whiteboard und gehen Sie zurück in die Teilgruppen, um pro Ziel maximal drei Schlüsselergebnisse zu definieren.
- Die Teilgruppen stellen ihre Schlüsselergebnisse vor, der OKR Master bündelt die Vorschläge und moderiert den Verhandlungsprozess: Das Team einigt sich auf maximal drei Schlüsselergebnisse pro Ziel. Achten Sie darauf, dass die Schlüsselergebnisse konkret und messbar sind – und ebenfalls ausformuliert werden. Legen Sie fest, welche Teammitglieder an welchen Schlüsselergebnissen mitarbeiten – dies ist gleichzeitig eine gute Gelegenheit, Team- und Abteilungsgrenzen zu überwinden.
- Machen Sie die OKRs für das gesamte Team zugänglich und sorgen Sie im Arbeitsablauf für Relevanz – zum Beispiel, indem Sie Messgrößen (Metriken) der Schlüsselergebnisse in regelmäßigen Tactical Meetings aufgreifen.
- Schließen Sie jeden OKR-Zyklus mit einem Review Meeting ab, in das Sie das Management der nächsthöheren Organisationseinheit sowie auch Kunden und externe Partner einbinden.

Rahmenbedingungen

Dauer: Im eingespielten Zustand ca. 3 Stunden

Format: virtuell per Videokonferenz oder persönlich in einem geeigneten Raum

Teilnehmende: das gesamte Team inkl. Führungskraft

4.6   Qualität von Kommunikation neu gedacht

Wenn wir davon ausgehen, dass wir bereits in eine Dekade der Komplexität eingetreten sind, und dazu in Relation setzen, wie in vielen Organisationen heute kommuniziert wird, tut sich ein großes Handlungsfeld auf, um Kommunikation vor allem im Strukturquadranten rasch weiterzuentwickeln.

Die Moderationsrolle

Dabei ist zu beachten, dass – wie eingangs in diesem Kapitel erwähnt – Kommunikation in Komplexität zunehmend zur Aufgabe jeder einzelnen Führungskraft wird und nur bedingt an ein Kommunikationsteam delegiert werden kann. Die Kommunikationsteams selbst durchlaufen das »U« vom heutigen, auf Effizienz getrimmten Kommunikationsmanager hin zum Facilitator, der Räume eröffnet, in denen Kommunikation stattfindet, die Neues ermöglicht.

Die Aufgabe lautet somit, Fähigkeiten und Praktiken zu entwickeln, die die Transformation der Kommunikation sowohl bei Manager:innen als auch bei den Kommunikationsteams selbst zulassen. Führungskräfte müssen sich auf neue Anforderungen an die Qualität der Kommunikation einstellen und diese an allen Ecken und Enden der Organisation neu erfinden.

Lernen und Verstehen als Daueraufgabe für jeden

Die preisgekrönte Regisseurin, Autorin und Pädagogin Nora Bateson unterstützt den Punkt, dass sich lebendige Systeme durch Kommunikation und gegenseitiges Lernen weiterentwickeln – und blendet das mechanistische Denken, das Wissenschaft und Systemtheorie gleichermaßen speist, für lebendige Systeme aus. Die Vielzahl von Variablen, die in einem lebendigen System wirksam sind, macht es unmöglich, diese in Kausalzusammenhängen abzubilden (Bateson 2020). Stattdessen rücken Leben und Lernen immer näher zusammen – die vielen Zusammenhänge, die übergreifend zusammenwirken, machen Lernen und Verstehen zur Daueraufgabe für jeden. Medizin ist eingebettet in Ernährung, Umwelt, Bildung und Wirtschaft – die Wirtschaft selbst bildet sich durch Ressourcen, Kultur, Transport, Energie, die arbeitende Bevölkerung und kann aus diesen verschiedenen Blickwinkeln betrachtet werden.

Das International Bateson Institut hat einen Erkenntnisprozess entwickelt, der die Suche nach dieser Form von relationalen Informationen und Erkenntnissen zum Ziel hat. In sogenannten »Warm Data Labs« erarbeiten die Teilnehmer:innen, wie Interaktion und Kommunikation in komplexen Systemen zusammenhängen. In mehreren

Gesprächsrunden entstehen Beschreibungen, die die Vielschichtigkeit eines Themas oder einer Frage zum Inhalt haben und in denen unterschiedliche Wahrnehmungen der Teilnehmenden zum Ausdruck kommen. Wir haben den Ansatz der Warm Data Labs weiterentwickelt und um den Aspekt des Sensemaking – der Wahrnehmung, mit der Individuen und Organisationen Erlebnisse in sinnvolle Einheiten einordnen – erweitert. Entstanden sind sogenannte Sensemaking-Sessions, in denen sich komplexe Businessfragen mit Mitteln der Kommunikation und im Austausch mit verschiedenen Stakeholdern auf inspirierende Art bearbeiten lassen. Probieren Sie diese am besten gleich aus, um erste Erfahrungen mit dieser Form von Kommunikationsraum zu sammeln.

Tool: Sensemaking-Sessions

DIGITALE EXTRAS

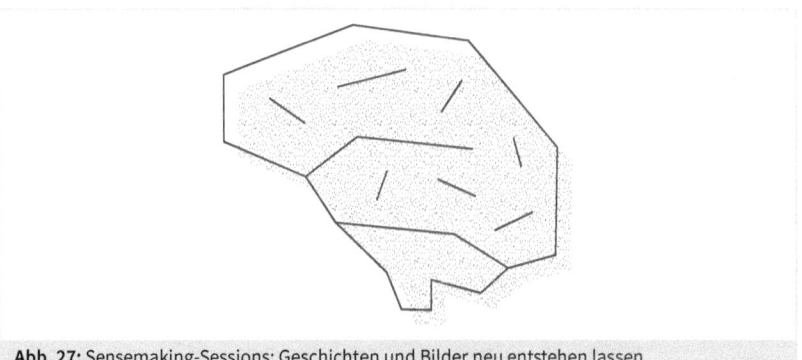

Abb. 27: Sensemaking-Sessions: Geschichten und Bilder neu entstehen lassen

Wofür?

Komplexe Situationen zeichnen sich dadurch aus, dass es kaum durchschaubare Ursache-Wirkungs-Zusammenhänge gibt. Es geht also darum, Sinn aus einem scheinbaren Durcheinander zu gewinnen. Wer die Bewegungen in einem lebendigen Organismus verstehen möchte, sollte sich in diesen hineinbegeben und versuchen, hinter die Kulissen zu schauen. Erst im Austausch mit anderen beginnt man deren Perspektiven zu verstehen und hat die Chance, sich selbst in vielschichtige Zusammenhänge hineinzuversetzen. Auf diesem Weg entstehen »Warm Data« – Zahlen, die leben und die mit Sinn und Geschichten angereichert werden. Diese Sinnfindung kann nicht an Komitees und Expertengremien ausgelagert werden, sondern findet in direktem Austausch, in direkter Kommunikation zwischen denjenigen statt, die sich in einem virtuellen oder physischen Raum zusammenfinden. Einen Sinn in komplexen Fragestellungen findet man nicht im stillen Kämmerlein, sondern in der Kommunikation selbst. Diesem Zweck folgen unsere Sensemaking-Sessions.

Beispiel

Ein Team von Studierenden hat sich im Rahmen eines Semesterprojekts zum Ziel gesetzt, ein größeres Bewusstsein für ökologische Nachhaltigkeit zu schaffen – anhand des Beispiels Verpackungsmüll.

Motiviert durch den jeweiligen individuellen Purpose der Teilnehmer:innen fällt die Entscheidung, diverse Stakeholder zu diesem Thema in einem Kommunikationsraum zu versammeln. Dieser soll mehr als ein bloßer Raum für Kommunikation werden und die Möglichkeit zur sinnstiftenden Begegnung von Menschen bieten. In einem virtuellen Austausch soll die Möglichkeit zum Dialog und zur Diskussion eröffnet und gleichzeitig ein kreatives Moment geschaffen werden, aus dem heraus alle Veranstaltungsteilnehmer:innen ein Potenzial für eigenes wirksames Handeln erkennen sollen.

Worauf es ankommt

Sensemaking-Sessions sind einfach strukturiert, erfordern jedoch Aufmerksamkeit. Insbesondere ist es wichtig, Abstand von dem Ansatz zu nehmen, dass eine Weitergabe von Informationen schon ausreicht, um kommuniziert zu haben. Nach diesem Muster laufen weiterhin viele Managementinformationen, Pressemitteilungen und Social-Media-Posts ab: Wenige Expert:innen bereiten faktisch korrekte Informationen vor, die andere im Wesentlichen nur konsumieren. Die Interpretation der Informationen wird dem/der Leser:in überlassen.

Während dies bei einfachen Ursache-Wirkungs-Zusammenhängen durchaus ein effizienter Weg der Informationsverbreitung sein kann, führt er bei komplexen Themen und Sachverhalten direkt ins Nirwana: Mitarbeitende fühlen sich verloren. Kunden verlieren das Vertrauen. Klimaschützer:innen gehen auf die Barrikaden. Denn es fehlt der Austausch zwischen Menschen, in dem Beobachtungen geteilt und kalte Fakten aus verschiedenen Perspektiven beleuchtet werden.

Sensemaking-Sessions erfordern es, loszulassen vom Privileg der Informationsverbreitung – und stattdessen einzutauchen in eine lebendige Sinnfindung unter Einbindung unterschiedlicher Stakeholder.

Schritt für Schritt

Schritt 1: Wählen Sie ein komplexes Thema für die Sensemaking-Session, wie zum Beispiel »ökologische Nachhaltigkeit«.

Schritt 2: Laden Sie eine Gruppe von ca. 20 – 40 Stakeholden zu diesem Thema ein – physisch vor Ort bei Ihnen oder im Rahmen eines Videocalls.

Schritt 3: Bereiten Sie entweder Tische oder Breakout-Räume für 4 – 6 Teilnehmer:innen vor.

Schritt 4: Stellen Sie das Thema im Plenum vor und leiten Sie die Diskussion anhand einer Frage ein. Muster für geeignete Fragen finden Sie weiter unten in den Templates. Beispiel: »Was ist wesentlich bei ökologischer Nachhaltigkeit?«

Schritt 5: Danach finden an den Tischen bzw. in den Breakout-Räumen drei Runden von Diskussionen mit wechselnden Teilnehmer:innen statt (optional: verteilen Sie mit der Methode vertraute Mitarbeiter:innen als Moderator:innen in die Gruppen):
- Runde 1: 20 Minuten Teilen von Geschichten und Beobachtungen zu den jeweiligen Kontexten
- Runde 2: 15 Minuten in anderer Besetzung/zu neuen Kontexten
- Runde 3: 10 Minuten Diskussion

Schritt 6: Freies, ergebnisoffenes Teilen der Beobachtungen von den Tischen bzw. aus den Breakout-Räumen.

Templates für Sensemaking-Sessions
Geeignete Fragen für Sensemaking-Sessions sowie Beispiele für Kontexte, die Sie in Breakout-Sessions aufgreifen können, stellen wir als digitales Extra zur Verfügung.

Rahmenbedingungen
Dauer: 90 Minuten bei stringenter Vorbereitung und Moderation im Onlineformat
Format: virtuell oder persönlich in einem geeigneten Raum
Teilnehmende: ca. 20 – 40 diverse Stakeholder zu einem geschäftsrelevanten Thema

Kommunikationsräume gestalten

Kommunikationsräume, wie beispielsweise in Form von Sensemaking-Sessions, können im Zuge einer Transformation gut zum Einsatz kommen, um den Schritt durch das U in der Presencing-Phase vorzubereiten und zu ermöglichen. Sie stellen eine Qualität von Kommunikation sicher, die komplexen Systemen gerecht wird, indem zum Beispiel folgende Faktoren berücksichtigt werden:
- Es spielt immer eine Rolle, wer sich eine Situation ansieht. Neutrale Beobachter, wie sie in der Wissenschaft oft beschrieben werden, gibt es in komplexen Systemen nicht. Daher lohnt sich immer ein Blick darauf, wer welche Situationen mit welchem Vokabular, welchen Filtern und »Frames« beschreibt und beobachtet. In einem lebenden System hat zum Beispiel auch der »neutrale« Berater, der eini-

ge »unabhängige« Interviews führt, einen aktiven Part und beeinflusst aktiv die Wahrnehmung der Transformation.

- In lebenden Systemen gibt es immer mehrere, unterschiedliche Wahrnehmungen dessen, was passiert. Jedoch genügt es nicht, einfach die unterschiedlichen Stakeholder zu listen und zu kennen – denn es geht um ihre Beziehungen untereinander. »Warm Data« liefern eine Vielzahl von Beschreibungen und Geschichten zu einem Transformationsthema, die allesamt aus Beziehungen bestehen. Es genügt also zum Beispiel nicht, als Unternehmen die relevanten NGOs zu kennen, sondern man muss auch ihre Beziehungen verstehen.

- Schnell werden in dieser Form von Kommunikation Muster sichtbar, die sich fluide weiterentwickeln. Oft sind es bestimmte Geschichten, die wiederholt auftauchen. Man kann sie jedoch nicht unbedingt greifen, da sie sich im Zeitverlauf ändern – es kommt vielmehr darauf an zu erkennen, *wie* sich die Muster ändern, um zu verstehen, wie sich der Rhythmus der Transformation wandelt.

- Ein Kommunikationsraum wie ein Warm Data Lab wird unter anderem Unstimmigkeiten und Paradoxe ans Licht bringen. Für Fakten gehaltene Daten werden neu interpretiert, während sich ihre Wahrnehmung im Zeitverlauf ändert. Nehmen Sie das Beispiel der Covid-19-Pandemie: Deutschland geht anders mit der Situation um als die Schweiz oder Österreich. Und innerhalb Deutschlands gibt es Unstimmigkeiten zwischen den Bundesländern. All dies geschieht mit der Intention, das Virus zu stoppen und gleichzeitig unser Leben, die Ausbildung der Kinder und die Wirtschaft am Laufen zu halten.

- Das Ganze und die Teile sind in der komplexen Welt eng verwoben. Kommunikationsräume sollten daher beides anbieten – das Herauszoomen in den Kontext genauso wie das Hineinzoomen in Details. Um zum Beispiel den Klimawandel zu studieren, sollte man verstehen, welche Ursachen für Klimawandel heute bekannt sind. Wenn man dann die Umweltbilanz des Elektroautos analysiert, geschieht dies immer noch im Kontext des Klimawandels.

- Bei jedem komplexen Thema haben wir blinde Flecken – und die gefährlichsten sind diejenigen, derer wir uns nicht bewusst sind. Am leichtesten lassen sich blinde Flecken in einem divers besetzten Kommunikationsraum entdecken, der es uns erlaubt, ganz unterschiedliche Perspektiven zu beobachten. Gleichzeitig erhöht sich die Chance, durch das Aufeinandertreffen verschiedener Kulturen auch die kulturellen Blind Spots zum Beispiel des Westens im Vergleich zu Asien schnell ausfindig zu machen.

- Schließlich lohnt es sich, auch auf der Gefühlsebene genau in den Kommunikationsraum hineinzuhören. Der Ton gibt die Musik an, sagt man – auch im Austausch und beim Hineinhören in die Komplexität entsteht ein Gefühl für die Stimmung, die bei dem jeweiligen Thema vorherrscht ‚und die kommunikative Logik, der ein Austausch folgt. Lassen Sie Ihren Gefühlen freien Lauf und beobachten Sie genau, wie es sich anfühlt, in der jeweiligen Runde dabei zu sein. Die Gefühle zeigen Ihnen den Weg zu Spannungen (s. o.), die es später zu lösen gilt, oder zu Potenzialen, die im Rahmen eines späteren Lösungsprozesses aufzugreifen sind.

4.7 Loslassen, um den Purpose zu erkunden

Kommen wir nun zu dem Punkt einer Transformationsreise, der vielen Manager:innen besonders schwerfällt: dem Loslassen von Kontrolle – war sie doch in der komplizierten Welt des permanenten Wandels das Mittel der Wahl, um für Umsetzung und Ergebnisse zu sorgen.

Hineinhören in den Purpose als Daueraufgabe

Nun hat spätestens Covid-19 jedem klargemacht: Auch ohne die Pandemie wäre es nicht so weitergegangen wie zuvor. Auf drastische Weise wurde uns das »große Zuviel« aufgezeigt, denn wir stecken schon seit längerer Zeit »in einer gigantischen Steigerungskrise«, wie der Publizist und Trendforscher Matthias Horx im »Zukunftsreport 2021« ausführt. Die Pandemie als Weckruf. Und gleichzeitig stellt sich die Frage, wie wir uns so lange sicher sein konnten, auf dem richtigen Weg zu sein.

Um diese Frage zu beantworten, müssen wir uns bewusst machen, wodurch wir uns bislang haben leiten lassen. Denn, wie Frédéric Laloux in seinem Buch »Reinventing Organizations« bereits 2014 schrieb: Unternehmen, die sich als lebenden Organismus betrachten, haben nicht nur ein klares Gefühl für ihren Purpose – also den Beitrag, den sie selbst für die Wirtschaft und Gesellschaft leisten, und die Wirkung, die sie damit bei der Menschheit hinterlassen. Für diese Organisationen ist das Hineinhören in den Purpose eine Daueraufgabe, die fortlaufend besteht.

Purpose: Hype oder Fake?

Demgegenüber betrachten Manager:innen im vorherrschenden Maschinenbild einer Organisation ihr Unternehmen als technisches Gebilde, das durch Energie in Bewegung versetzt und auf Erfolg programmiert werden muss. In vielen Managementbüchern beginnt Führung daher damit, eine Vision und eine Strategie auszulegen und sicherzustellen, dass die gesamte Organisation diese umsetzt. Im Fokus stehen das Setzen von Zielen und die Kontrolle von deren Erfüllung.

Maschinenorganisationen betrachten Purpose als einen Hype, ein Modewort: Jeder braucht ihn, um erfolgreich zu sein – genauso wie vor einigen Jahre jeder ein Mission Statement haben wollte: eine positive Botschaft nach außen, die gleichzeitig die Mitarbeitenden motivieren soll. Laloux nennt diese Art von erklärtem Purpose einen »Fake Purpose«: ein Statement, das alles beschreibt, was die Organisation ohnehin schon tut. Denn so entsteht ein solches Purpose-Statement in der Regel: Man schaut sich die Aktivitäten der Organisation an und versucht diese möglichst edel zu verpacken.

Wofür in Marketing investieren?

Der äußere Eindruck zählt, Entscheidungen sind nicht nötig – und Geschäfte, die Umwelt und Gesellschaft zerstören, laufen ungebremst weiter. Das sehen wir heute weiterhin in vielen Bereichen des Gesundheitswesens, der Bildung und zum Beispiel der Energiewirtschaft. Marketing, PR oder Lobbyisten feuern die Vertriebspipeline an. Millioneninvestments in diesen Bereichen sind die Voraussetzung für den Verkaufserfolg, wie wir dies von Consumer-Marken von *Nestlé* bis *Coca-Cola* seit Jahren kennen.

Betrachtet man eine Organisation jedoch als lebenden Organismus, entwickelt dieser eine eigene Dynamik und hat einen eigenen Purpose, den er in der Welt manifestieren möchte. Eine Vision vorzugeben ist somit nicht mehr nötig – die Aufgabe besteht darin, präsent zu sein und hineinzuspüren, wohin der evolutionäre Purpose der Organisation führt. »Go with the flow«, ist das Motto – man bewegt sich gemeinsam im Einklang mit der Organisation, eingebettet in ihre Umwelt.

Purpose erfordert immer Entscheidungen

Diese Art von Purpose ist evolutionär – er ergibt sich organisch aus der Umwelt und passt sich dieser gleichzeitig und fortlaufend wieder an. Purpose wird somit zum wesentlichen Erfolgsfaktor der Transformation, die eine kontinuierliche Anpassungsfähigkeit und Agilität erfordert. Ein evolutionärer Purpose stellt die Organisation zudem vor eine Wahl: Man entscheidet sich bewusst dafür, manche Dinge zu tun und andere Dinge sein zu lassen. Lebendige Organismen lehnen Aktivitäten, die die Natur zerstören, radikal ab.

Organisationen, die dem Paradigma des lebendigen Organismus folgen, geben daher kaum Geld dafür aus, um Bedürfnisse zu schaffen, die es eigentlich nicht gibt. Sie arbeiten somit effizient und effektiv zugleich – mühelos und im Flow mit sich selbst. Sie haben kein Problem damit, transparent zu sein und ihren Kunden zu zeigen, wie ihre Produkte wirklich hergestellt werden und was sie bewirken – und können die vollen Kosten inklusive des Impacts auf die Umwelt und die Gesellschaft ausweisen, ohne Teile ausklammern zu müssen.

Wie finde ich nun als Manager:in den Purpose, zu dem es meine Organisation hinzieht? Frédéric Laloux rät Führungskräften dazu, mit der Frage zu verbleiben, was der wirkliche Purpose sein kann, und für sich herauszufinden, wie man sich entscheidet und mit dem Ergebnis umgeht.

4.8   Kokreativ Neues schaffen

Wenn wir mit Organisationen zusammenarbeiten, versuchen wir diesen Bezug zum Sinn und Zweck mit Mitteln der Kommunikation herzustellen, indem wir einen Raum schaffen, der die beschriebenen Qualitätskriterien für einen Austausch zu komplexen Themen erfüllt.

Als Gastgeber psychologische Sicherheit schaffen

In der Tradition des »Art of Hosting« (Pogatschnigg 2021) – des Gastgebens und Raumgebens für Austausch und Dialog – laden wir zu tief greifenden Gesprächen ein und vermitteln diese Praktik an Führungskräfte und Organisationen, um sie in die Lage zu versetzen, diese fortlaufend anzuwenden und zum Beispiel zum kontinuierlichen Beobachten des evolutionären Purpose im jeweiligen Verantwortungsbereich weiterzuentwickeln.

Meist beginnt es damit, Präsenz zu schaffen für das Hineinhören. Eine Selbstverständlichkeit? In einer von Multitasking und konkurrierenden Prioritäten dominierten Arbeitswelt der Führungskräfte nicht unbedingt. Eine Konversation von hoher Qualität erfordert volle Aufmerksamkeit und einen angstfreien, inspirierenden Raum – oft beschrieben mit dem Begriff der »psychologischen Sicherheit«.

Präsenz für diese Art von Gespräch zeigt sich in aktiver Teilnahme jenseits von Small Talk, dem passiven Abwarten des Meetingendes oder dem hitzigen Aufeinandertreffen unterschiedlicher Meinungen und Ansichten. Ein wichtiges Element ist das Zuhören, basierend auf einer offenen Haltung und der Neugier und Spannung auf das Ergebnis. Voraussetzung dafür: mit einer klaren Intention in jedes Purpose-Treffen hineinzugehen.

Facilitierung als Führungsaufgabe

Kommunikative Räume erfordern ein Möglichmachen und ein Hindurchführen durch den Prozess – eingedeutscht mit dem Begriff »Facilitierung« umschrieben. Hierbei handelt es sich um eine Fertigkeit, die jeder Managerin und jedem Manager in einem komplexen Geschäft gut ansteht und zudem für Kommunikations- und HR-Manager:innen eine interessante Rolle darstellen kann, die sich auf eine postdigitale Arbeitswelt einstellen möchten. Gastgeber zu sein für diese Konversation geht jedoch über die reine Moderation hinaus: Es ist ein Akt der Führung und bedeutet, die Verantwortung dafür zu übernehmen, das »Gefäß« zu schaffen und zu halten, in dem eine Gruppe von Menschen gemeinsam ihre beste Arbeit leisten kann. Diese Art von Räumen ermöglicht es, dass Fantasie und Lösung ebenso wie Trauer und Konflikt präsent und produktiv sind.

Kokreation: Eine Gemeinschaft von Lernenden schaffen

Kokreation wird somit einer guten Lösung für viele Probleme und Herausforderungen in einer komplexen Wirtschaft, wie sie viele Manager:innen heute zu erreichen versuchen. Kokreation hat viel mit organisationalem Lernen zu tun – von der Entwicklung, selbst »ein Lernender zu werden«, über eine »Gemeinschaft von Lernenden« bis hin zu einer »Gemeinschaft, die lernt«.

Sämtliche Entwicklungsschritte des Lernens sind wichtig. Aber die Gemeinschaft von Lernenden kann durchaus als Königsdisziplin des Lernens gesehen werden, in der sich die generative Kraft der Kommunikation entfaltet und in der völlig neue, bisher undenkbare Lösungen entstehen. Ein kokreativer Raum schafft trotz konkurrierender Termine die freudige Spannung, die Aufmerksamkeit anzieht, Neugierde wachsen lässt, in der Zuhören Spaß macht und eine kreative Energie freisetzt, um gemeinsam zu experimentieren, sich zu vertrauen und Unterstützung inmitten von Unsicherheiten und Komplexitäten entstehen zu lassen. Ein Purpose, in den man in einer solchen Atmosphäre hineinhört und auf dem man seine Entscheidungen aufbaut, ist das, worauf man später zurückblickt und erkennt: Hier hat eine echte Wende stattgefunden.

4.9   Experimentieren und sich positiv irritieren lassen

Ein besonderes Format für Kommunikationsräume, in denen kokreative Lösungen entstehen, sind systemische Aufstellungen. »Das kenne ich doch aus der Familientherapie«, mögen Sie jetzt sagen. Und vielleicht stellen Sie sich im gleichen Atemzug die Frage: »Was hat das mit meinem Business zu tun?« Nun gut: Bei Aufstellungen geht es ganz generell darum, Systeme zum Sprechen zu bringen und sich selbst in die Position des/der Zuhörer:in zu begeben, der/die neues entdecken und empathisch in komplexe Fragestellungen hineinhören möchte, sagt Prof. Dr. Georg Müller-Christ (2018) von der Universität Bremen.

Die Stufe des »schöpferischen Zuhörens« ermöglicht es, neue Dinge entstehen zu lassen – und genau dies ist am Wendepunkt des U gefragt, an dem wir uns mit dem höchsten Zukunftspotenzial verbinden. Eine Aufstellung versetzt uns in die Lage, unsere Überzeugungen und Hypothesen durch Beobachtungen zu hinterfragen und somit den Freiraum zu schaffen, um auf einem emotionalen Weg das Neue anzunehmen. Es entsteht eine »Mischung aus Bestätigung und Irritation«, aus der heraus wir unsere oft fixe mentale Landkarte, über die wir die Welt betrachten, erweitern und verändern können. Dies entspricht wiederum einem kokreativen Lernprozess, mit dem wir die Landkarte besser auf das komplexe Terrain, in dem wir uns bewegen, abstimmen.

Mit systemischen Aufstellungen schnell für Klarheit bei komplexen Fragen sorgen

Aufstellungen lassen sich in vergleichbarer Intensität online per Videokonferenz durchführen, wie dies in Präsenz in einem physischen Raum möglich wäre. Als Ersatz für die Aufstellungsfläche dienen ein virtuelles Whiteboard oder komplett digitale Konstellationstools, die mit künstlicher Intelligenz arbeiten. Wir haben zahlreiche Purpose-Findungsprozesse auf diesem Weg begleitet – jeweils im komplexen Marktumfeld und stets mit Führungskräften und Organisationen, die bislang keine Erfahrungen mit Aufstellungen gesammelt hatten. Mit von der Partie waren zum Beispiel eine internationale Unternehmensberatung, die sich in einem schwierigen Marktsegment neu positionieren wollte, die Qualitätsmanager eines Pharmaunternehmens, die ihren Purpose als Führungsteam suchten, oder die Softwareentwickler:innen eines Technologiedienstleisters, die – in mehreren Ländern neu zusammengesetzt – eine gemeinsame Identität suchten, um sich über bereits etablierte agile Arbeitsweisen hinaus noch wirksamer auf den Kunden einzustellen.

Tool: Purpose-Aufstellung

DIGITALE EXTRAS

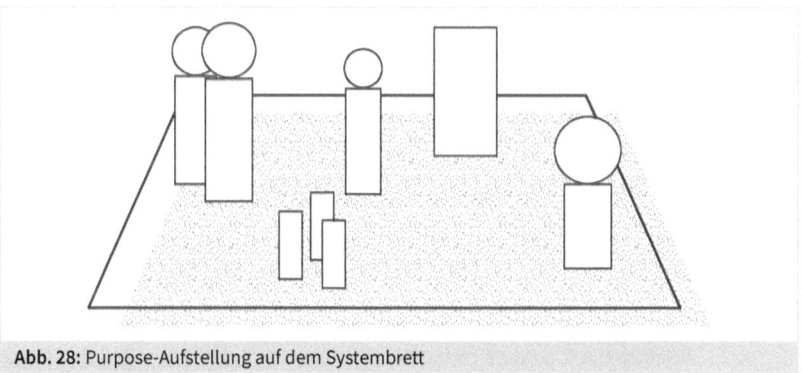

Abb. 28: Purpose-Aufstellung auf dem Systembrett

Wofür?
Das Purpose Listening in Form einer Aufstellung durchzuführen kann ein sehr hilfreicher Weg sein, um sich sowohl auf das Hinterfragen einzulassen als auch einen Wahrnehmungsraum zu schaffen, der die rationale Intelligenz einzelner Personen oder Teams bündelt und kollektive Intelligenz ermöglicht. Dies kann helfen, Purpose-Prozesse radikal zu vereinfachen und komplexe Fragen durch die entstehenden Bilder rasch zu vereinfachen und zu klären.

Durch Purpose-Aufstellungen erhalten auf den ersten Blick abstrakte Konzepte wie der evolutionäre Purpose, dessen Wirkmechanismen und die Kultur einer Organisation eine Stimme, indem diese durch Stellvertreter:innen repräsentiert werden.

Komplexe Situationen werden aus vielen Perspektiven betrachtet, um Irrtümer aus der Welt zu schaffen und Dynamiken ebenso wie blinde Flecken sichtbar zu machen. Somit kann sich eine Organisation durch Purpose-Aufstellungen Klarheit über ihr Zukunftspotenzial schaffen, wirksame Hebel erschließen, um dieses Potenzial zu erreichen, und sich somit im Flow in die Welt der Zukunft begeben. Durch die Platzierung von Elementen im Raum werden deren Positionen, so auch des Purpose und der Stakeholder der Organisation, ersichtlich. Dadurch lassen sich über Nähe und Distanz sowie die durch Repräsentant:innen zum Ausdruck gebrachten Empfindungen Spannungsfelder erkennen. Nähe ist harmonisch, Distanz dissonant.

Beispiel

Ein Softwareanbieter mit rund 200 Mitarbeitenden hat sich zu einer Kulturtransformation entschlossen, um infolge einer neuen Strategie für das Geschäft einerseits den Kundenfokus zu schärfen und andererseits als Arbeitgeber attraktiv zu bleiben für neue Talente. In einem Workshop zum Finden der Intention für das Transformationsvorhaben legen die Mitarbeitenden drei Arbeitsbereiche fest: Arbeit am Purpose, um eine gemeinsame Zukunftsausrichtung zu finden, Klärung der Rollen und Verantwortlichkeiten in der Zusammenarbeit zwischen neuen Standorten und Sicherstellung einer Purpose-orientierte Umsetzung der Projekte durch Objectives & Key Results (OKRs). Nachdem die Ist-Erhebung von Purpose und Kultur durch Story Sourcing und Story Mapping (s. u.) abgeschlossen ist, entscheidet sich das Transformationsteam für ein Purpose Listening in Form einer Purpose-Aufstellung, um ein klares Zukunftsbild für die Organisation zu ermitteln, auf das der weitere Transformationsprozess ausgerichtet werden kann.

Worauf es ankommt

Um eine Purpose-Aufstellung erfolgreich durchzuführen, ist es wichtig, einige Dinge zu beachten:

Regel 1: Bestimmen Sie eine:n Moderator:in, zu der/dem in der Gruppe ein Vertrauen herrscht, um einen kommunikativen Raum zu gestalten, der eine Öffnung auch für kritische oder unangenehme Dynamiken erlaubt.

Regel 2: Achten Sie in der Moderation darauf, dass pro Runde jeweils alle Elemente zu Wort kommen und aus der Reihenfolge der aufgerufenen Elemente eine Geschichte entsteht.

Regel 3: Das Hineinhören in die Elemente findet anhand von Fragen statt wie: Wie ist die körperliche Wahrnehmung des Elements? Wie beschreibt das Element sein Denken, Fühlen und Handeln? Wie beschreibt das Element seine Beziehung zu anderen Elementen? Ist es eher eine angenehme oder eine unangenehme Situation? Was fehlt? Gibt es noch etwas, das zu beachten ist?

Regel 4: Neben Ruhe und Konzentration kommt es auf eine klare Rollenverteilung und eine Vereinbarung zur Kommunikation an:

- Repräsentant:innen: Tauchen Sie in Ihre Rolle ein; betreten Sie den Raum ganz bewusst.
- Beobachter:innen: Hören Sie auf die Erkenntnisse, die sich aus dem Beobachten ergeben.
- Sprechen Sie der Reihe nach – dem jeweiligen Aufruf der Moderation folgend.
- Versuchen Sie neutral zu bleiben und entstehende Urteile und Wertungen auszusetzen.
- Achten Sie auf die Fragen, die sich Ihnen stellen.
- Konzentrieren Sie sich auf das, was wichtig ist.
- Verlassen Sie sich auf den Flow, der entsteht.

Schritt für Schritt
Schritt 1 – Planung der Aufstellung:

1. Bestimmen Sie eine:n Moderator:in für die Aufstellung, der/die in der Regel auch den weiteren Ablauf der folgenden Punkte in die Hand nimmt.
2. Setzen Sie immer zuerst ein klares Ziel für die Purpose-Aufstellung. In unserem Beratungsprozess hat sich die Zielsetzung in Fragenform bewährt – zum Beispiel in Form einer »How Might We«-Frage (Stanford Crowd Research Collective 2021, in der Folge »HMW«), die es gleichzeitig erlaubt, eine bestimmte Perspektive auf eine Situation einzunehmen. Bei dieser Art von Fragen geht es darum, im übertragenen Sinne einen Samen zu pflanzen, aus dem organisch Zukunft entstehen kann. Die HMW-Frage im Rahmen einer Purpose-Aufstellung kann mehreren Zwecken dienen – zum Beispiel Positives verstärken, Negatives entfernen, das Gegenteil entdecken oder Annahmen hinterfragen. Eine Beispielfrage könnte lauten: »Wie könnten wir den Purpose der XY-Organisation relevant machen für die tägliche Arbeit?«
3. Legen Sie die für die Aufstellung benötigten Elemente fest. Diese können sowohl beteiligte Personen und Organisationen als auch abstrakte Elemente umfassen. Beispiele für oft verwendete Elemente für eine Purpose-Aufstellung sind:
   - **Personen:**
     CEO, Topmanagement, Mitarbeitende, Kunden, Journalisten
   - **Organisationen:**
     Politik, Gesellschaft, NGOs
   - **Abstrakte Elemente:**
     individueller Purpose, evolutionärer Purpose (u. U. gesplittet in die Elemente des Beitrags und der Wirkung), Kulturprinzipien und Werte wie »Kundenfokus« oder »Empathie«, konkrete Herausforderungen sowie das Element »Was fehlt«

4. Verteilen Sie die Rollen der Repräsentant:innen und Beobachter:innen – und besprechen Sie mögliche Hindernisse und Stolpersteine, die im Verlauf der Aufstellung zu erwarten sind.
5. Entscheiden Sie sich für die Aufstellungsform »offen« (Repräsentant:innen und Beobachter:innen wissen, welche Person welches Element vertritt) oder »verdeckt« (nur die Moderation kennt die Verteilung der Elemente), »virtuell« (über einen Videocall in Kombination mit virtuellem Whiteboard) oder »physisch«.

Schritt 2 – Durchführung der Aufstellung: Eine Purpose-Aufstellung hat zum Ziel, Klarheit über den evolutionären Purpose einer Organisation und der ihr zugehörigen Individuen zu gewinnen. Als Prozess zur Beschreibung einer Evolution haben wir in diesem Buch bereits die Theorie U kennengelernt. Diese eignet sich sehr gut, um den Ablauf eines solchen Purpose Listening zu beschreiben. Im Folgenden empfehlen wir eine Durchführung in drei Schritten, die sich an den Schritten des Sensing, Presencing und Prototyping der Theorie U orientiert:

*   Raum 1 (45 Min.): Im ersten Raum erkennen Sie die heutige Situation an, wie sie ist. Die Elemente stellen sich so auf, wie sie die Ist-Situation wahrnehmen. Somit entsteht ein Wir-Raum mit Beziehungen auf Augenhöhe, in dem die aktuellen Spannungen sichtbar werden.
*   Raum 2 (45 Min.): Ausgehend von der Konstellation in Raum 1 werden die Elemente nun gebeten, das Zukunftspotenzial sichtbar werden zu lassen: Wie stellt sich eine Zukunft dar, in der ein gemeinsames Verständnis von Purpose, Intention und Arbeitsprinzipien vorliegt? Die Elemente fragen sich, was es braucht, um das bestmögliche Ganze sein zu können – und wie eine Reise in diesen Zustand hinein ablaufen könnte.
*   Raum 3 (45 Min.): Im anschließenden Prototyping-Raum geht es darum, die emergente Zukunft in Bausteinen sichtbar werden zu lassen. Wir haben gute Erfahrungen damit gemacht, diese kreative Phase direkt in einen Aufstellungssprint miteinzubauen und durch Ideationsmethoden zu unterstützen. Geeignete Methoden hierzu finden Sie beispielsweise in dem Lean-Startup-Rahmenwerk (Ries 2014).

Schritt 3 – Review (30 Min.): Schließen Sie ab mit einer Reflexion: Was in der Purpose-Aufstellung lief gut? Was lief nicht gut? Was werden wir beim nächsten Mal anders machen?

Ein virtuelles Whiteboard, anhand dessen Sie eine Purpose-Aufstellung durchführen können, haben wir als digitales Extra für Sie zusammengestellt.

Rahmenbedingungen

Dauer:	ca. 4–5 Stunden, je nach Vorbereitung der Session (bitte mit Timeboxing für die drei Aufstellungsschritte arbeiten)
Format:	virtuell (z. B. gemeinsames Arbeiten an einem Textdokument während einer Videokonferenz) oder persönlich in einem geeigneten Raum
Teilnehmende:	Team von mindestens 6–8 Mitgliedern (nach oben keine Grenze), um die Elemente sinnvoll auf Repräsentant:innen zu verteilen

Der Zeit ein Stück voraus sein und das Zukunftspotenzial greifbar machen

Von Teilnehmer:innen erhielten wir das Feedback, dass der entstandene Kommunikationsraum als sehr passend und hilfreich empfunden wurde – sowohl aus der Sicht der Repräsentant:innen, die im Rahmen der Aufstellung einzelne Elemente vertraten, als auch der Beobachter:innen, die sich in das Geschehen hineingezogen fühlten wie bei einem guten Spielfilm. Gleichzeitig werden die Elemente des Purpose sehr greifbar und durch eine Person mit ihren emotionalen Komponenten beschrieben. Dies gilt sowohl für den Beitrag (Contribution) des Einzelnen und eines Teams zum Ganzen als auch für die Wirkung (Impact) des Individuums und der Organisation auf die Stakeholder sowie Umwelt und Gesellschaft insgesamt.

In der Gesamtsicht entsteht ein neues, klares Bild der Zukunft – und wir erhalten gleichzeitig eine Vorstellung davon, wie der Weg ausgestaltet sein könnte, um in diese neue, emergente Zukunft einzutreten. Gerade bei virtuellen Konstellationen lässt sich dieser Weg anhand einer Videoaufzeichnung gut nachvollziehen, analysieren und zum Beispiel in eine schriftliche oder grafische Geschichte zusammenfassen.

In zeitlichen Iterationen lässt sich die Aufstellung in einer dann bereits wieder veränderten Organisationslandschaft wiederholen. Somit entsteht eine Fortsetzungsgeschichte, die ihrer Zeit immer einen Schritt voraus ist und somit Anpassungen im Handeln zulässt – ein »Sense & Respond«, aus dem sich praktikable Handlungen ableiten lassen.

4.10   Vom Zuhören zum Handeln

Wie genau lässt sich nun der evolutionäre Purpose in unternehmerische Aktivität umsetzen? Eine reflexhafte Antwort könnte lauten: ein Programm aufsetzen, das es erlaubt, den Purpose durch die gesamte Organisation hindurch auszurollen – begleitet von einer kaskadierten Kommunikation, die alle Mitarbeitenden »abholt«. Das klingt logisch. Nur haben wir bereits eingangs in diesem Kapitel gesehen, dass Transformationsprogramme dieser Art nur in wenigen Fällen gelingen.

Erfolgsfaktor Wahrnehmung

Woran liegt dies? Zu einem nicht unerheblichen Teil hat dies mit dem bereits weiter oben erwähnten Sensemaking zu tun. Ursprünglich von Karl E. Weick (1995) geprägt, gibt es in der Management- und Kommunikationsforschung inzwischen zahlreiche Projekte, die sich der Frage angenommen haben, wie Individuen und Organisationen komplexe Phänomene in sinnvolle Einheiten einordnen. Jörgen Sandberg und Haridimous Tsoukas (2020), zwei Forscher, die unter anderem an der Warwick Business School tätig sind, haben die Vielzahl von Studien aus den letzten Jahren systematisiert und eine Typologie von Sensemaking entwickelt, die sich für die Beantwortung unserer Frage, wie wir im Rahmen einer Transformation Platz für das Neue schaffen, eignen. Sie unterscheiden vier Formen der Wahrnehmung:

- Die immanente Form von Wahrnehmung, die bei Praktikern stark ausgeprägt ist. Der Fokus liegt auf der körperlichen Wahrnehmung, wenn Tätigkeiten im Flow stattfinden: Der Mensch geht in der Aktivität auf und hat ein Gefühl dafür, was im jeweiligen Moment zu tun ist. Von diesem Gefühl berichten zum Beispiel immer wieder Sportler oder Profis aus anderen Bereichen.
- Bei der zweiten Form von Wahrnehmung handelt es sich um ein »bewusst-teilnehmendes« Sensemaking, das eintritt, sobald eine Abweichung von der Norm besondere Aufmerksamkeit erfordert. Das Wissen aus der Routine kommt weiter zum Einsatz – und gleichzeitig ist das Verständnis gefordert, was nötig ist, um eine temporär auftretende Herausforderung zu bewältigen. Beispiel wäre ein Changeprozess, der den Status quo verändert, der jedoch mit bekannten Methoden bewältigt werden kann.
- Dem schließt sich eine »losgelöst-bewusste« Wahrnehmung an, die in außergewöhnlichen Situationen eintritt: eine Insolvenz, ein Wechsel an der Spitze des Unternehmens, eine Krise von nationaler oder internationaler Bedeutung: Die Welt ändert sich schlagartig, während Führungskräfte und Mitarbeitende zunächst in ihrem angestammten Arbeitsumfeld bleiben. In diesem Moment fokussiert sich das Sensemaking auf die kognitive Ebene. Wir beginnen die Situation neu zu betrachten – von außen, reflektierend, auf der Suche nach Mustern, verängstigt. Persönliche Erfahrungen der Vergangenheit gewinnen an Gewicht – gleichzeitig fragen wir uns, wie wir sein möchten. Vieles davon können wir in der Covid-19 – Pandemie wiederfinden.
- Eine vierte Form ist die gegenständliche Wahrnehmung, die eintritt, wenn Externe von außen die Situation beobachten. Dies trifft für Berater:innen ebenso zu wie für Finanzanalyst:innen oder Jurist:innen sowie weitere Stakeholder, die nicht Teil

des Unternehmens sind. Das diskursive Moment bleibt erhalten, wenn die Aufgabe darin besteht, Situationen zu erklären und daraus Rückschlüsse zu ziehen oder gar rechtliche Konsequenzen auszusprechen.

Wahrnehmung erweitern – Transformation ermöglichen

Wie wirkt sich Sensemaking nun auf das Organisationgeschehen aus? Die Wissenschaftler Sandberg und Tsoukas gehen davon aus, dass das Veränderungspotenzial der verschiedenen Wahrnehmungsformen in der genannten Reihenfolge zunimmt. Für entscheidend in Bezug auf Transformation halten sie jedoch den Aspekt des organisationalen Lernens, der mit der »losgelöst-bewussten« Wahrnehmung einsetzt. Sprich: Aus der täglichen Arbeit heraus, so gekonnt und perfektioniert diese auch stattfinden mag, fällt es schwer, den Sprung nach vorn zu machen, in dem man von Bekanntem loslässt und etwas Neues entstehen lässt.

Im Verlauf einer Transformation können letztlich jedoch alle vier Formen des Sensemaking zum Einsatz kommen, wie im Folgenden am Beispiel des dänischen Unternehmens *Lego* dargestellt wird – ein Klassiker von der Jahrtausendwende, der immer wieder in wissenschaftlichen Studien zitiert wird (Lüscher/Lewis 2008). Die Entwicklung von Individuen und Organisationen findet seit jeher durch Lernen statt, das ist keinesfalls neu durch die Pandemie entstanden:

- Enormer Wettbewerbsdruck und stagnierende Märkte trieben das Management des Unternehmens *Lego* (losgelöst-bewusst) dazu an, neue Antworten zu finden. Den Ansatzpunkt fand das Board im Inneren: Es entstand der Vorschlag, von einer hierarchischen auf eine teambasierte Organisation umzustellen.
- Das mittlere Management kam daraufhin unter Druck und fühlte sich in der Zange: einerseits Ziel der Transformation, andererseits gleichzeitig auch Hebel für die Umsetzung. Sie machten sich (bewusst-teilnehmend) daran, das Konzept mit Leben zu füllen, indem sie Aufmerksamkeit auf die zusätzlich benötigten Fähigkeiten und Arbeitsmittel richteten.
- Immanentes Sensemaking half ihnen dabei, nach und nach ein Gefühl für die neue Arbeitsweise zu entwickeln – ein gemeinsames Verständnis, das Stabilität für die kommenden Jahre versprach.

4.11 Zur Lernreise aufbrechen

Inzwischen hat sich das Gesamtbild geändert. Wer geht heute noch davon aus, gut genug aufgestellt zu sein, um stabil durch die kommenden Jahre zu gehen? Wenn man den Medien Glauben schenkt: fast niemand. Selbst viele Technologie-, Pharma- und Logistikunternehmen, die gleichzeitig als Profiteure der Krise gehandelt werden, berichten von großen Hürden, die es in den nächsten Jahren zu überwinden gilt: In-vestitionen in die Digitalisierung bewältigen, sich kundenzentrierter aufstellen, ein attraktiver Arbeitgeber für die Generation Z bleiben oder die psychologische Gesund-heit der Mitarbeitenden langfristig erhalten, um nur einige zu nennen.

Selbstführung macht robust!

Wir haben bereits an mehreren Stellen in diesem Buch betont, dass es in den kommenden Jahren vor allem darauf ankommen wird, Wege zu finden, gut mit den Anforderungen der Komplexität umzugehen. Frédéric Laloux (2014) nennt insgesamt drei »Durchbrü-che«, die nötig sind, um in die Entwicklungsstufe *Petrol* und somit in den Zustand der Zukunftsfähigkeit zu kommen. Zwei davon haben wir bereits ausführlich beschrieben:
1. die Ganzheit, abgebildet in dem integralen Ansatz und der Sicht auf die vier Qua-dranten
2. den evolutionären Purpose, der gleichzeitig ein Gradmesser für alle Entscheidun-gen einer Organisation darstellt

Der dritte Durchbruch ist das Prinzip der Selbstführung – keineswegs eine neue Erfin-dung, sondern eine seit langer Zeit bekannte Art und Weise, In der das Leben in der Natur stattfindet: mit gerade genug Ordnung, um Energie in Organisationen zu bündeln – aber mit nicht so viel Struktur, dass die Anpassung und das Lernen verlangsamt werden.

Wir beobachten, dass gerade die Unternehmen und Organisationseinheiten, die sich schon vor der Krise mit Selbstführung beschäftigt haben und einem klaren Zweck folgen, auch in Krisensituationen besonders widerstandsfähig sind. Diese Teams und ihre Manager:innen haben sich bewusst mit der Frage auseinandergesetzt, welchen Beitrag sie als lebendiges System leisten und wie sie mit Natur und Umwelt, der Ge-sellschaft sowie ihren Kunden und Mitarbeiter:innen interagieren wollen. Lange Zeit wurden sie als »Schönwetterorganisationen« belächelt – nun zahlen sich geübte Eigenverantwortung und Anpassungsfähigkeit aus. Die Meeting- und Entscheidungs-formate sitzen virtuell wie in Präsenz, die folgende Arbeit wird von den Rollenver-antwortlichen autonom, aber in guter Kommunikation und mit hoher Verlässlichkeit umgesetzt. Somit läuft die Produktion weiterhin rund – und Spannungen werden, wann immer sie auftauchen, positiv geschätzt und abgearbeitet.

**In Harmonie mit der Umwelt, aber unabhängig
von Außeneinflüssen agieren**

Ob sich das eingeführte Arbeitssystem nun »Soziokratie«, »Soziokratie 3.0« oder »Ho-lacracy« nennt, ist aus unserer Sicht nicht entscheidend – die unterschiedlichen Konzepte von Selbstführung haben einige Gemeinsamkeiten, die hilfreich sind, um die individuelle und organisationale Entwicklung in Harmonie mit der Umwelt, aber weitgehend unabhängig von Außeneinflüssen zu gestalten:

- eine Struktur von Kreisen (anstatt Hierarchien), in denen sich Teams selbst organisieren
- ein Purpose, der sich auf alle Teams und Individuen Schritt für Schritt herunterbrechen lässt und somit zum Gradmesser für einzelne Entscheidungen wird
- Arbeiten in Rollen, die sich anhand der anstehenden Aufgaben strukturieren und denen klare Verantwortlichkeiten zugeordnet sind
- transparente Meetings, die auf Spannungen aufbauen und diese systematisch abarbeiten; Spannungen werden als positiv erachtet und ermöglichen fortlaufendes Lernen zwischen Rollen und Individuen
- Entscheidungen anhand des Konsentprinzips, das der jeweiligen Rolle die Entscheidungskraft gibt, andere Rollen nur bei einem drohenden Schaden widersprechen lässt und einem »jeder entscheidet mit« (Konsens) einen Riegel vorschiebt
- Anwenden des Pull-Prinzips: Nur dort, wo es einen Bedarf gibt, wird gehandelt oder auch investiert. Somit sind verordnete Programme ausgeschlossen, Verschwendung wird minimiert.

Lernreise in kleinen Einzelschritten fortsetzen

Nun ist es wichtig zu erkennen, dass etablierte Organisationen nicht von heute auf morgen den Hebel von »Hierarchie« auf »Selbstführung« umlegen können. Führungskräften, Teams und Unternehmen, die derzeit Druck verspüren oder befürchten, dass in ihrer Organisation etwas nicht rundlaufen könnte, sollten sich auf eine Lernreise in Richtung einer Organisation zu begeben, die sich als lebendiger Organismus betrachtet, an den Prinzipien der Natur orientiert sowie mit Leichtigkeit und Resilienz in die Zukunft aufbricht. Hierzu sind Prototypen nützlich, die zum Experimentieren einladen und in Iterationen Anpassungen ermöglichen.

4.12   Einladung zum Prototyping

Das Beispiel *Lego* (vgl. Kap. 4.10) hat gezeigt: Der Weg zu einer funktionierenden Organisation führt über das Lernen neuer Fähigkeiten und Praktiken – ein interaktiver Prozess, der in Kommunikationsräumen stattfindet. Gemeinsam haben wir zahlreiche Organisationen – von HR- und Kommunikationsteams über IT- und UX-Einheiten bis hin zu Topmanagementteams – auf ihrer Reise vom Loslassen alter Hierarchien und Arbeitsweisen hin zu einer »sinnvollen« und selbstbestimmten Zukunft begleitet.

Fähigkeiten und Praktiken trainieren

In diesen Projekten haben sich Sets von Fähigkeiten und Praktiken herauskristalli-
siert, die für den Sprung in die jeweils folgende Stufe der Organisationsentwicklung
relevant und hilfreich sind und somit beispielsweise einen fließenden Übergang von
einer Maschinenorganisation *(Orange)* zum agilen Familienbild *(Grün)* und darauf aufbauend zum lebendigen Organismus *(Petrol)* ermöglichen. Die Fähigkeiten decken alle
vier Quadranten des integralen Modells von Ken Wilber ab. Sie möchten direkt einsteigen und damit beginnen, erste Fähigkeiten zu trainieren?

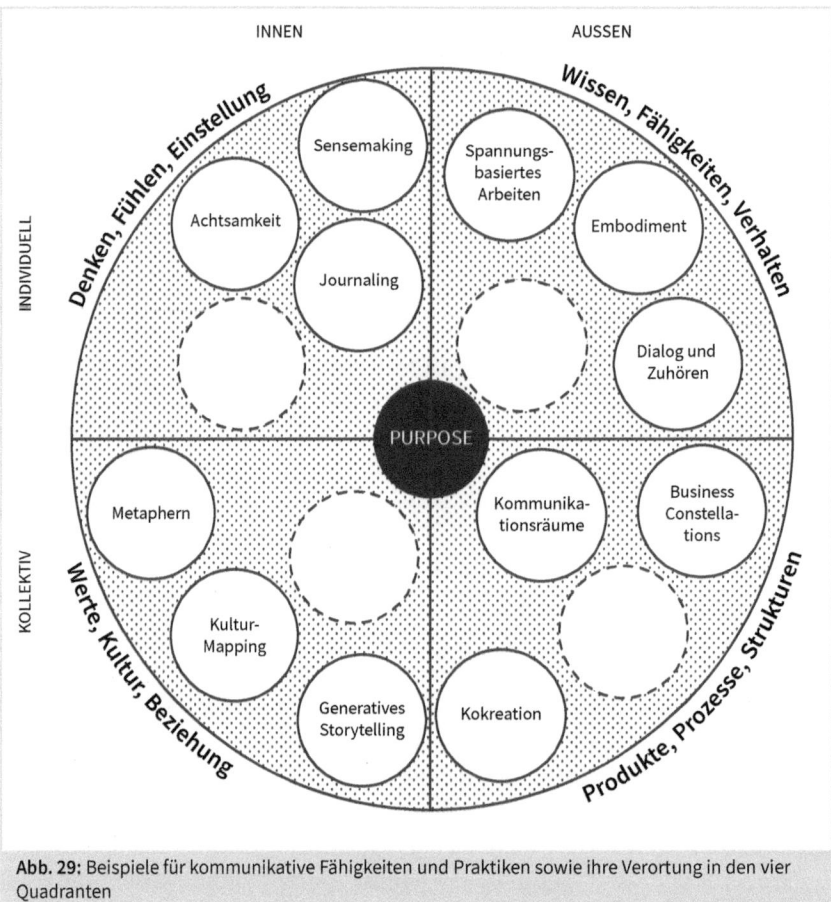

Abb. 29: Beispiele für kommunikative Fähigkeiten und Praktiken sowie ihre Verortung in den vier
Quadranten

Werfen Sie einen Blick auf die in diesem Buch vorgestellten Tools – jedes einzelne Tool
eignet sich, um die in komplexen Umgebungen erforderlichen Fähigkeiten zu trainieren. In Summe ergeben sie die Grundlage für eine umfassende Transformationsreise,
bei deren individueller Ausgestaltung die Autor:innen Sie gern unterstützen!

Zuerst die niedrig hängenden Früchte ernten

An dieser Stelle möchten wir Ihnen einige »niedrig hängende Früchte« vorstellen und ans Herz legen, diese einfach bei Gelegenheit zu pflücken. Sie werden damit noch nicht Ihre gesamte Organisation transformieren, aber ein gutes Gespür dafür entwickeln, wie sich Purpose und Selbstführung anfühlen. Starten Sie doch gleich mit neuen Formaten für Meetings und Entscheidungen!

Tool: Meetings und Entscheidungen

DIGITALE EXTRAS

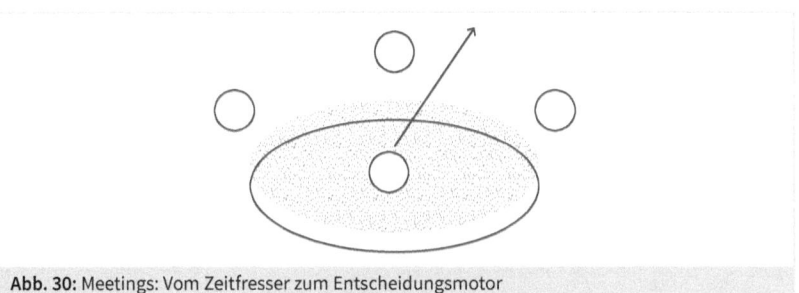

Abb. 30: Meetings: Vom Zeitfresser zum Entscheidungsmotor

Wofür?

Ein Problem in vielen Organisationen ist die Überlastung der Mitarbeitenden durch zu viele Meetings: Sie sehen Meetings oft als Zeitfresser Nummer eins, da die Dauer der Besprechungen, die Zahl der Teilnehmer:innen, die Qualität der getroffenen Entscheidungen und die Brauchbarkeit konkreter Ergebnisse oft in keinem gesunden Verhältnis stehen. Wenn wir in Betracht ziehen, wie viel Zeit gerade Führungskräfte in Meetings verbringen – *Kununu Engage* (2018) geht davon aus, dass Führungskräfte im Durchschnitt rund 60 Prozent ihrer Arbeitszeit ausschließlich in Meetings sitzen –, wird schnell klar, warum es sich lohnen kann, bei Meetings anzusetzen. Gar 70 Prozent der Führungskräfte geben an, dass unproduktive Meetings ein Hauptgrund für ihren chronischen Zeitmangel sind.

Beispiel

Die Mitarbeitenden des Kommunikationsteams eines Finanzdienstleisters klagen seit längerer Zeit über ein zunehmendes Arbeitspensum, das nicht durch wachsende Personalressourcen ausgeglichen wird. Gleichzeitig wird die Führungskraft als »Flaschenhals« genannt, da sie unter Zeitmangel leidet und anstehende Entscheidungen oft nicht zeitnah genug treffen kann – eine Situation, wie wir sie in vielen Teams größerer und kleinerer Unternehmen antreffen. Eine erste SWOT-Analyse (SWOT = Strengths, Weaknesses, Opportunities, Threats) ergibt, dass das Team Meetings als ineffizient empfindet – teilweise sogar als Grund dafür, dass Einzelne ihre Aufgaben nicht schaffen. Einige sind der Meinung, dass Meetings dem Teamzusammenhalt schaden und die Führungskraft mehr Aufgaben abgeben müsste. Auch stellt sich heraus, dass einige Mitarbeitende bei Meetings nicht konzentriert bei der Sache sind und nebenher andere Aufgaben erledigen.

Worauf es ankommt

Meetings leben von der Kommunikation, die in ihnen stattfindet. Sie spielen bei fast jedem unserer Beratungsprojekte eine zentrale Rolle, sodass wir auf einem sehr breiten Erfahrungsschatz aufbauen. Daher können wir Ihnen einige Meeting- und Entscheidungsformate empfehlen, die sich in einem komplexen Umfeld meist sehr gut eignen, um den Zeitkillern Einhalt zu gebieten und die Teammoral zu steigern. Im oben beschriebenen Beispiel des Kommunikationsteams konnte das folgende Meetingsystem sogar den geplanten Newsroom ersetzen und die Zusammenarbeit von Grund auf neu gestalten.

Tactical Meeting: Tactical Meetings können unserer Erfahrung nach eine Vielzahl von Routinemeetings und Einzelgesprächen mit Mitarbeiter:innen ersetzen. Sie stammen aus dem Holacracy-System (Robertson 2016) und sind auf die operative Arbeit eines Teams ausgerichtet. Ihr Zweck ist es, Probleme, die kürzlich aufgetaucht sind, zu sortieren und Hindernisse zu beseitigen, damit die Arbeit vorwärts gehen kann. Die Treffen finden in einem regelmäßigen Rhythmus statt, basierend auf den Bedürfnissen des Teams (meist wöchentlich). Die Tactical Meetings folgen einem strukturierten Prozess und werden von einem Moderator oder einer Moderatorin abgehalten, der/die aus dem Team für diese Rolle bestimmt wird.

Konsententscheidungen: Modelle der integrativen Entscheidungsfindung basieren auf dem Konsentprinzip – einer Alternative zu dem gerade in agilen Organisationen verbreiteten Konsens. Konsent taucht in mehreren Organisationssystemen auf, wie zum Beispiel der Soziokratie 3.0 (Cumps 2019). Hierbei steht nicht eine für alle perfekte Lösung im Vordergrund, sondern eine, die für den Moment am sinnvollsten ist. Konsent beinhaltet die Integration verschiedener Ideen, bis eine machbare Lösung erreicht ist. In Kurzform erklärt funktioniert es so, dass eine Person ein Problem vorbringt und eine Lösung vorschlägt und dann allen anderen die Möglichkeit gibt, Fragen zu stellen, Feedback zu geben und Einwände zu erheben, wenn die vorgeschlagene Lösung tatsächlich neue Probleme verursachen würde. Wenn es einen solchen Einwand gibt, arbeiten die Parteien zusammen, um eine Lösung zu finden, die das ursprüngliche Problem löst, ohne neue Probleme zu verursachen.

Review-Meetings: Sogenannte Sprint-Reviews stammen aus Welt des agilen Arbeitens (Schwaber 1995). Der Zweck des Review-Meetings besteht darin, das Ergebnis eines Sprints oder einer Iteration zu überprüfen und zukünftige Anpassungen zu bestimmen. Das Team diskutiert die Ergebnisse seiner Arbeit mit den wichtigsten Stakeholdern und es findet ein Austausch zum Fortschritt in Richtung des Projektziels statt. Während der Veranstaltung überprüfen das Team und die Stakeholder, was im Sprint erreicht wurde und was sich in ihrem Umfeld verändert hat. Basierend auf diesen Informationen arbeiten die Teilnehmer gemeinsam daran, was als Nächstes zu tun ist. Das Review-Meeting ist eine Arbeitssitzung und keine Powerpoint-Veranstaltung.

Schritt für Schritt
Die Schritte für die einzelnen Meetingformate werden im Folgenden pro Meetingformat beschrieben:

Tactical Meeting
- Check-in: Sprechen Sie an, was Ihre Aufmerksamkeit beansprucht!
- Checkliste (optional): Wiederkehrende Aufgaben werden als »erledigt« oder »nicht erledigt« gekennzeichnet.
- Metriken (optional): Jede Rolle berichtet über den Stand der aktuellen Kennzahlen – ohne diese weiter zu diskutieren.
- Projekt-Updates: Der Moderator fragt jede Rolle nach wichtigen Updates – auch hier sind allenfalls Klärungsfragen erlaubt.
- Spannungen: Diese bilden den Kern der Tactical Meetings, die somit das »spannungsbasierte Arbeiten« aus Kapitel 3 aufgreifen. Der Moderator sammelt Spannungen, schreibt diese in ein bis zwei Stichworten auf und erstellt eine Agenda – erneut: keine Diskussion.
- Spannungen abarbeiten: Der Moderator fragt jede Person, die eine Spannung eingebracht hat, was sie braucht. Die Inhaber von Spannungen beziehen optional weitere Personen oder Rollen mit ein. Zu jeder Spannung wird ein nächster Schritt festgehalten. Die Spannungsinhaber bestätigen, dass sie bekommen haben, was sie brauchen.
- Check-out: Kurze Reflexion, was im nächsten Meeting verbessert werden kann – wiederum keine Diskussion.

Konsententscheidungen
- Check-in: Werden Sie präsent für die anstehenden Entscheidungen.
- Agenda: Im Falle von mehreren anstehenden Entscheidungen baut der/die Moderator:in eine Agenda auf. Pro Entscheidungspunkt folgen die nächsten Schritte.
- Vorschlag: Der Vorschlagende beschreibt seine Spannung und unterbreitet seinen Vorschlag für die Entscheidung.
- Klärungsfragen: Die Teilnehmenden erhalten durch die/den Moderator:in die Möglichkeit, Fragen zu stellen, um den Vorschlag besser zu verstehen.
- Reaktionsrunde: In der durch die Moderation angegebenen Reihenfolge reagieren alle Teilnehmenden auf den Vorschlag, ohne diesen zu diskutieren.

- Anpassungen (optional): Der Vorschlagende erhält die Möglichkeit, seinen Vorschlag anzupassen.
- Einwandrunde: Die Moderation fragt in der gleichen Reihenfolge wie zuvor nach »validen« Einwänden – Einwände sind dann valide, wenn sie Aspekte enthalten, die klarmachen, dass das Team Schaden nehmen würde, wenn es den aktuellen Vorschlag umsetzt.
- Entscheidung: Falls kein valider Einwand eingebracht wird, ist der Vorschlag angenommen; bei validen Einwänden wird der Vorschlag so verändert, dass sowohl der Einwand als auch die ursprüngliche Spannung gelöst werden. Die Einwandrunde wird wiederholt.
- Check-out: Kurze Reflexion, was im nächsten Meeting verbessert werden kann – wiederum keine Diskussion.

Review-Meeting

- Der Auftraggeber für ein Projekt bringt die Stakeholder zum Review-Meeting zusammen: alle Teammitglieder, Coaches, externe Partner, Kunden, Vertreter:innen anderer Teams, die an dem Projekt mitarbeiten, Vertreter:innen des Managements.
- Der Moderator erklärt die Ziele des Meetings und die Regeln für die Zusammenarbeit während des Meetings.
- Ergebnisse: Der Auftraggeber berichtet über erledigte und nicht erledigte Aufgaben.
- Demo: Teammitglieder zeigen ihre Arbeitsergebnisse aus der aktuellen Iteration anhand folgender Fragen:
    - Was lief gut?
    - Wo gab es Probleme?
    - Wie wurden die Probleme gelöst?
- Einschätzung: Die anderen Stakeholder geben jeweils Feedback anhand folgender Fragen:
    - Was gefällt mir gut?
    - Was sollte verändert werden?
    - Wo gibt es Verbesserungspotenzial?
- Freigabe: Der Auftraggeber entscheidet, welche Projektmodule für die Kunden freigegeben werden und welche über das Backlog in eine weitere Iteration gehen.
- Roadmap: Der Auftraggeber gibt einen Ausblick auf die nächste Iteration und den weiteren Projektverlauf. Wir empfehlen hierfür die Nutzung von Objectives & Key Results, die in diesem Buch (in Kap. 4.5) als separate Methode vorgestellt werden.

Templates für die Meetingformate

Für alle beschriebenen Meetingformate finden Sie Templates in Form von virtuellen Whiteboards in den digitalen Extras zu diesem Buch.

Rahmenbedingungen

Dauer:	Tactical Meeting: 60 Minuten
	Konsententscheidung: Rechnen Sie mit 30 Minuten pro Entscheidung.
	Review-Meeting: 60 – 120 Minuten, je nach Umfang des Projekts
Format:	virtuell (z. B. gemeinsames Arbeiten am virtuellen Whiteboard während einer Videokonferenz) oder persönlich in einem geeigneten Raum
Teilnehmende:	siehe jeweilige Beschreibung des Meetingformats

4.13 Wenn kein Rollout – was dann?

Hat Ihnen das Prototyping Spaß gemacht? Dann sind Sie nun bestimmt schon gespannt darauf zu erfahren, wie sich die Lernreise fortsetzt.

Wie ein »Lean Startup« vorgehen

Bei den Transformationen, die wir begleiten durften, hat sich eine Vorgehensweise in drei Schritten bewährt: Build – Measure – Learn. Diese entstammt dem sogenannten Lean-Startup-Prozess (Ries 2014): Anstatt eine Transformation anzukündigen und anschließend in die Organisation auszurollen, starten Sie bei diesem Ansatz mit Hypothesen, die Sie gemeinsam mit Ihrem Team erarbeiten. Über diesen Weg ermitteln Sie, wo der Schuh wirklich drückt, welche Emotionen die Transformation treiben und welche Fähigkeiten hilfreich sein können, um auf die Emotionen einzugehen. Danach folgen die drei Schritte Build – Measure – Learn.

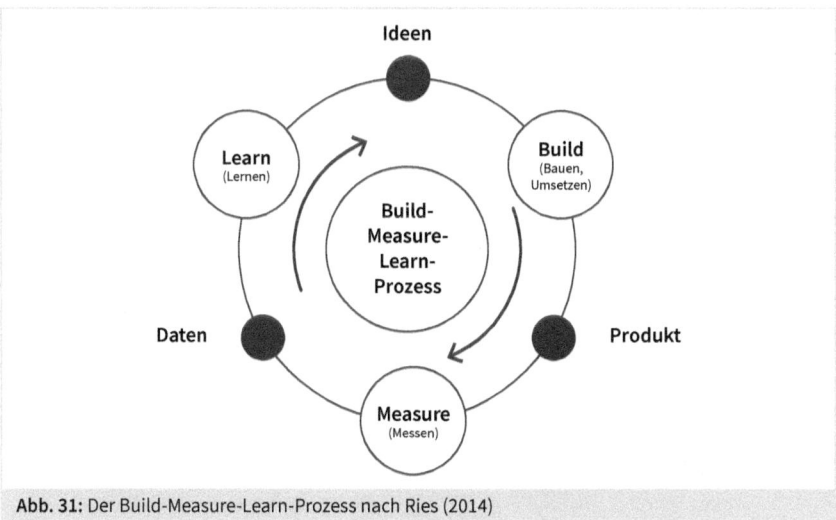

Abb. 31: Der Build-Measure-Learn-Prozess nach Ries (2014)

Build

Ihr Ziel ist es hier, ein sogenanntes Minimum Viable Product (MVP) einer Fähigkeit zu erstellen – das kleinstmögliche Produkt, mit dem Sie Ihre Hypothese testen können.

Es könnte ein Training im Kreis der Botschafter der Transformation sein. Es könnte ein Storyboard oder ein Video sein, das veranschaulicht, was Sie erreichen wollen. Welches MVP Sie auch immer wählen, es muss gerade genug Kernfunktionen zeigen, um das Interesse der Early Adopters zu wecken – der Personen, die später als Multiplikatoren in die Organisation hinein dienen.

Measure

Hier messen Sie die Ergebnisse, die Sie in der Build-Phase erhalten haben. Wie vergleicht sich das, was tatsächlich passiert ist, mit Ihrer Hypothese? Gibt es genügend Interesse an der gewählten Fähigkeit, um sie weiterzuentwickeln? Zeigen die Daten, dass die Transformation genügend Zustimmung findet?

Learn

Nun gibt es zwei Wege nach vorn:
- Dranbleiben: Ihre Hypothese war richtig, also entscheiden Sie sich, mit den gleichen Fähigkeiten weiterzumachen. Sie wiederholen die Feedbackschleife, um Ihren Ansatz kontinuierlich zu verbessern und zu verfeinern.
- Umschwenken: Das Experiment hat Ihre Hypothese widerlegt, aber Sie haben dennoch wertvolle Erkenntnisse darüber gewonnen, was nicht funktioniert. Sie können zurücksetzen oder Ihren Kurs korrigieren und die Schleife wiederholen, indem Sie das Gelernte nutzen, um neue Hypothesen zu testen und andere Experimente durchzuführen.

In Iterationen weiter transformieren

Die Learn-Phase eignet sich sowohl dafür, den Kreis der Teilnehmer über die Early Adapters hinaus zu erweitern, als auch dafür, weitere Fähigkeiten in die Organisation hineinzutragen, wenn das Feedback den Bedarf daran zeigt. Schrittweise, zum Beispiel in Quartalsiterationen, können Sie auf diesem Weg die gesamte Organisation transformieren, mit einem hohen Wirkungsgrad und stets am Puls der Mitarbeitenden.

Starten Sie sofort mit ersten Experimenten – oder lesen Sie weiter im nächsten Kapitel, wie die bisherigen Themen aus diesem Buch in den Kulturquadranten münden und damit Kultur insgesamt messbar und gestaltbar wird!

5 Den kulturellen Wandel gestalten

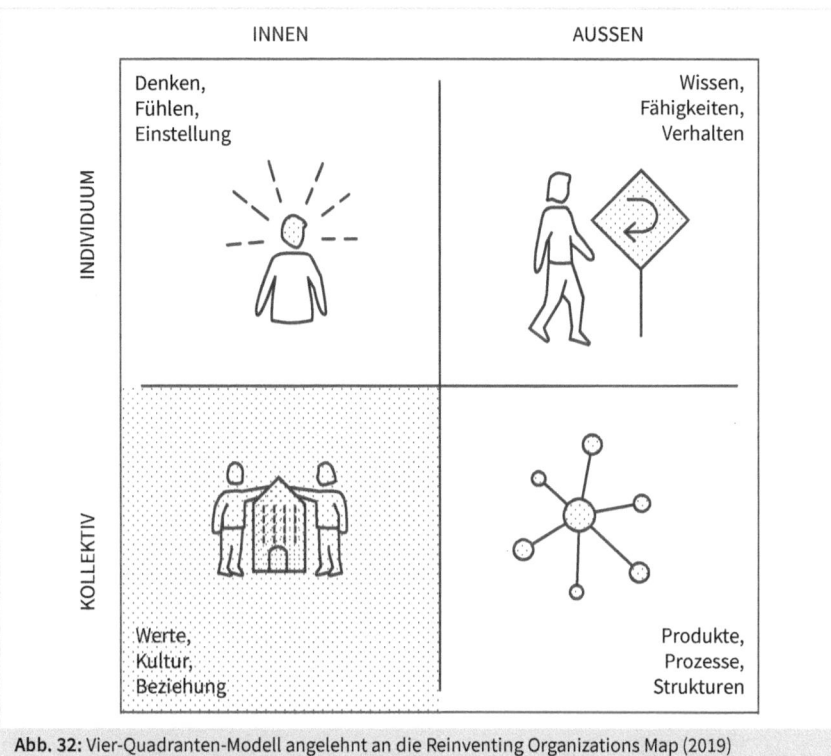

Abb. 32: Vier-Quadranten-Modell angelehnt an die Reinventing Organizations Map (2019)

5.1 Die Lücke zwischen Gesellschaft und Unternehmen schließen

Typischerweise meiden Betriebswirte das Thema Kultur: »Kultur ist längst durch«, so der Tenor, der mangels hinreichender Messbarkeit oft angeschlagen wird. Dies steht jedoch im deutlichen Gegensatz zur Aktualität, die dieses Thema durch Pandemie und Digitalisierung erlangt hat – nicht nur in Politik und Gesellschaft, sondern gerade auch in den Unternehmen.

Krisen erfordern die Anpassung der Kultur an neue Realitäten

Woher kommen diese Aktualität und der Bedarf, sich gerade jetzt mit der Kultur zu beschäftigen? Der Organisationsforscher André Spicer von der Cass Business School aus London (2020) stellt fest, dass wirtschaftliche Krisen es letztlich immer erfordern, die

Unternehmenskultur an die neuen Realitäten anzupassen. Spätestens seit dem Platzen der Dotcom-Blase um die Jahrtausendwende, der Wirtschaftskrise im Anschluss an den 11. September 2001, der Finanzkrise 2008, der Nuklearkrise durch Fukushima im Jahr 2011, der politischen Migrationskrise 2015 und dem seither wachsenden Populismus, den Spannungen rund um den Brexit, dem Handelsstreit zwischen den USA und China und der Klimakrise konnten wir in Sachen Krisenbewältigung einiges lernen.

Gesellschaft zieht Unternehmen zur Verantwortung

Akut besteht angesichts der zeitlichen und wirtschaftlichen Dimension der Pandemie ein Risiko, dass eine große Lücke zwischen Wirtschaft und Gesellschaft entsteht und Unternehmenskulturen hinter der gesellschaftlichen Entwicklung zurückbleiben. In der Tat: Die Beziehung zwischen Wirtschaft und Gesellschaft scheint an einigen Stellen zu bröckeln, wenn man Entwicklungen wie die Abstimmung zur Konzernverantwortungsinitiative in der Schweiz und die anderen, bereits in diesem Buch genannten Beispiele betrachtet. Hinzu kommt ein Strukturwandel durch Unterstützungsprogramme und Niedrigzinspolitik, der zu einer verzerrten Wahrnehmung und Wohlfühlstimmung bei den Konsumenten führt und staatsnahe Branchen, wie zum Beispiel die Pharmabranche, fördert.

Nachholbedarf: Sich aktuellen Fragen stellen

Während die gesellschaftliche Transformation schon im Gang ist, gibt es bei den Unternehmen einen Nachholbedarf, sich mit den aktuellen Trends zu beschäftigen und diese vor allem in ihrer Kultur zu reflektieren. Dies zeigt sich auch in den Fragen, die Unternehmen uns im letzten Jahr gestellt haben, wie zum Beispiel:

- Wie können wir als Bank im Vertrieb anders kommunizieren, um eine neue Dialogkultur zum Thema Nachhaltigkeit in Kundengesprächen zu finden?
- Wie können wir die Führungskultur im Topmanagement verändern, um als Team besser zusammenzuwachsen und uns unternehmerischer auszurichten?
- Wie können wir alle Mitarbeiter:innen in eine inklusive Kommunikation einbinden und eine Kultur schaffen, die Talente anzieht?
- Wie können wir bei einer so wichtigen Transaktion wie einem Unternehmenskauf sicherstellen, dass sich beide Kulturen aufeinander zubewegen, anstatt das Vorhaben zur Zerreißprobe zu machen?
- Oder, wie bereits Einleitung erwähnt: Wie können wir eine Unternehmenskultur überhaupt weiterentwickeln, wenn sich alle Mitarbeitenden im Homeoffice befinden?

Dies sind nur fünf wichtige Fragen aus fünf Projekten – geradezu erstaunlich sind jedoch folgende Gemeinsamkeiten: In allen Beispielen stellten die Unternehmen den intuitiven Bezug zur Kultur her, und in allen fünf Fällen lag für das Management die Vermutung nahe, dass ein Schlüssel zur Lösung in der Art und Weise der Kommunikation liegen könnte.

5.2   Der Weg führt über Resonanz

Durch diesen engen Zusammenhang zwischen Kultur und Kommunikation können wir davon ausgehen, dass die kommunikative Arbeit in den ersten drei Quadranten – Denken/Fühlen/Einstellung, Wissen/Fähigkeiten/Verhalten und Produkte/Prozesse/ Strukturen – sich direkt auf die Kultur auswirkt. Gleichzeitig hat Kultur eine eigene Qualität, indem sie die innere/individuelle Sicht aus dem ersten Quadranten auf eine kollektive Ebene hievt.

Kommunikative Mittel, um die Kulturlücke zu schließen

Wie entsteht Kultur – und welches sind die kommunikativen Mittel, mit denen sich die Kulturlücke zwischen Unternehmen und Gesellschaft schließen lässt? In der Forschung fällt in diesem Zusammenhang oft der Begriff der Resonanz – ein Konstrukt, das wir zuvor in diesem Buch bereits im Zusammenhang mit der Körperlichkeit kennengelernt haben (vgl. Kap. 3.9). Es beinhaltet sowohl ein Gefühl der Zusammengehörigkeit durch gemeinsame Werte, einen »Fit« der Denkansätze sowie die persönliche Identifikation mit einem Thema oder einem Produkt als auch eine Reaktion auf pragmatische Bedürfnisse und Interessen.

Die Kultursoziologin Simona Giorgi (2017) hat in einem viel zitierten Beitrag die Zusammenhänge zwischen Resonanz und Aspekten der Kommunikation unter die Lupe genommen. Sie sieht Parallelen zwischen Resonanz und der Erfahrung des Flows – beides führt zu einem Zustand, in dem das Zeitgefühl verschwindet, die bewusste Wahrnehmung in den Hintergrund rückt und scheinbar mühelos Höchstleistungen möglich werden. Resonanz kann somit als eine persönlich erfahrene Verbindung mit dem Bild verstanden werden, das ein Unternehmen abgibt und kommuniziert.

Auf Basis von Fakten sind nur moderate Veränderungen möglich

Für Führungskräfte wichtig zu entdecken ist, dass Resonanz keinesfalls nur durch Argumente und Nachdenken entsteht. Im Gegenteil: Weitere Studien zeigen, dass diese rationale, sogenannte kognitive Resonanz allenfalls bestehende Sichtweisen bestätigt. Sprich: Nüchterne Fakten, die Führungskräfte und Unternehmen kommunizieren – beobachten Sie zum Beispiel, wie oft allein auf Powerpoint-Folien mit Zahlenkolonnen argumentiert wird –, erzielen im Wesentlichen dann eine Resonanz, wenn sie schon Bekanntes oder Erwartetes bestätigen. Giorgi nennt dies das Prinzip der Vertrautheit, was zu einem weiteren Phänomen führt: Zuhörer – unabhängig davon, ob es sich um Mitarbeiter:innen, Kunden oder andere Stakeholder handelt – betreiben bei der Präsentation von Fakten gern ein Cherrypicking und nehmen nur Fakten auf, die im Wesentlichen ihr eigenes Bild bestätigen. Somit ist das Potenzial, mit rationalen Argumenten einen Kulturwandel zu initiieren oder eine Transformation zu vermitteln, sehr begrenzt. Die Wissenschaft geht inzwischen davon aus, dass sich auf diesem Weg maximal eine moderate Veränderung erzielen lässt – und man dadurch, dass man sich damit automatisch auch in einen Wettbewerb der Fakten begibt, eher noch die Ambiguität fördert und zur Verunsicherung beiträgt.

Resonanz basiert vor allem auf Emotionen

Wenn es um Kultur und Transformation geht, wird daher die zweite Komponente der Resonanz umso wichtiger: Emotionen – die gefühlte Verbindung zwischen einer Organisation und ihren Stakeholdern. Emotionale Resonanz tritt ein, wenn die Geschehnisse die Zuhörer mitreißen. Emotionen öffnen den Zugang zu vielen Themen, die in Betriebswirtschaft und Management oft als heiliger Gral betrachtet werden: Es sind keine Personal- oder Motivationsprogramme, die zu höherem Engagement der Mitarbeiter:innen führen, sondern schlichtweg positive Emotionen. Genauso wenig sind es die Zahlen zur Erderwärmung, mit denen Klimaaktivist:innen Zugang zu Banken finden, sondern vielmehr die Befürchtungen der Finanzexpert:innen, dass sich Umweltschäden auf das finanzielle Risikomanagement auswirken könnten. Kürzlich bestätigte uns ein Topmanager aus der Finanzwelt, dass Erfolg im Banking seiner Ansicht nach sogar zu 90 Prozent von Gefühlen abhängt.

Starke Verbindung entsteht somit weniger durch das kühle Abwägen von Fakten, sondern eher durch eine begeisterte Identifikation mit einer Person oder einer Sache. Durch passende Rituale haben Führungskräfte und Unternehmen die Chance, eine virtuelle oder physische Bühne zu schaffen, auf der emotionale Resonanz entstehen kann: experimentelle All-Hands-Meetings, in denen sich Mitarbeiter:innen gegenseitig fühlen und spüren, anstatt Informationen zu konsumieren; selbst organisierte Sportaktivitäten und andere Graswurzelbewegungen, in denen sich CEO und IT-Programmierer außerhalb ihrer angestammten Rollen auf Augenhöhe begegnen; das wöchentliche, gemeinsame Mittagessen im Team, um nur einzelne Beispiele zu nennen.

Bei all diesen Aktivitäten gilt: Sie müssen sich im Rahmen der Ideale der jeweiligen Organisation bewegen, um eine emotionale Akzeptanz zu finden. Daher ist es beispielsweise für Mitarbeitende wichtig zu reflektieren und sich ihres eigenen, individuellen Purpose bewusst zu sein. Daher ist es auch wichtig für Organisationen, ihrem Purpose zu folgen und nicht auf einen Marketing-Claim zu setzen. Zu hoch wäre das Risiko, eine emotionale Dissonanz zu erzeugen – eine Bruchlandung in Form eines virtuellen oder realen »Shitstorms« wäre vorprogrammiert.

5.3   Licht ins Dunkel der Kultur bringen

Kultur als nicht messbar abzustempeln, wie dies in der Betriebswirtschaft oft praktiziert wird, greift zu kurz. Kulturelle Transformation gehört zu den komplexesten Herausforderungen, mit denen sich Führungskräfte heute auseinandersetzen können. Wie bei der bisherigen Darstellung der integralen Quadranten gilt auch hier: Sich der Komplexität der Aufgabe bewusst zu sein ist bereits die halbe Miete. Und den Bereich, dem es besondere Beachtung zu schenken gilt, kennen wir bereits. Es sind die Emotionen der Beteiligten und auch der Organisation insgesamt. Eine Kernfrage im Zusammenhang mit kommunikativer Kulturarbeit müsste demnach lauten: Wie können wir der emotionalen Seite der Organisation, den beiden linken Quadranten also, auf die Spur kommen?

Sich mit dem Eisberg-Modell der Kultur nähern

Der amerikanische Organisationspsychologe Edgar Schein (2018) hat das ursprünglich von Sigmund Freud zur Visualisierung des Unbewussten entwickelte Eisberg-Modell auf den Kontext der Unternehmenskultur übertragen. Die sichtbare Spitze des Eisbergs (Ebene 1) deckt bei Schein die leicht zugänglichen Manifestationen von Kultur ab. Beispiele sind Äußerungen von Mitarbeitenden und Kunden, das Logo der Firma oder die Büroarchitektur eines Unternehmens. Es folgen zwei weitere Ebenen, die von außen nicht sichtbar sind:

- Gefühle, die passend erscheinen und bei Mitarbeitenden wie Kunden in Resonanz gehen. Zu Ebene 2 gehören auch kollektive Werte wie Ehrlichkeit oder Innovationstreue.
- Grundannahmen einer Organisation, die tief im Denken verwurzelt sind und sich aus dem Denken, Fühlen und den individuellen Einstellungen (Quadrant 1) der Mitarbeitenden speisen

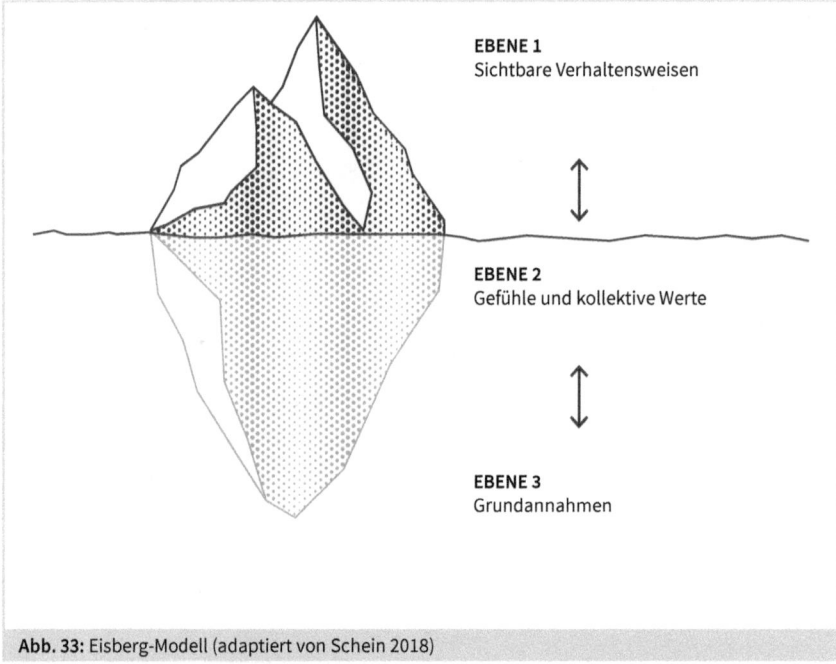

EBENE 1
Sichtbare Verhaltensweisen

EBENE 2
Gefühle und kollektive Werte

EBENE 3
Grundannahmen

Abb. 33: Eisberg-Modell (adaptiert von Schein 2018)

Führungsaufgabe: Gefühle sichtbar machen

Während alle drei Ebenen in Summe die Kultur eines Unternehmens ausmachen, werden in einer zunehmend komplexen Wirtschaft gerade die »unsichtbaren« Emotionen, Werte und Grundannahmen zum Schlüssel erfolgreicher Führung. Wer die Kultur einer Organisation auf neue Anforderungen der Gesellschaft ausrichten und die eigene Kultur transformieren möchte, hat somit nur die Wahl, die unsichtbaren Ebenen verstehen zu lernen. Die Führungsaufgabe der Stunde lautet, Licht in das Dunkel der Kultur zu bringen, die Gefühle der Organisation zu ergründen und Schritt für Schritt einen Abgleich mit den Veränderungen in der Außenwelt einzuleiten.

5.4   Kommunikation als Quelle für Kulturentwicklung

Obwohl wir regelmäßig über Kultur reden, erscheint uns dieses Konzept in der VUCA-Welt gleichzeitig immer volatiler, unsicherer, komplexer und mehrdeutiger. Wie können wir als Führungskräfte nun eine bessere Vorstellung von den unsichtbaren Ebenen der Kultur gewinnen? Dies geht einher mit der Frage, wie Menschen generell Sinn und Bedeutung aus komplexen, undurchsichtigen Zusammenhängen herauslesen.

Metaphern: Bei Komplexität unverzichtbar

Als kraftvolles Instrument – sowohl der Sinnfindung als auch der Kommunikation insgesamt – gelten seit jeher Metaphern. Wir können inzwischen sogar sagen: Metaphern sind unverzichtbar, um bei komplexen Führungsfragen Wissen zu generieren (Alvesson/Spicer 2011). Wie kann das sein?

In der einfachsten Form betrachtet entsteht eine Metapher, wenn ein Begriff von einem System oder einer Bedeutungsebene (Quelle) in eine andere (Ziel) übertragen wird und dabei zentrale Aspekte des Ziels beleuchtet bzw. Aspekte der Quelle spiegelt. Die Qualität einer Metapher hängt ab von einer passenden Mischung aus Ähnlichkeit und Unterschied zwischen dem übertragenen Wort und dem Zielkontext. Metaphern erfordern eine Portion Wohlwollen, Vorstellungskraft und Wissen über das Thema oder den Zusammenhang. Wörtlich genommen erscheinen sie vielleicht absurd – und wenn Quelle und Ziel zu nahe zusammenliegen, gleichsam banal. Metaphern sind wahr und gleichzeitig erfunden – wir können sie auch als »Fehler mit Absicht« oder »Verrücktheit mit Methode« betrachten. So kommt es, dass Organisationen bisweilen als Maschinen, Organismen, Business-Theater, politische Arena oder gar als Psychoanstalt beschrieben werden.

Jedes Wissen ist metaphorisch

Die Wissenschaftler Alvesson und Spicer gehen davon aus, dass Metaphern weit über ihren illustrativen Charakter hinaus eine profunde Wirkung haben: Grundlegend betrachtet können wir letztlich jedes Wissen als metaphorisch betrachten, da es sich aus »irgendetwas« heraus und in Relation zu anderen Dingen entwickelt hat. Somit bekommt unser gesamtes Denken und Handeln einen metaphorischen Zug: Metaphern sind schlichtweg eine Möglichkeit, wie Menschen mit der Realität umgehen und Daten sowie Informationen aus der sozialen Welt verarbeiten.

Somit sind sie nicht unbedingt das Ziel der Kommunikation: Wir möchten nicht möglichst viele Metaphern entwickeln, um die Kultur eines Unternehmens besonders blumig zu beschreiben. Vielmehr sind Metaphern ein nützliches Mittel der Kommunikation, um – bewusst und methodisch eingesetzt – Dinge zu beschreiben, die sich in den versteckten Bereichen der Kultur abspielen.

Metaphern für Entwicklungsstufen

Frédéric Laloux (2014) nutzt beispielsweise Metaphern als Mittel, um die Kulturen von Unternehmen entlang der fünf Entwicklungsstufen zu beschreiben. Diese möchten wir gleichzeitig als Anker nutzen, um die Charakteristika der kulturbezogenen Kommunikation in diesem Quadranten darzustellen:

1. **Wolfsrudel** *(Rot)*: In einer Kultur, die sich wie ein Wolfsrudel anfühlt, herrschen Autorität und Angst. Die Kommunikation ist selektiv, beeinflussend – im Propagandamodus, wie er in Diktaturen anzutreffen ist.
2. **Kolonialismus** *(Bernstein)*: In dieser Kultur kommt es auf Konformität an, die Rangordnung zählt. Jeder weiß, was er zu tun hat – entsprechend top-down und in Kaskaden verläuft die Kommunikation. Dogmen mit Langfristcharakter und Anleitungen bzw. Templates für Kommunikation werden verteilt – heute anzutreffen im Militär, in staatlichen Institutionen und großen Kirchenorganisationen.
3. **Maschine** *(Orange)*: Diese Organisationen sind darauf ausgerichtet, wie eine gut geölte Maschine zu funktionieren, die sprudelnde Gewinne produziert. Hier sind wir in der Welt von Ambitionen und Erfolg. Das strahlt auch die Kommunikation aus, die sich durch Marketing vom Wettbewerb differenziert. Nach innen gibt das Management ein Motto oder eine Mission vor, die die Mitarbeiter anhand von Zielvorgaben umsetzen – die Welt großer internationaler Unternehmen.
4. **Familie** *(Grün)*: In der Familie hat jeder seinen Platz und wird zu jedem Thema gehört. Ziel ist eine Wohlfühlkommunikation, die eine angenehme Atmosphäre schafft. Es herrscht ein lockerer Umgangston. Die Mitarbeitenden verbringen viel Zeit bei der Arbeit und genießen die Incentives – von Obstschalen über Erholungszonen bis hin zu zahlreichen Events wird alles geboten. Anzutreffen bei vielen Tech-Unternehmen.

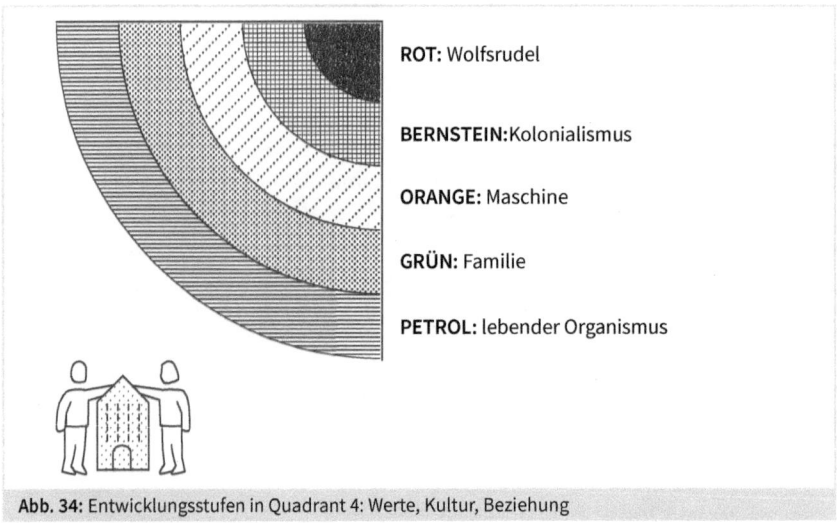

ROT: Wolfsrudel

BERNSTEIN: Kolonialismus

ORANGE: Maschine

GRÜN: Familie

PETROL: lebender Organismus

Abb. 34: Entwicklungsstufen in Quadrant 4: Werte, Kultur, Beziehung

5. **Lebender Organismus *(Petrol)*:** Hier orientiert man sich an der Natur und entwickelt Sensoren, um gut im Einklang mit seiner Umwelt zu funktionieren. Das Individuum tritt zurück zugunsten des großen Ganzen, das es zu erreichen gilt. Die Kommunikation dreht sich daher vor allem um Wirksamkeit: Was ist als Nächstes zu tun, um den Purpose zu erreichen? Es gibt kein Marketing – die Kunden kommen mit Fragen, die man kokreativ löst. Zahlreiche Pionierunternehmen für neues Wirtschaften experimentieren in diesem Modus.

Wie lassen sich geeignete Metaphern finden?

Wie diese Beispiele zeigen, funktioniert eine Kommunikation in Metaphern für sämtliche Entwicklungsstufen der Organisation – gleichzeitig dient die Methode der Metapher zur Sinnfindung für die Mitarbeitenden. Haben Sie gerade eine aktuelle Frage aus Ihrem Arbeitsbereich und haben Sie Lust, das Arbeiten in Metaphern einfach einmal mit einigen Kolleg:innen auszuprobieren? Eine Fallbesprechung könnte hier einen geeigneten Einstieg bieten.

Tool: Fallbesprechung

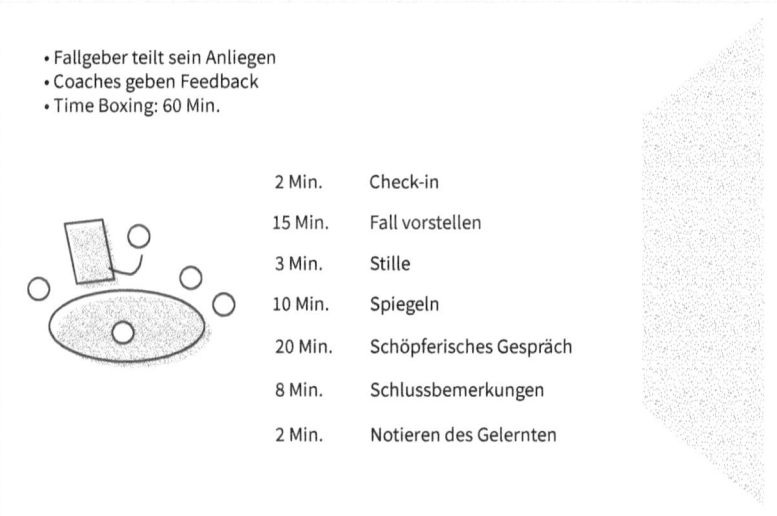

- Fallgeber teilt sein Anliegen
- Coaches geben Feedback
- Time Boxing: 60 Min.

2 Min.	Check-in
15 Min.	Fall vorstellen
3 Min.	Stille
10 Min.	Spiegeln
20 Min.	Schöpferisches Gespräch
8 Min.	Schlussbemerkungen
2 Min.	Notieren des Gelernten

Abb. 35: Musterablauf einer Fallbesprechung

Wofür?

Bei der Fallbesprechung handelt es sich um ein vielfach angewendetes und bewährtes Tool aus Otto Scharmers Theorie U (2020). Es kann sowohl als Gefäß für Kreativprozesse zum Einsatz kommen als auch als Hilfsmittel, um tägliche Führungsherausforderungen anzugehen und zu lösen. Die Methode beinhaltet einen Prozess der kollegialen Fallberatung, in dem Sie unter Gleichgestellten (Peers) einen geschützten Raum schaffen, aus dem heraus etwas Neues entsteht. In der Regel begeben Sie sich in eine Gruppe von vier bis fünf Personen, die Ihnen als Berater zur Verfügung stehen. In der Fallbesprechung greifen Sie auf die Intelligenz und die Erfahrung der Peers zu. Durch Resonanz, die aus dem Gespräch entsteht, eröffnen sich neue Zugangswege zu komplexen Fragen. Ein aus unserer Sicht besonderes Merkmal ist der Fokus auf Bilder und Metaphern, die oft eine erstaunliche Klarheit ermöglichen.

Beispiel

Der Kommunikationsleiter einer öffentlichen Behörde im Gesundheitswesen steht vor der Herausforderung, interne Hürden beim Start der digitalen Transformation des Unternehmens zu überwinden. Er sieht für sich die Herausforderung, oft allein als Stürmer auf dem Fußballfeld zu agieren, ohne Rückhalt aus der eigenen Organisation. In der Fallbesprechung entstehen für ihn ein neues Bild und neue Möglichkeiten, da er aus der Rolle des Stürmers heraustreten und die Lage vom Rand des Spielfelds neu bewerten kann. Dadurch fällt es der Führungskraft leichter, neue Mitstreiter:innen im hinteren Spielfeld zu erkennen und ein neues Team in der Organisation zu bilden, mit dem er die digitale Transformation in enger Zusammenarbeit und Kokreation angeht.

Worauf es ankommt

Fallbesprechungen sind Räume, in denen es in erster Linie auf die Qualität der Kommunikation ankommt. Ein aus unserer Sicht entscheidendes Prinzip besteht darin, die Stille im Laufe des Prozesses zu akzeptieren und sich aus dieser heraus Zeit zu nehmen, um Gefühle offenzulegen und neue Bilder und Metaphern entstehen zu lassen. Bilder und Metaphern geben Kraft und Klarheit, um auch scheinbar große Herausforderungen zu lösen und neu anzugehen.

Dazu ist es erforderlich, dass die Führungskraft als Fallgeber:in ein konkretes Anliegen mitbringt, mit dem sie unmittelbar konfrontiert ist.

Die teilnehmenden Fallberater:innen stehen in keinem hierarchischen Verhältnis zum/zur Fallgeber:in und hören aufmerksam zu. Ihre Aufgabe ist nicht, das Problem zu lösen, sondern auf die Bilder, Gefühle und Wahrnehmungen zu achten, die der Fall bei ihnen selbst auslöst.

Schritt für Schritt

Schritt 1 (2 Min.): Bestimmen Sie eine:n Berater:in, die die Moderation übernimmt und auf den zeitlichen Ablauf achtet.

Schritt 2 (15 Min.): Der/Die Fallgeber:in klärt seine/ihre Intention, indem er/sie auf folgende Fragen eingeht (die Fallberater:innen machen sich Notizen):

- Welche zentrale Frage bzw. Herausforderung möchten Sie angehen?
- Wie sehen andere Beteiligte möglicherweise die Situation?
- Wie soll die Zukunft aussehen?
- Was müssen Sie dazu loslassen – und in welchen Bereichen lernen Sie dazu?
- Was brauchen Sie und wobei benötigen Sie Hilfe?

Schritt 3 (3 Min.): Verbinden Sie sich in Stille mit dem, was Sie hören – und lassen Sie dabei Bilder, Metaphern und Gefühle entstehen.

Schritt 4 (10 Min.): Jede:r Fallberater:in schildert die Bilder, Metaphern und Gefühle, die in der Stille oder beim Hören der Fallbeschreibung entstanden sind.

Schritt 5 (20 Min.): Generativer Dialog (siehe Kapitel 3) darüber, wie die entstandenen Bilder, Metaphern und Gefühle einen neuen Blick auf die Herausforderung ermöglichen und neue Wege für den/die Fallgeber:in eröffnen können. Es empfiehlt sich ein Dialog nach dem »Ja, und …«-Muster, der jeweils nahtlos an die Vorredner anknüpft.

Schritt 6 (8 Min.): Check-out, in dem Fallgeber:in und Fallberater:innen den Weg nach vorn reflektieren und Wertschätzung füreinander aussprechen.

Schritt 7 (2 Min.): Notieren Sie die Haupterkenntnisse für sich persönlich.

Rahmenbedingungen

Dauer:	ca. 60–90 Minuten
Format:	virtuell per Videokonferenz oder persönlich in einem geeigneten Raum
Teilnehmende:	ca. 4–5 der/dem Fallgeber:in gleichgestellte Personen; diese können von innerhalb oder außerhalb der Organisation stammen

5.5 Narrative – wie Unternehmenskulturen ticken

Metaphern sind die Grundlage für Geschichten – und diese sind überall präsent, im Individuum wie im Unternehmen, ob man sich ihrer bewusst ist oder nicht. Wie Sie bereits wissen, reicht eine Aneinanderreihung von Fakten, wie wir sie gern in ingenieursgetriebenen Unternehmen erleben, noch nicht aus, um eine Geschichte zu erzählen – denn Geschichten basieren in erster Linie auf Emotionen.

Persönliche Geschichten gefragt

Geht es nun darum, ein Storytelling im Sinne einer groß angelegten PR-Aktion zu betreiben? Delegiert an die Marketing- oder Kommunikationsabteilung, verbunden mit dem Auftrag, im Push-Modus auf Kundenfang zu gehen oder die Mitarbeiter zu motivieren? Dies ist eine spezielle Form von Geschichten, meist in Form einer Heldenreise.

Wenn wir über Kultur sprechen, meinen wir jedoch eine andere Form von Geschichten. Diese Geschichten basieren auf Zuhören, sind überall in der Organisation präsent und werden von allen Mitarbeitenden erlebt und mitgestaltet. Sie folgen der Dramaturgie der Erzählenden: Sie haben zwar, wie jede Geschichte, einen Anfang und ein Ende. Was dazwischen liegt, folgt jedoch der Logik, den Gefühlen und den Erlebnissen des Individuums, das diese Geschichte erzählt. Kulturgeschichten folgen keinem Skript. Vieles davon entsteht erst in dem Moment, in dem es erzählt wird – und dennoch können wir im Zuhören schnell Muster erkennen und damit Rückschlüsse darauf ziehen, wie die jeweilige Organisation tickt. In jedem Unternehmen besteht ein Repertoire von Geschichten, aus denen sich die Kultur konstruiert und beschreiben lässt. In der Transformation besteht nun die Aufgabe darin, diese Geschichten zu ermitteln, in die sich verändernden Kontexte der Stakeholder zu setzen und sie sich auf diesem Wege weiterentwickeln zu lassen.

Wichtig für Identitätsbildung

Geschichten haben eine große Kraft in Bezug auf Identitätsbildung – für jeden Einzelnen ebenso wie für die Organisation – indem sie drei interaktive Elemente verknüpfen, sagt Narrativ-Forscher David Boje (2014), der 120 wissenschaftliche Artikel und 17 Bücher zu diesem Thema verfasst hat:

- Ein Aspekt ist die Dialektik von Narrativ und Gegen-Narrativ. Zu jeder Geschichte gibt es eine Gegen-Geschichte. Somit beinhalten Geschichten eine Abstrahierung (wie zum Beispiel eine Weltanschauung) ebenso wie die praktische Erdung in einem ganz konkreten Setting und in einer ganz konkreten Situation.
- Geschichten sind lebendig und dienen auch dazu, neues Wissen zu generieren. Sie haben einen Ort, geschehen zu einer bestimmten Zeit und repräsentieren ein »intelligentes Handeln«, indem sie aufnehmen, wie wir selbst mittendrin in der Organisation stehen.
- Und sie beziehen ein sogenanntes Antenarrativ mit ein – den inneren Prozess, der stattfindet, wenn man eine Geschichte retrospektiv erzählt. Es handelt sich um den lebendigen Aspekt der Geschichten, wie zum Beispiel eine Wette auf die Zukunft, die auf die Geschichte folgen wird; ebenso wie Reflexionen und Wissen aus der Historie und Erfahrungen, die man vor der Geschichte gesammelt hat.

Zukunftspotenzial beschreiben

In Summe betrachtet, so Boje, lassen sich durch Nutzung des Beobachtereffekts alle Geschichten in eine »Quanten-Geschichte« aggregieren, die das Zukunftspotenzial einer Organisation beinhaltet und somit Transformation beschreibt. Alle Zukunftsaspekte der Antenarrative, alle möglichen Wetten, werden für diesen Zweck in ein neues Narrativ verschmolzen, das auf eine pragmatische Art und Weise durch Zuhören und Interpretation in ein neues, für die Beitragenden anschlussfähiges Zukunftsnarrativ überführt wird. Boje hat diesen Prozess in vielen Organisationen – von Großbanken in den USA bis zu NGOs in Skandinavien – angeleitet.

Basis für dieses Zukunftsnarrativ sind wiederum Geschichten von Individuen, die sich in Interviews und Workshops – virtuell oder vor Ort im Büro – ermitteln lassen. Wenn diese, wie weiter oben argumentiert, Metaphern beinhalten, lassen diese Geschichten auch Rückschlüsse auf die Entwicklungsstufe des Individuums, der Geschichte und in Summe auch der Organisation zu und erlauben somit über die Entwicklung des Zukunftsnarrativs hinaus Rückschlüsse für die Arbeit in allen vier Quadranten.

Entwicklungsstufen präzise messbar

Der Psychologe Otto Laske (2017) hat über mehrere Jahrzehnte hinweg ein narratives Assessment-Instrument entwickelt, das eine präzise Einschätzung der Entwicklungsstufen von Individuen – und aggregiert auch von Organisationen – zulässt. Dieses sogenannte Constructive Developmental Framework basiert auf der Annahme, dass jedes Individuum sich aktiv seine eigene Welt konstruiert, die lebenslang im Entstehen ist. Das Assessment umfasst sowohl die kognitive Entwicklung (Quadranten 2 und 3) als auch die sozial-emotionale Entwicklung (Quadranten 1 und 4).

Letzterer Teil ist für die Arbeit im Kulturquadranten besonders spannend, da er auf Basis einer vergleichsweise kleinen Zahl von Gesprächen bereits Rückschlüsse auf Organisationen mit Tausenden von Mitarbeitern zulässt.

Autonom sein oder der Gruppe zugehören?

Das Konzept basiert auf der Annahme, dass das menschliche Bewusstsein durch zwei Hauptbestrebungen bestimmt ist: einerseits autonom und auf sich selbst bezogen zu sein und andererseits einer Gruppe von anderen angehören zu wollen. Ihr Verhältnis ändert sich im Zeitverlauf, woraus fünf Entwicklungsstufen resultieren, zwischen denen das Bewusstsein schwankt.

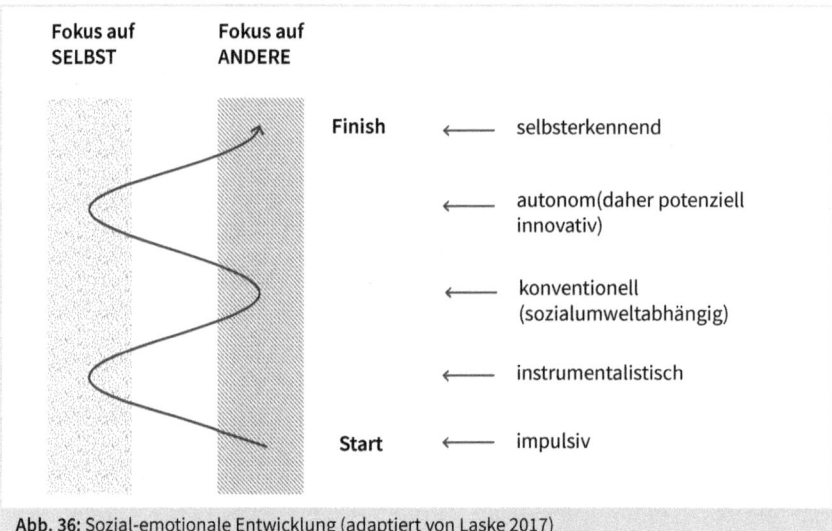

Abb. 36: Sozial-emotionale Entwicklung (adaptiert von Laske 2017)

Was abstrakt klingt, hat einen ganz praktischen Hintergrund: Das sozial-emotionale Entwicklungsprofil einer Person zeigt, was für sie im Alltagsleben und bei der Arbeit gefühlsmäßig wichtig ist. In einem als Interview ausgewiesenen Gespräch wird eine Person gebeten, sich in bestimmte Situationen hineinzuversetzen. Als Stichworte für die Situationen, sogenannte Prompts, dienen zehn Begriffe – von Erfolg über Ohnmacht bis hin zu Kontrolle und Überzeugungen –, die die interviewte Person selbst wählt. Der Interviewer bleibt in der Rolle des Zuhörers. Die entstehenden Geschichten sind sehr konkret, basieren auf »echten« Erfahrungen in der Organisation und helfen, das angesprochene Repertoire von Metaphern einer Organisation zu bilden.

DIGITALE EXTRAS

Zehn Prompts

Unsere Version der zehn Prompts haben wir als digitales Extra für Sie zusammengestellt.

Kultur-Mapping: Narrative Landkarte der Organisation

Von der Neuformierung eines Führungsteams über ein Nachhaltigkeitsprojekt bis hin zum Merger zweier Unternehmen im Gesundheitsbereich: Wir haben sozial-emotionale Interviews als Form von Gesprächen bei unterschiedlichen Projekten genutzt, um emotionale Landkarten der Kultur zu erstellen, die als Ausgangspunkt für weitere Schritte einer kulturellen Transformation dienen – individuell für einzelne Führungskräfte oder übergreifend für große Organisationen.

Im Folgenden finden Sie mit dem Story Sourcing – zur Erfassung der in Ihrer Organisation wirkenden Geschichten – sowie dem Story Mapping – dem Erstellen der emotionalen Landkarte – zwei weitere Tools, anhand derer Sie direkt in die narrative Arbeit einsteigen können.

Tool: Story Sourcing

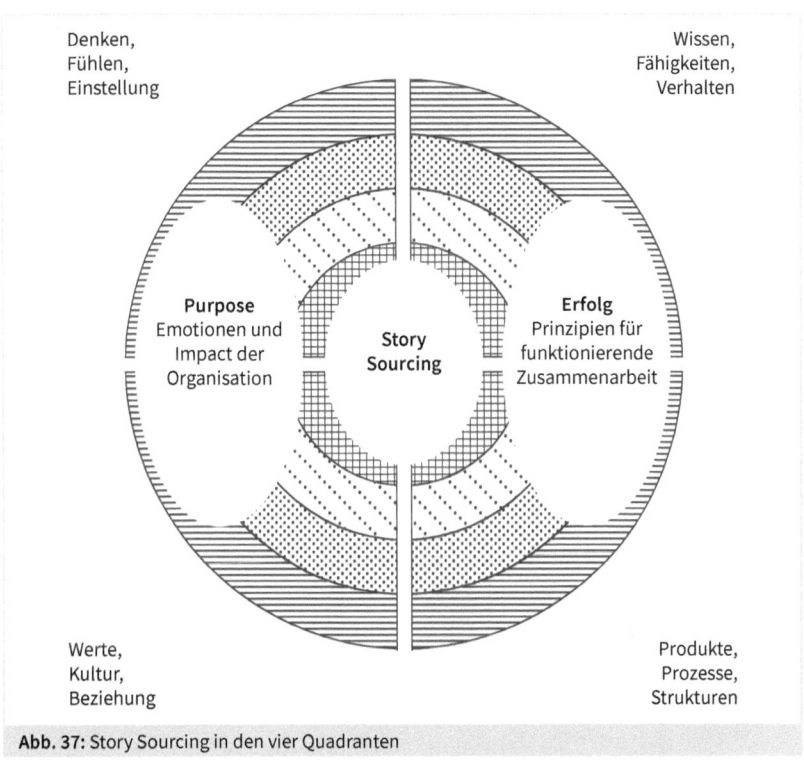

Abb. 37: Story Sourcing in den vier Quadranten

Wofür?

Im Rahmen kultureller Transformationsprojekte stehen wir anfangs oft vor Fragen wie: Wo stehen wir aktuell in Bezug auf unsere Organisationskultur? Welche Ausprägungen von Kultur haben wir in unserer Organisation? Wie finden wir einen guten Einstieg in das Gespräch mit unseren Mitarbeiter:innen? Welches Verständnis von Purpose herrscht vor – und wie können wir die Erwartungen von Management, Mitarbeitenden und Kunden in Einklang bringen? Wir haben die Erfahrung gemacht, dass oft das Sammeln von Geschichten ein optimaler Einstieg in ein Kulturprojekt ist. Geschichten verbinden bereits »jetzt« – also zu einem beliebigen Zeitpunkt – Mitglieder von Organisationen mit Stakeholdern, indem sie das Wissen und die Erfahrungen aus der Historie bündeln und die Wette auf die Zukunft (Antenarrativ) implizit beinhalten. Wer Geschichten erzählt, berichtet automatisch aus seinem Inneren und über seine Beziehungen zu anderen – dieses Tool ist daher universal geeignet, um emotionale Verbindungen in einer Organisation zu schaffen.

Beispiel

Zwei Organisationen kommen im Rahmen eines Akquisitionsprozesses neu zusammen. Lassen Sie uns das Beispiel zweier Medizintechnikunternehmen verwenden, die ihre Geschäftsmodelle verknüpfen und gemeinsam erfolgreich in die Zukunft starten möchten. Das übernehmende Unternehmen sitzt in Europa, das andere in den USA. Das Management der übernehmenden Organisation hat das Gefühl, dass im Zusammenbringen beider Kulturen ein wesentlicher Hebel für die Akquisition insgesamt liegt: Die Kulturen so zu verschmelzen, dass bei den Mitarbeiter:innen eine gemeinsame Motivation entsteht, ist eine wesentliche Voraussetzung für die Realisierung der Merger-Strategie und die Transformation insgesamt. Im Rahmen des Story Sourcing werden Geschichten der Mitarbeiter:innen und Kund:innen gesammelt, um daraus eine tragfähige und resonante Zukunftsgeschichte für das Merger-Projekt insgesamt zu entwickeln.

Worauf es ankommt

- Beim Sammeln von Geschichten kommt es in erster Linie auf die Fähigkeit des Zuhörens an. Wir interviewen nicht im Stil von Unternehmensberatern anhand fixer Checklisten und führen auch keine »Assessments« durch. Es geht darum, konkrete Situationen und Begebenheiten aus der Welt der Interviewten in Erfahrung zu bringen.
- Interviewer:innen begeben sich daher in die Rolle und Haltung von Moderator:innen, die Neugier ausstrahlen und Gesagtes nicht bewerten, sondern eher immer wieder nachhaken, um Bilder (Metaphern) und auch einzelne Details zu erfahren.
- Ein wichtiges Element besteht darin, zu Beginn des Interviews oder Gesprächs die Intention des Story Sourcings zu klären: Ordnen Sie die Intervention in den laufenden Transformationsprozess ein und erklären Sie, dass Sie Einblicke in den emotionalen Kompass der Organisation gewinnen möchten.
- Anstatt einen fixen Fragebogen abzuarbeiten, führen Sie die Teilnehmer:innen zu sozial-emotionalen Prompts und bitten sie damit, sich in konkrete Situationen hineinzuversetzen. Diese Vorgehensweise öffnet das Gespräch und erlaubt ein offenes Teilen von Geschichten auch im Gruppenkontext.
- Fokussieren Sie das Gespräch auf einen, maximal zwei Prompts. Um Einblicke in die Kultur zu gewinnen, eignen sich vor allem die beiden folgenden Prompts:
  - Erfolg – um die Prinzipien und Mechanismen kennenzulernen, die in der Organisation funktionieren
  - Purpose – um zu ermitteln, was den Teilnehmer:innen persönlich am Herzen liegt und wie die Organisation emotional »tickt«.

Schritt für Schritt

Schritt 1 – Vorbereitung:

- Definieren/überarbeiten Sie die Fragen, um sie an den spezifischen Kontext und Zweck anzupassen.

- Planen Sie Interviews oder Gruppentermine für 60 Minuten ein.
- Finden Sie einen ruhigen Ort für das virtuelle oder persönliche Gespräch.
- Besorgen Sie sich Informationen über den/die Interviewpartner:in und seine/ihre Organisation.
- Wenn mehrere Interviewer das Interview führen werden, vereinbaren Sie die Rollen (Hauptinterviewer, Notizen machen).

Schritt 2 – Einstellen auf das Gespräch: Bevor Sie den/die Interviewpartner:in treffen, planen Sie eine ruhige Vorbereitungszeit oder Stille ein, zum Beispiel 15 Minuten – somit öffnen Sie sich, um unvoreingenommen in das Gespräch zu gehen.

Schritt 3 – Gespräch führen: Beginnen Sie das Gespräch. Verwenden Sie die Beispielfragen unten zur Inspiration, weichen Sie aber davon ab, damit das Gespräch seine eigene Richtung entwickeln kann. Bitten Sie um die Erlaubnis, das Gespräch für die weitere, anonymisierte Bearbeitung der Geschichten im Rahmen des Story Sourcing aufzuzeichnen!

Schritt 4 – Reflexion über das Interview: Nehmen Sie sich unmittelbar nach dem Interview etwas Zeit für einen Rückblick:
- Was ist mir besonders aufgefallen? Was hat mich überrascht?
- Was hat mich berührt?
- Gibt es etwas, das ich weiterverfolgen sollte?

Schritt 5 – Zusammenfassung: Nachdem alle Interviews abgeschlossen sind, überprüfen Sie die Interviewdaten, fassen Sie die Story-Passagen zusammen und erfassen Sie diese ggf. auf dem Board für das Story Mapping (siehe unten).

Schritt 6 – Dank: Schließen Sie die Feedbackschleife: Senden Sie nach jedem Interview ein Dankeschön!

Musterfragen für Story Sourcing mit Mitarbeitenden
- Intention klären (Beispiel): »Wir arbeiten heraus, wie die Menschen bei [Ihre Organisation] die aktuellen Herausforderungen meistern, und möchten herausfinden, was die Erfolgsfaktoren unserer Kultur sind, die es in Zukunft zu stärken gilt.«
- Erfolgs-Prompt: »Erinnern Sie sich an einen Moment, in dem Sie ein inneres Glücksgefühl hatten, weil Ihnen etwas gelungen war, was nicht einfach zu erreichen war oder zunächst unlösbar erschien? Was fällt Ihnen dazu ein?«
- Purpose-Prompt: »Stellen Sie sich vor, Sie kommen morgens zur Arbeit und auf dem Weg dorthin stellt sich ein Lächeln ein, weil Sie bereits das Gefühl haben, dass das, was an diesem Tag passieren wird, wirklich Sinn ergibt. Es ist ein erfüllender Arbeitstag. Wie sieht ein solcher Arbeitstag für Sie aus?«

- Versuchen Sie zu beiden Prompts vertiefende Fragen zu stellen, um mehr zu den beteiligten Personen und den Emotionen, die im Spiel waren, zu erfahren:
  - Was ist genau geschehen? Welche Personen sind in diesem Zusammenhang wichtig und warum?
  - Wie zeigt sich an diesem Beispiel das Beste, was die Organisation aktuell kann?
  - Auf welche Faktoren kommt es an, um dieses Beispiel zu etwas Besonderem zu machen?

  Schließen Sie das Gespräch mit einem Ausblick auf wichtige Veränderungen und disruptive Elemente in der Kultur.

Rahmenbedingungen

Dauer: ca. 1 Stunde (plus etwas Vorbereitungszeit)

Format: virtuell (z. B. Videokonferenz begleitet durch virtuelles Whiteboard) oder persönlich

Teilnehmende: Einzelinterviews oder in Teams (skalierbar für Großgruppen)

Tool: Story Mapping

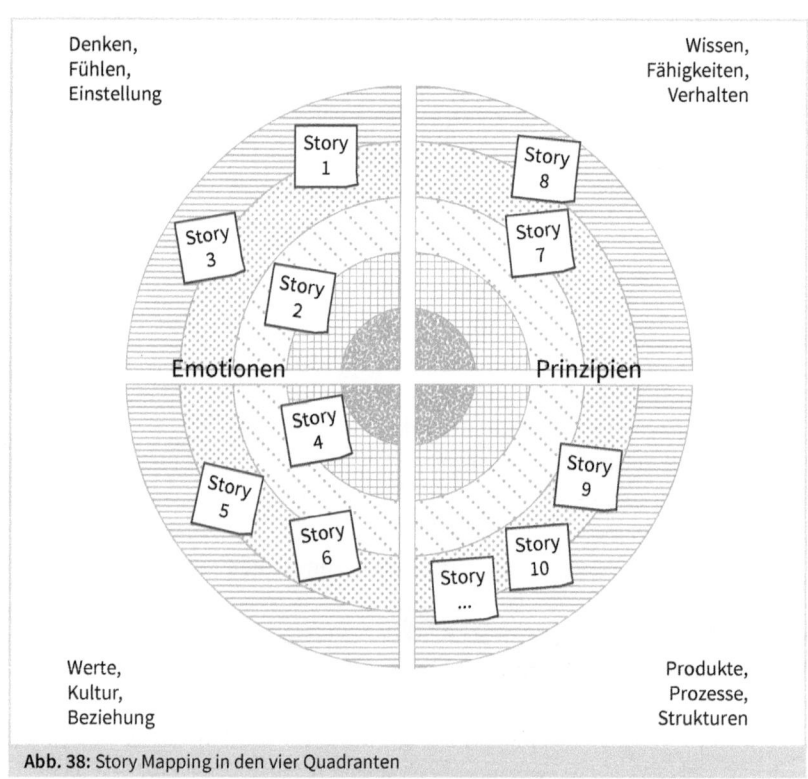

Abb. 38: Story Mapping in den vier Quadranten

Wofür?

Das Story Mapping schließt inhaltlich an das Story Sourcing an. Während Sie im Story Sourcing in lebhaften Gesprächen mit Mitarbeiter:innen und anderen Stakeholdern die Geschichten ermittelt haben, mit denen Ihre Organisation ihre Emotionen, ihren Einfluss (Impact) und ihre Erfolgsprinzipien beschreibt, geht es im nächsten Schritt darum, diese Geschichten zu analysieren, zu bündeln und in eine Landkarte Ihrer Organisation zu übertragen.

Da die im Rahmen des Story Sourcing benutzten Prompts dem sozial-emotionalen Entwicklungsprofil entnommen sind, eignen sie sich ausgezeichnet, um die gesammelten Geschichten einer der beschriebenen Entwicklungsstufen zuzuordnen *(Rot, Bernstein, Grün, Orange, Petrol).*

Gleichzeitig decken Geschichten zu den beiden Prompts in Summe die vier Quadranten ab, sodass sie eine integrale Sicht auf die Organisation erlauben:

- **Geschichten zum Purpose-Prompt** erlauben Einblicke in Emotionen sowie den Beitrag (Contribution), den Ihre Organisation leistet, und die Wirkung (Impact), den sie bei Stakeholdern erzielt …
- … während Geschichten **zum Erfolgs-Prompt** erlauben, Erfolgsprinzipien abzuleiten, die in Zukunft weiter ausgebaut und gestärkt werden können.

Beispiel

Mit dem Softwareentwicklungsteam eines Technologieunternehmens haben wir im Rahmen eines Kultur-Transformationsprojekts ein Story Sourcing mit Peers aus dem Konzernumfeld sowie internen und externen Kunden durchgeführt. Zudem wurden alle 200 Mitarbeiter:innen im Rahmen eines virtuellen Treffens in ein Story Sourcing eingebunden, in dem die Ambassador:innen als Moderator:innen fungierten. Die entstandenen Geschichten wurden auf einem virtuellen Whiteboard strukturiert, um im Rahmen eines Managementworkshops sowohl Entwicklungsprinzipien für eine erfolgreiche Zusammenarbeit als auch ein anschlussfähiges Narrativ zur Beschreibung des Zukunftspotenzials der Organisation zu entwickeln.

Worauf es ankommt

- Als Einstieg in das Mapping eignet sich eine Reflexion zum Vier-Quadranten-Modell. Machen Sie sich auch mit den Entwicklungsstufen vertraut und visualisieren Sie diese zum Beispiel an einem virtuellen Whiteboard.
- Im Prozess des Story Mappings ist es wichtig, die Muster zu erkennen, die sich aus der Vielzahl von gesammelten Geschichten ergeben. Welcher rote Faden ergibt sich? Dies erreicht man am leichtesten durch eine kurze Zusammenfassung der Geschichten in Statements oder Metaphern und deren Zuordnung zu einem der vier Quadranten auf dem Whiteboard.

- Für das Mapping ist es wichtig, eine wertschätzende Haltung einzunehmen und auf jegliche Wertung zu verzichten – für alle Teilnehmer:innen am Mapping-Prozess. Aus diesem Grund empfiehlt es sich, eine neutrale Moderation hinzuzuziehen, die in der sozial-emotionalen Entwicklungsarbeit ausgebildet ist.
- Im Prozess des Mappings ist es wichtig, die gesammelten Geschichten aus mehreren Perspektiven zu betrachten, wie zum Beispiel:
  - Welche Erfahrungen aus der Vergangenheit sind nützlich und hilfreich für die weitere Entwicklung?
  - Welche Zukunftspotenziale werden erkennbar und sind anschlussfähig?
  - Welche Metaphern eignen sich als Prinzipien, die eine weitere Entwicklung ermöglichen?
  - Welche bodenständigen Erfahrungen setzen die Gründungsgeschichte der Organisation fort und sollten weiter verstärkt werden?

Schritt für Schritt
Schritt 1: Hören Sie in die im Idealfall aufgezeichneten Geschichten aus dem Story-Sourcing-Prozess hinein und erstellen Sie Transkripte der wichtigsten Passagen.

Schritt 2: Überführen Sie die Originaltöne in schlüssige Textpassagen, die möglichst Metaphern oder anderen sprachliche Stilmittel enthalten.

Schritt 3: Sammeln Sie diese Textpassagen möglichst im Team an einem Board – ähnlich, wie oben abgebildet – und versuchen Sie eine erste Zuordnung nach Entwicklungsstufen vorzunehmen.

Schritt 4: Gruppieren Sie die Geschichten auf dem Board, indem Sie Quadrant für Quadrant isoliert betrachten.

Schritt 5: Fassen Sie die inneren Geschichten in den Quadranten 1 und 4 in ein Zukunftsnarrativ zusammen: Dies funktioniert sehr gut, indem Sie sich auf Geschichten in der höchsten Entwicklungsstufe Ihrer Organisation fokussieren und diese Geschichten fortschreiben. Die Kernfrage lautet: Welche Geschichten in diesen beiden Quadranten beinhalten das Potenzial, um in die äußere Stufe zu gelangen – und wie sieht die Zukunft dort aus?

Schritt 6: Auf der rechten Seite des Boards finden Sie Geschichten, die auf sichtbare (Erfolgs-)Prinzipien hinweisen, die für die weitere Entwicklung wichtig sind – individuell wie kollektiv. Gehen Sie ähnlich wie in der linken Hälfte vor und konzentrieren Sie sich auf Geschichten der höchsten Entwicklungsstufe Ihrer Organisation.

Schritt 7: Fassen Sie beides – das Zukunftsnarrativ und die Entwicklungsprinzipien – zusammen und gehen Sie über interaktive Kommunikationsformate in Resonanz mit Ihren Stakeholdern!

Um ein Story Mapping leicht in Ihrem organisationalen Umfeld durchzuführen, haben wir ein digitales Extra in Form eines virtuellen Whiteboards für Sie vorbereitet, an dem Sie die Geschichten sammeln und auswerten können.

Rahmenbedingungen

Dauer:	3 – 5 Stunden (plus die Zeit für das Aufbereiten der Geschichten)
Format:	virtueller (z. B. Videokonferenz begleitet durch virtuelles Whiteboard) oder persönlicher Workshop
Teilnehmende:	Managementteam (mit anschließendem Involvement der Gesamtorganisation und/oder Kunden)

Als Führungskraft den Stein ins Rollen bringen

Wie kann es nun damit weitergehen, eine Zukunftsgeschichte zu entwickeln, die eine komplexe Transformation unterstützt? Was nämlich nicht funktioniert, sind die leider oft gesehenen Versuche, die Unternehmenskultur per Programm zu ändern und das Mindset der Mitarbeiter durch Kommunikation von oben zu ändern.

Bitte springen Sie nicht ein und präsentieren Sie nicht sofort eine Lösung – vielmehr sollten Sie als Führungskraft zunächst den Stein ins Rollen bringen und einen Impuls in die Organisation geben, damit sich die Mitarbeiter:innen mit den wichtigsten Fragen beschäftigen können: Sind die gefundenen Narrative passend und stehen sie noch in Resonanz zu den Kunden sowie den internen und externen Stakeholdern? Wie möchte sich das Team oder die Organisation in Zukunft weiterentwickeln? Welche Anhaltspunkte dafür finden sich bereits in den ermittelten Geschichten?

Weder Greenwashing betreiben noch Drohkulissen aufbauen

Erlach und Müller (2020) sehen die Strategie eines Unternehmens eng mit dessen Zukunftsgeschichte verknüpft: »Wo wollen wir hin, und was genau machen wir auf dem Weg dorthin?« Obwohl klar ist, dass niemand die Zukunft genau kennt, besteht die Aufgabe nicht darin, die Zukunft zu schönen, wie dies beispielsweise viele Unternehmen in ihren Umweltberichten tun (Greenwashing). Ebenso sollte man vermeiden, in geschlossenen Geschichtenwelten Drohkulissen aufzubauen (»Wir müssen aufgrund der Wirtschaftskrise Stellen abbauen«) oder sich als anderen Institutionen ausgeliefert zu beschreiben (»Durch die neue Regulation müssen wir umweltfreundliche Produkte an den Markt bringen«).

In offenen Geschichten den Weg zum Ziel beschreiben

Vielmehr scheint in einer komplexen Zeit angeraten, sich eine offene Zukunftsgeschichte zu erarbeiten. Erlach und Müller lehnen sich dabei an Hollywoodautoren an und schlagen beispielsweise die folgenden offenen Drehbücher vor, bei denen der Weg zum Ziel im Vordergrund steht:

- Das Goldene Vlies: Der Protagonist ist unzufrieden, entwickelt eine neue Vision der Zukunft und versucht diese mit allen Mitteln zu erreichen.
- Der Übergangsritus: Hier ist der Protagonist ebenfalls unzufrieden und kommt plötzlich in eine Situation, sich verändern zu müssen.

Mit der Einführung dieser Art von Zukunftsgeschichten geht eine Kulturtransformation einher, bei der die Organisation von vornherein einen aktiven Part hat: Es geht im Kern darum, die Einstellung zur Zukunft zu ändern – weg vom starren Strategieprogramm hin zum Finden eines Wegs im Terrain des komplexen Organisationsumfelds. Teil des Plans ist, dass die Organisation zum Mitmachen eingeladen wird und Teams an der Geschichte aktiv mitschreiben. Dies kann beispielsweise in Form von interaktiven Kommunikationsräumen geschehen, oder es bilden sich Rollen in der Organisation, die fortlaufend an der Zukunftsgeschichte weiterarbeiten.

Welche Form von Zukunftsgeschichte ist für Ihre Organisation passend? Machen Sie einen ersten Schritt in Richtung Bestandsaufnahme und führen Sie noch heute ein erstes sozial-emotionales Gespräch mit einer Kollegin oder einem Kollegen!

5.6   Werte weiterentwickeln

Bereits im vorigen Kapitel haben wir festgestellt: Kommunikation ist die treibende Kraft für Organisationen. Ohne Kommunikation gibt es keine Strukturen – und in der Folge auch keine Kultur. Die Kultur wiederum setzt sich nach Edgar Schein (2018) im Wesentlichen aus Werten, Normen und Grundannahmen zusammen, die sich über die Geschichten der Organisation erschließen.

Werte sind »wertend«

Was hat es nun mit den Werten auf sich? Sie sind zunächst einmal die Ideen und Überzeugungen, die eine Person antreiben, sich zu engagieren, Dinge zu tun oder auch sein zu lassen. Werte sind im wahrsten Sinne des Wortes auch »wertend« (Bar-Sieber et al. 2014): Finden wir etwas gut oder schlecht? Kommt die Botschaft an oder nicht? Letztlich auch: Findet eine Sache Resonanz – oder eben nicht? All dies hängt von den Werten ab, die wir in uns tragen. Dies gilt für Individuen genauso wie für Organisationen.

Werte begründen Glaubenssätze

Aus den Werten entstehen auch die Glaubenssätze, die für eine Organisation gelten. Dies sind oft Verallgemeinerungen wie »Die Führungskräfte sind an allem schuld!« oder »Wir sollen sofort alles digitalisieren!«. Nicht zu unterschätzen ist laut Bar-Sieber auch die Filterwirkung von Glaubenssätzen: Man nimmt in erster Linie das war, was man glaubt – das wiederum kann gefährliche Nebenwirkungen haben, wenn sich zum Beispiel die eigenen Glaubenssätze von denen der künftigen Kunden unterscheiden. Bei Talenten der Generation Z dürften traditionelle Glaubenssätze wie »Sie wissen doch, wie das bei uns ist«, »Wir müssen Kosten senken, um profitabler zu werden« oder »Fehler dürfen nicht passieren« auf wenig Resonanz stoßen.

Glaubenssätze beleben oder blockieren Transformation

Aus den Glaubenssätzen und Werten folgt meist auch das entsprechende Handeln. Sie können eine Transformation beleben oder blockieren. Wie steht es wohl um das Veränderungspotenzial, wenn eine Organisation nach dem Grundsatz »Never change a running system« tickt? Auch sollte es eine Führungskraft in Folge einer Aussage wie »Jeder erhält die für seinen Bereich wichtigen Informationen« nicht verwundern, wenn die Mitarbeitenden tatsächlich auf diese Informationen warten und gerade nicht die Ärmel hochkrempeln.

Somit können unterschiedliche Wertvorstellungen durchaus für Probleme sorgen. Dies gilt umso mehr für eine Phase, in der sich die Welt um eine Organisation herum immer schneller dreht. Wie eingangs in diesem Kapitel erwähnt, entsteht derzeit eine kulturelle Lücke zwischen Wirtschaft und Gesellschaft. Einschneidende Krisen wie die Covid-19-Pandemie verändern die Wertehierarchie bei vielen Individuen. Gleiches gilt für die Digitalisierung. Daher ist jetzt ein besonders guter Zeitpunkt, um die Werte und Glaubenssätze Ihrer Organisation – egal ob es sich um ein Team oder das gesamte Unternehmen handelt – auf den Prüfstein zu stellen. Zukunftsfähigkeit ist hier die Frage.

Höchste Eisenbahn, um die Kultur in Bewegung zu setzen

Wohin geht denn nun die Reise, mögen Sie sich fragen? Aus unserer Sicht führt kein Weg zurück – Digitalisierung, Covid-19 und die Klimakrise beschleunigen den Zug. Wer sich noch nicht in Bewegung gesetzt hat, sollte nun Anlauf nehmen, um einige Stufen auf der Wertetreppe nach oben zu nehmen.

Denn das Interessante ist: Eigentlich können wir dank des eingangs erwähnten Clare W. Graves bereits seit einigen Jahrzehnten gut einschätzen, welche Werte in Organisationen gefragt sind, die Arbeiten und Wirtschaften in Komplexität unterstützen (vgl. Kap. 2).

Lassen Sie uns an dieser Stelle einen Blick in die Wertelandschaft der aktuell häufig vertretenen Organisationstypen werfen – entnommen der aktuellen Interpretation Graves' durch Rhys Marc Photis (2021).

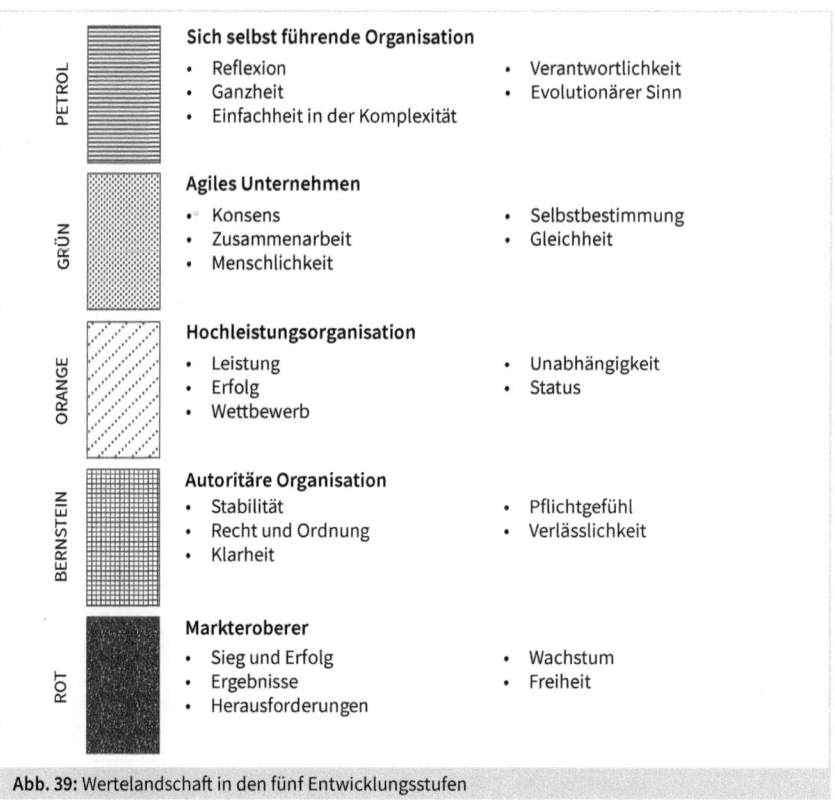

Abb. 39: Wertelandschaft in den fünf Entwicklungsstufen

Wertebewusstsein durch integrale Kommunikation steigern

Für diejenigen, die ihre Organisation von einer auf die nächste Entwicklungsstufe transformieren möchten, gibt es mehrere gute Nachrichten:

- Egal von welcher Stufe Ihre Organisation startet: Die nächsthöhere Stufe schließt jeweils die Werte der vorhergehenden Stufe mit ein. Es geht um eine Erweiterung Ihres Repertoires, die es erlaubt, das Vergangene wertzuschätzen.
- Mindset-Arbeit (Quadrant 1, Denken/Fühlen/Einstellung) wirkt sich direkt auf Ihre eigenen Glaubenssätze und somit auf Ihre eigenen Werte aus. Hier können Sie aus eigener Kraft viel bewegen.
- Geeignete Praktiken im Flow mit sich selbst finden sowie die individuelle Kommunikation auf Vordermann bringen – auch dies ist gleichzusetzen mit produktiver Arbeit an Ihren eigenen Werten (Quadrant 2, Wissen/Fähigkeiten/Verhalten).
- Mit den in Quadrant 3 (Produkte/Prozesse/Strukturen) dargestellten Fähigkeiten und Praktiken finden Sie bereits ein praktikables Instrumentarium, das für viele Wertetransformationen einen gangbaren Weg für die ersten Schritte darstellen sollte.

Kurzum: Integrale Kommunikation steigert Ihr Wertebewusstsein enorm. Darüber hinaus wird es hilfreich sein, die in diesem Kapitel beschriebenen narrativen Ansätze zu nutzen, um die aktuellen Werte in Ihrer Organisation zu ermitteln. In Erweiterung dazu stehen im Markt mehrere quantitative und validierte Instrumente zur Verfügung, die eine zuverlässige Standortbestimmung erlauben, falls Sie eine Rückversicherung wünschen.

5.7 Warum Narrative geschäftsrelevant sind

Sie drängen darauf, Kulturnarrative noch näher ans Geschäft zu bringen? Versetzen wir uns dazu kurz in die Zeit der Jahrtausendwende zurück, als während des Internetbooms der Begriff »Geschäftsmodell« zunächst bekannt wurde. Während sich viele Investoren, Unternehmer und Führungskräfte wilden Versprechungen folgend auf webbasierte Fantasien stürzten, erlosch in Folge der Gegenreaktion – dem Platzen der Dotcom-Blase – dann auch schnell wieder das Interesse an Geschäftsmodellen.

Geschäftsmodelle: Geschichten, die erklären, wie Unternehmen funktionieren

Zu Unrecht, wie die leitende Redakteurin Joan Magretta (2002) bereits kurz darauf im Harvard Business Review kundtat: Geschäftsmodelle sind nicht verschleiernd, sondern im Kern Geschichten, die erklären, wie Unternehmen funktionieren. Ein gutes Geschäftsmodell beantwortet die wohlbekannten Fragen von Peter Drucker: Wer ist der Kunde? Und was schätzt der Kunde? Es beantwortet auch die grundlegenden Fragen, die sich jede Führungskraft stellen muss: Wie verdienen wir in unserem Geschäft Geld? Und was ist die zugrunde liegende ökonomische Logik, die erklärt, wie wir den Kunden einen Wert zu angemessenen Kosten liefern können?

Zukunft in Worte fassen: Bei *Amazon* eine Pflichtübung

Seither hat sich viel getan, und die Notwendigkeit und Nützlichkeit von Geschäftsmodellen ist inzwischen unumstritten. Geblieben ist die Tatsache, dass (gute) Geschäftsmodelle im Wesentlichen den Charakter einer (guten) Geschichte haben. Auf die Spitze getrieben hat diese Denkweise vielleicht *Amazon*-Gründer Jeff Bezos, der berühmt dafür geworden ist, von Teams, die ein neues Produkt auf den Markt bringen oder irgendeine Form von Innovation umsetzen möchten, zuallererst ein sogenanntes Future Press Release zu verlangen (Rossman 2019). Der Prozess der Erstellung einer einfachen, aber spezifischen narrativen Ankündigung verdeutlicht die ursprüngliche Vision. Er dient als Zwang, die wichtigsten Funktionen, die Akzeptanz und den wahrscheinlichen Weg Ihres Vorhabens zum Erfolg gründlich zu beleuchten. Die Verpflichtung zu einer Pressemitteilung, so imaginativ sie auch sein mag, hilft Führungskräften bei der Aufgabe, wichtigen Stakeholdern den Weg zum Erfolg klar zu machen. Probieren Sie es auf Ihrer eigenen Lernreise am besten gleich aus – und teilen Sie Ihre Erfahrungen mit uns!

Tool: Zukunftspressemitteilung

ZUKUNFTSPRESSEMITTEILUNG

Headline & Untertitel

Ort und Einführungsdatum

Lead (Produktbeschreibung)

Kundennutzen

Strategie

Zitat Vertreter:in der Organisation

Zitat Kund:in

Zusammenarbeit und Prozess

Call-to-Action

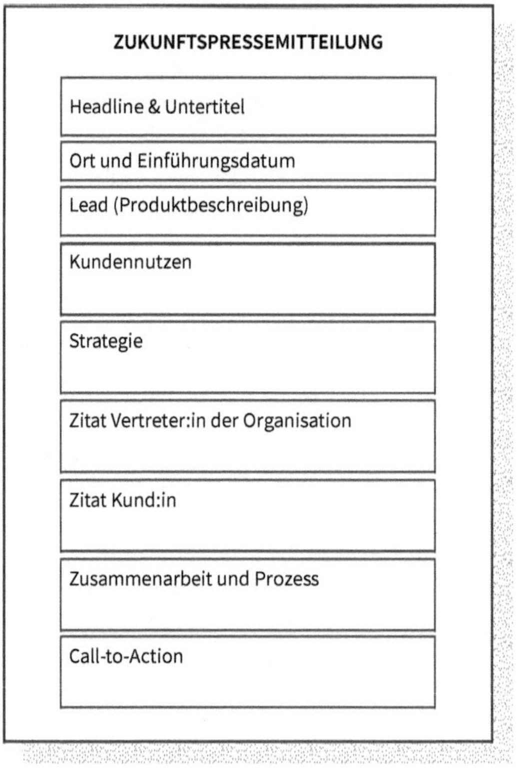

Abb. 40: Mit der Zukunftspressemitteilung nach vorn schauen

Wofür?

Schon seit den frühen Tagen von *Amazon* verlangt CEO Jeff Bezos von seinen Teams, dass sie lange vor der Einführung eines neuen Produkts oder einer Innovation eine »Zukunftspressemitteilung« (engl. Future Press Release) erstellen. Dies ist eine Technik, die Ihnen und Ihrem Team helfen wird, bahnbrechende Neuerungen zu kreieren und in einer Kulturtransformation entscheidende Schritte nach vorn zu machen.

Die Methode der Zukunftspressemitteilung dient zur Beschreibung eines neuen Produkts bzw. einer Innovation im Stil einer Geschichte. Die Methode ist rückwärts gerichtet, d. h. die Idee wird ausgehend von imaginären Vorteilen für die Kund:innen entwickelt. Die Pressemitteilung ist dabei möglichst einfach in der Beschreibung, konzentriert sich auf die wichtigsten Features und schafft Verständnis und Einvernehmen über die zentralen Ziele.

Das Schreiben von Vorschlägen in vollständigen Erzählungen führt zu besseren Ideen, mehr Klarheit über die Ideen und einer besseren Kommunikation über die Ideen.

Beispiel

Als John Rossman, Autor des Buchs »Think like Amazon« (2019), im März 2002 als Führungskraft zum Unternehmen kam, musste er als Erstes eine Pressemitteilung für *Amazon Marketplace* schreiben, ein Geschäft, das heute mehr als die Hälfte aller bei *Amazon* verkauften Einheiten ausmacht. Rossman schrieb seine Pressemitteilung ein halbes Jahr vor dem Start des neuen Geschäfts. Das Dokument war nicht für die Öffentlichkeit bestimmt. Es wurde geschrieben, um sein internes Team zu motivieren, zu engagieren und zu befähigen.

Gleichsam nutzen wir selbst diese Technik im Rahmen unserer Beratungspraxis, wenn wir neue Angebote schaffen, wie beispielweise kürzlich ein Coaching-Produkt. Im Anschluss an ein gemeinsames Brainstorming verteilen wir die Rollen im Team, um die Pressemitteilung zu erstellen. Somit erhält Kreativität ein Gefäß – die klare und einfache Struktur erfordert Disziplin und Konsequenz in der Umsetzung.

Worauf es ankommt

Das Future Press Release folgt vier Regeln:

Regel 1: Die Pressemitteilung wird aus der Perspektive eines Zeitpunkts geschrieben, zu dem das Ziel bereits erreicht und der Erfolg bereits eingetroffen ist. Pressemitteilungen bei der Markteinführung sind gut, aber besser ist ein Zeitpunkt nach der Markteinführung, zu dem bereits Kundenfeedback vorliegt.

Regel 2: Beginnen Sie mit dem Kunden. Nutzen Sie die Pressemitteilung, um zu erklären, warum die Innovation oder Ihr Produkt für die Kunden (und ggf. andere wichtige Stakeholder) wichtig ist. Wie hat sich die Kundenerfahrung verbessert? Warum ist Ihre Innovation den Kunden wichtig? Was erfreut die Kunden an dieser neuen Dienstleistung? Diskutieren Sie dann weitere Gründe, warum die Innovation wichtig war und welche Intention Ihre Kunden verfolgt haben.

Regel 3: Setzen Sie sich ein mutiges und klares Ziel. Artikulieren Sie messbare Ergebnisse, die Sie erreicht haben, einschließlich finanzieller, betrieblicher und marktanteilsbezogener Resultate.

Regel 4: Skizzieren Sie die Prinzipien, die zum Erfolg geführt haben. Dies ist der schwierigste und wichtigste Aspekt der zukünftigen Pressemitteilung. Identifizieren Sie die Hürden, die Sie überwunden haben, die wichtigen Entscheidungen und die Gestaltungsprinzipien, die zum Erfolg führten. Diskutieren Sie die Probleme, die angegangen werden mussten, um den Erfolg zu erreichen. Diese Art von kniffligen Themen frühzeitig auf den Tisch zu bringen hilft jedem, die wahre Natur der notwendigen Veränderung zu verstehen. Wie Sie diese Herausforderungen tatsächlich meistern? Das finden Sie später heraus.

Schritt für Schritt
Schritt 1: Setzen Sie sich im Team zusammen und bestimmen Sie eine:n Moderator:in sowie eine:n Zeitnehmer:in für die Session. Starten Sie den Timer (60 Minuten).

Schritt 2: Sichten Sie das Template für die Pressemitteilung und verteilen Sie die Rollen, wer welchen Teil der Pressemitteilung inhaltlich ausgestaltet und schreibt.

Schritt 3: Kopieren Sie die Fragen in ein gemeinsames Dokument und nehmen Sie sich 15 Minuten Zeit, um einen ersten Entwurf der Pressemitteilung zu erstellen (Einzelarbeit in Rollen).

Schritt 4: Gehen Sie den Entwurf gemeinsam Punkt für Punkt durch und vereinbaren Sie Anpassungen (20 Minuten).

Schritt 5: Nehmen Sie sich 15 Minuten Zeit, um den Entwurf zu verbessern (Einzelarbeit in Rollen).

Schritt 6: Abschließende 5 Minuten: Lesen Sie das Ergebnis vor und feiern Sie den Erfolg. Vereinbaren Sie die nächsten Schritte.

Template für die Struktur der Pressemitteilung

- Headline: Name des Produkts oder der Innovation. Wie soll das Produkt heißen? Was soll es bewirken?
- Untertitel: Wer ist die Zielgruppe für das Produkt und was ist das Ziel bzw. der Kernnutzen?
- Ort, Einführungsdatum: Welches Datum in der Zukunft haben Sie gewählt, um das Ziel zu erreichen?
- Lead: Beschreiben Sie das Produkt für Laien verständlich. Gehen Sie davon aus, dass Leser im Zweifel nur diesen Absatz zur Kenntnis nehmen. Fokussieren Sie auf das Ziel und den Zweck des Produkts oder der Innovation.
- Kundennutzen: Dies ist eine Kernkomponente der Pressemitteilung. Welches Problem löst das Produkt für die Zielgruppe? Wie macht das Produkt den Kunden erfolgreicher? Hier geht es nicht um eine Liste von Produktmerkmalen, sondern um Wirkungsbeschreibungen.
- Strategie: Wie hilft das Produkt oder die Innovation unserem eigenen Geschäft? Wie unterstützt es den Zweck und Purpose der Organisation?
- Zitat einer Vertreterin oder eines Vertreters der Organisation: Warum hat die Organisation das Produkt eingeführt bzw. die Innovation unterstützt? Das Zitat sollte von einer Person stammen, die sich für das Projekt eingesetzt hat.
- Kundenzitat: Machen Sie klar, um welche Art von Kunden es sich handelt. Welche Rolle spielt das Produkt oder die Innovation im Leben der Kunden? Was hat sich verbessert? Legen Sie Wert auf den persönlichen Nutzen!
- Zusammenarbeit: Wie hat das Team zusammengearbeitet, um das Ziel zu erreichen? Welche Hürden hat das Team überwunden, um das Produkt erfolgreich zu machen?
- Call-to-Action: Jetzt, wo alle wesentlichen Elemente Ihrer Arbeit beschrieben sind, sagen Sie den Leser:innen, was Sie von ihnen als Nächstes erwarten, zum Beispiel: »Jetzt die Datei herunterladen!«

Rahmenbedingungen

Dauer:	ca. 1 Stunde (bitte mit Timeboxing arbeiten)
Format:	virtuell (z. B. gemeinsames Arbeiten an einem Textdokument während einer Videokonferenz) oder persönlich am Whiteboard
Teilnehmende:	kleines Team von 4–5 Mitgliedern

Sich neu erfinden als Daueraufgabe

Ein weiterer Ansatz, Geschäftsmodelle zu visualisieren und sie in narrativer, interaktiver Form zu entwickeln, ist der sogenannte Business Model Canvas, den Alexander Osterwalder und Yves Pigneur (2011) entwickelt haben. Ihre Idee, Geschäftsmodelle strukturiert und einfach darzustellen und im Diskurs zu entwickeln, ging in den letzten Jahren um die Welt, sodass die neun Bausteine eines Geschäftsmodells – Kundensegmente, Wertangebote, Schlüsselaktivitäten, Kanäle, Kundenbeziehungen, Einnahmequellen, Schlüsselressourcen, Schlüsselpartnerschaften und die Kostenstruktur – inzwischen zum Handwerkszeug vieler Unternehmer:innen zählen. Auch und gerade, wenn das Ziel darin besteht, eine überzeugende Geschichte zu erzählen.

Osterwalder und sein Team haben das Erfolgskonzept inzwischen fortgeschrieben und als einen der Folgebände »The Invincible Company« (2020) aufgelegt. Die Hypothese darin lautet: Um als Organisation »unbesiegbar« zu werden, kommt es mehr denn je darauf an, sich immer wieder neu zu erfinden. Somit wird Geschäftsmodellinnovation zur Daueraufgabe mit dem Ziel, eine innovationsfreundliche Unternehmenskultur zu entwickeln.

Im Kern geht es darum, die Wettbewerbskraft zu steigern und die Konkurrenten im Hamsterrad hinter sich zu lassen. Gleichwohl identifizieren sie dynamische Muster von Geschäftsmodellen, die letztlich erfolgsentscheidend sind. Wichtig dabei: Die Aufgabe der Führungskräfte besteht darin, die Rahmenbedingungen zu schaffen, damit die Maschine weiterläuft. Und dazu gehört eine funktionierende Innovationskultur. Als Grundlage dafür gibt's einen Innovationskultur-Canvas mit auf den Weg, der drei Aspekte abdeckt:

- ein Mapping des Verhaltens der Organisation,
- eine Analyse der positiven und negativen Auswirkungen sowie
- das Herausfinden der unterstützenden und blockierenden Faktoren.

Geschäftsmodellnarrative wiederholen sich

Auch die Hochschule St. Gallen hat die Muster von Geschäftsmodellen in den letzten Jahren fortlaufend untersucht und dabei ihren sogenannten Business Model Navigator verfeinert. Interessant dabei: Die Geschichten, die Geschäftsmodelle machen, scheinen sich tatsächlich zu wiederholen und sich an bestimmten Drehbüchern zu orientieren – ähnlich, wie wir dies weiter oben bei Kulturnarrativen gesehen haben. Gassmann, Frankenberger und Choudury (2021) haben 60 dieser Muster zusammengefasst. Diese Muster unterliegen drei Basisstrategien von Organisationen bei Geschäftsmodellinnovationen:

- Strategie des Übertragens: Geschäftsmodelle werden auf andere Branchen übertragen – momentan zum Beispiel erfreuen sich die Geschäftsmodelle von *Netflix* und *Spotify* großer Beliebtheit.
- Strategie des Kombinierens: Zwei Geschäftsmodellmuster werden kombiniert, um Vorteile mehrerer Modelle zu nutzen.
- Wiederholstrategie: Erfolgreiche Strategien werden innerhalb eines Unternehmens auf andere Sparten übertragen.

Die identifizierten Muster lassen sich wiederum relativ leicht einzelnen oder mehreren Entwicklungsstufen und den damit verbundenen Kulturmetaphern zuordnen, um auf diesem Weg wiederum zur eigenen Kultur und deren Entwicklung passende Geschäftsmodellmuster einzugrenzen. Lohnenswert ist hier auch ein Blick in die Vielzahl von Unternehmensbeispielen pro Muster.

5.8   Unternehmenskultur gestalten?

Wir haben bereits gesehen: Unternehmenskulturen in Form von Geschäftsmodellen zu beschreiben findet breiten Anklang. Sie mögen sich nun fragen: »Aber lassen sich Unternehmenskulturen nun auch aktiv gestalten – und wenn, dann wie?«

Wie Designer denken?

Die Forscherinnen Kimberley Elsbach und Ileana Stigliani sind dieser Frage in einem viel beachteten wissenschaftlichen Paper (2018) nachgegangen und kommen in ihrer Bestandsaufnahme zu dem Schluss, dass ein enger Zusammenhang zwischen der verbreiteten Technik des Design Thinking und der Entwicklung der Unternehmenskultur besteht.

Schon länger war klar: Wie ein Designer zu denken hilft bei der Lösung komplexer Probleme. »Design is how it works«, sagte einst Steve Jobs. Instrumente wie Rapid Prototyping, Personas zur Beschreibung von Stakeholdern, die Visualisierung von Ideen oder generell Brainstorming sind nützlich, um schwierigen Fragen auf die Spur zu kommen, bei denen Ursache-Wirkungs-Zusammenhänge von außen nicht erkennbar sind. Zunehmend wird jedoch klar: Design Thinking ist mehr als ein Instrument und ist ein wesentliches Element der Unternehmenskultur insgesamt. Eine »Design-Thinking-Organisation« nutzt diese Potenziale und setzt sie gezielt ein, um die Unternehmenskultur zu gestalten und weiterzuentwickeln.

Design Thinking fördert Zusammenarbeit

Ein grundlegendes Prinzip des Design Thinking besteht darin, abduktiv zu denken und zu handeln: Man bildet Hypothesen und sammelt, organisiert, stutzt und filtert Informationen, um zu einer Lösung zu kommen. Dieses Vorgehen in der Unternehmenskultur zu verankern ist an sich ein kulturbildendes Element, sagen Elsbach und Stigliani. Zwei Beispiele: Regelmäßiges Experimentieren und Bilden von Prototypen unterstützt eine Unternehmenskultur, die offen für Fehler ist. Tools zur Bedarfsermittlung bei Konsumenten tragen zu einer kundenzentrierten Organisation bei. Insgesamt lässt sich sagen: Design Thinking fördert eine Kultur der Zusammenarbeit in Unternehmen.

Darüber hinaus entstehen aus der Design-Thinking-Praxis sowohl greifbare Artefakte (beispielsweise Prototypen, Zeichnungen oder Modelle) als auch emotionale Erfahrungen (wie zum Beispiel Empathie, Überraschung oder Freude). Design Thinking zu praktizieren hinterlässt somit nicht nur sichtbare Spuren im Unternehmensalltag, sondern kann sich auch positiv auf die oft vernachlässigte Gefühlswelt in Organisationen auswirken.

Über den doppelten Diamanten zur Arbeitskultur

Eine Sichtweise auf das Thema Design Thinking ist der im Jahr 2004 vom britischen Design Council entwickelte Double Diamond, der sich inzwischen in Millionen von Verweisen im Internet wiederfindet. Über den Designprozess hinaus ermöglicht er einen Blick auf eine Arbeitskultur, die Transformation ermöglicht.

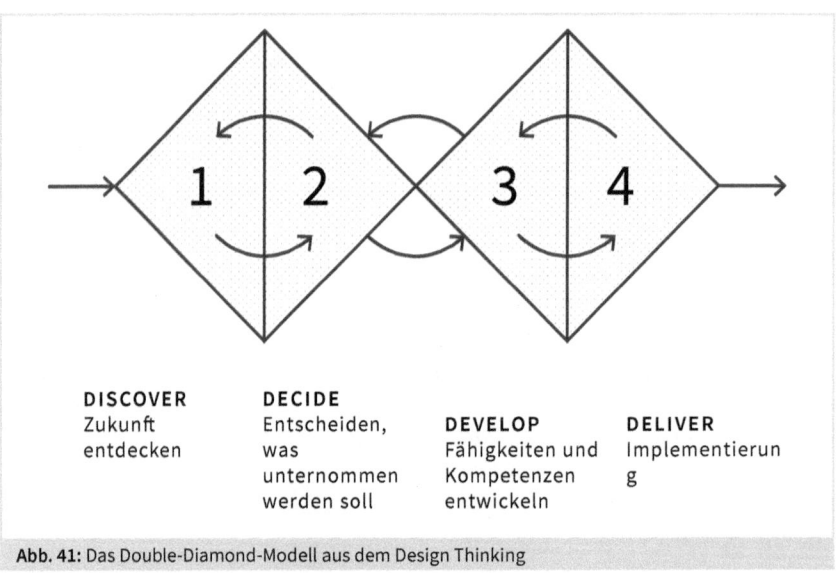

DISCOVER
Zukunft
entdecken

DECIDE
Entscheiden,
was
unternommen
werden soll

DEVELOP
Fähigkeiten und
Kompetenzen
entwickeln

DELIVER
Implementierun
g

Abb. 41: Das Double-Diamond-Modell aus dem Design Thinking

Der doppelte Diamant beschreibt in vier Schritten einen Prozess des divergenten Denkens, der in fokussiertes Handeln mündet:
- Discover: Dialog mit Stakeholdern suchen, um das Problem umfassend zu verstehen
- Define: Erkenntnisse nutzen, um das Problem neu zu bewerten und zu definieren
- Develop: sich inspirieren lassen und Lösungen in Kokreation entwickeln
- Deliver: Lösungen in kleinem Maßstab realisieren, verwerfen oder verbessern

Auf das fokussieren, was funktioniert

Erinnert Sie dieser Prozess etwas an die weiter oben beschriebene Theorie U? Das ist ganz richtig: Design-Thinking-Ansätze sind auch in Otto Scharmers U-Prozess eingeflossen. Auch die eingangs beschriebene Aktionsforschung nutzt im Übrigen einen ähnlichen abduktiven Prozess. Das weiter oben beschriebene Warm Data Lab und die dahintersteckende Kommunikationstheorie ergänzt diese Sicht. Somit schärft sich das Bild, wie nachhaltige Transformation innerhalb der Kollektivquadranten letztlich ablaufen kann:

- Was funktioniert: sich Zeit nehmen, um die Komplexität der Frage in ihren unterschiedlichen Facetten zu verstehen; reflektieren und für sich selbst und die Organisation zu einem Punkt kommen, von dem aus Sie eine klare Sicht auf Zukunftsoptionen gewinnen; schnell dazu passende, »kleine« Lösungen, minimalistische Produktansätze und Prototypen generieren und damit in Resonanz mit der Zielgruppe gehen; mit diesen Erkenntnissen die breitere Organisation involvieren und dort die räsonierenden Fähigkeiten für eine zukunftsfähige Kultur aufbauen
- Was hingegen nicht funktioniert: ein groß angelegtes Culture-Change-Programm aufsetzen und sich dabei an einem Standardmanagementansatz orientieren. Lassen Sie am besten die Finger von jeglichen »Roll-outs« zentraler Ansätze in die Organisation. Dies sorgt in der Regel für Zynismus in der Belegschaft. In Folge des »Not invented here«-Syndroms kann dies sogar kontraproduktiv sein und die intrinsische Motivation der Mitarbeitenden geht in den Keller.

Kulturdesign mit Entwicklungsansatz

Einen praxisnahen Designansatz, der sich durchaus mit einem Design-Thinking-Prozess kombinieren lässt, schlägt Simon Sagmeister (2016) vor, der in seiner Culture Map das Evolutionsmodell von Graves aufgreift und darauf aufbauend eine Kulturtypologie entwickelt, die den bei Laloux vorzufindenden Metaphern ähnelt. Seine Hypothese: Ähnlich wie bei den Geschäftsmodellen finden sich auch in den Kulturen von Organisationen Muster wieder, die sich im Zeitverlauf wiederholen. Sein Ansatz basiert darauf, die Kulturmuster anhand eines Fragebogens ausfindig zu machen. Die Organisationen schätzen sich selbst zu Kulturausprägungen der Farbcluster nach Graves ein und haben mit dem entstehenden Farbraster eine Möglichkeit, sich zum Beispiel im Vergleich zu Wettbewerbern oder zum Markt einzuordnen oder zu analysieren, welche Stärken der Organisation gezielt für die weitere Entwicklung genutzt werden können.

Schnell-Check, wie eine Region tickt

Wir haben das Instrument des Business Culture Design zum Beispiel in regionalen Projekten genutzt, um die Kultur eines kleinen Wirtschaftsraums (Fürstentum Liechtenstein) in Workshops mit Unternehmer:innen in Relation zu den Erwartungen der Bevölkerung zu setzen und daraus Handlungsalternativen abzuleiten, wie sich diese Themen und Wünsche realisieren lassen und welchen möglichen Lösungsrahmen die Kultur vorgibt. Dabei ergab sich, dass für viele KMU der Region die Suche nach dem Sinn ganz oben steht. Sie blicken über den Tellerrand hinaus und möchten etwas Gutes für die Welt bewirken. Gleichzeitig sind die Firmen wettbewerbsorientiert, suchen pragmatisch nach der besten Lösung, wollen besser sein als andere – so, wie man es zum Beispiel von Banken und IT-Unternehmen kennt. Darüber hinaus zeigte sich: Die lokalen Unternehmer:innen gestehen sich ein, dass sie in der aktuellen Zeit nicht schnell und mutig handeln und Konflikte oder Spannungen ungern offen regeln.

Eine Frage, die sich stellte: Ist das nun ein Nachteil in der Digitalisierung? In Zeiten, in denen sich Firmen wie *Amazon* zielstrebig entwickeln, mag das auf den ersten Blick so wirken. An dieser Stelle sei vermerkt, dass *Amazon* ursprünglich »relentless« – das englische Wort für »unerbittlich« – heißen sollte und die URL relentless.com bis heute auf die Amazon-Homepage verweist. Schaut man jedoch hinter die Kulissen und nutzt den Leistungs- und Erfolgswillen in der Region in Kombination mit dem Wunsch, gemeinsam an einer großen Sache zu arbeiten, ergibt sich schnell eine Chance: Warum nicht die Zusammenarbeit ausbauen?

Zusammenarbeit wird zum Ziel

Früher hieß es, dass jede und jeder Einzelne für sich zu einem gemeinsamen Ergebnis beiträgt. Die Leistungen addierten sich. In der heutigen Komplexität jedoch wird die Zusammenarbeit selbst zum Ziel: Mitarbeitende und Kunden möchten gemeinsam handeln, da die Welt zu unübersichtlich geworden ist und es zu viele Herausforderungen gibt, zu deren Lösung man den anderen braucht. Aus der Zusammenarbeit miteinander wird eine Zusammenarbeit füreinander. Anlässe und Räume für diese neue Art von Kokreation zu schaffen wurde so beispielsweise zum Bestandteil der Kulturentwicklung mit den Unternehmerteams in Liechtenstein.

5.9   Kultur bewusst entwickeln

Auch wenn wir mit Design Thinking einen sehr nützlichen und wirksamen Prozess zur Entwicklung der Kultur haben, ist damit die Richtung der Kulturarbeit noch nicht unbedingt klar. Reicht es heute, wo wir in eine neue Ära der Komplexität eintauchen, sich an Wettbewerbern oder dem Markt zu orientieren? Oder braucht es eher ein grundlegend neues Ziel, um Kultur in das VUCA-Zeitalter der Komplexität zu transformieren? Und wenn ja, wo liegt dann die Lösung?

Über die *orange* Welt hinauswachsen

Wir sind davon überzeugt, dass der Schlüssel zur Kulturtransformation bereits in der integralen Theorie verankert ist: Es geht zum einen darum, innerhalb der vier Quadranten die vergessene linke, emotionale, innere Seite der Individuen und Organisationen zu stärken. Und zum anderen müssen wir uns der Entwicklungssicht ganzheitlich öffnen: Die kommenden Anforderungen der VUCA-Welt sind so groß, dass wir es uns schlichtweg nicht leisten können, in der *orangen* Welt stehen zu bleiben, sondern jeder Führungskraft angeraten sein muss, die nächsten Schritte auf der eigenen Entwicklungsreise zu gehen.

Einen Weg für einen solchen Paradigmenwechsel in Sachen Kulturarbeit schlagen die beiden Harvard-Forscher Robert Kegan und Lisa Lahey (2016) vor. Ihr Ansatz: bewusst entwicklungsorientierte Organisationen (Deliberately Developmental Organizations – DDOs) zu schaffen, in denen Wachstum und Entwicklung nicht punktuell für einzelne Personen oder Teams von außen eingekauft werden – oder in denen man nicht einfach beim »war for talent« mitmacht oder sich als attraktivster Arbeitgeber positioniert. Es geht Kegan und Lahey darum, Entwicklung im Leben von Organisationen neu zu verankern: Die fortlaufende Entwicklung der Menschen wird fest verwoben im Arbeitsalltag. Auf Kulturebene geht es darum, Formen persönlichen Lernens in jedem Aspekt der Organisation zu integrieren.

Entwicklung für alle zum Prinzip machen

Wie kann dies nun funktionieren? Wenn Sie dem Buch bis hierher gefolgt sind, ist Ihnen bereits bewusst, wie wichtig fortlaufende Entwicklung ist und wie eng die Entwicklung an die Art und Weise, wie wir kommunizieren, gekoppelt ist – und zwar für alle. Purpose- und Vision-Statements, die von wenigen entwickelt werden, sind wertlos. Purpose muss der Kompass und die Entscheidungsgrundlage für alle sein, um eine gemeinsame Ausrichtung zu geben. Genauso muss Entwicklung für alle zum Prinzip werden, die in einer Organisation arbeiten, damit die Organisation insgesamt vorankommt.

»Fragen Sie sich, wie gut Sie sind oder wie schnell Sie wachsen?«

Diese Klarheit von Prinzipien wird zum äußerlich sichtbaren Element dieser sich bewusst entwickelnden Organisationen – im Umgang miteinander ebenso wie an der Kundenschnittstelle. Kegan und Lahey führen als Beispiel *Bridgewater Associates* an – einen US-amerikanischen Hedgefonds für institutionelle Anleger, der zu den Top 10 seiner Branche weltweit gerechnet wird. Dessen Gründer Ray Dalio stellt Mitarbeitende gern vor folgende Entscheidung: »Fragen Sie sich eher, wie gut Sie sind oder wie schnell Sie wachsen?« – und erklärt das Lernen aus eigenen Fehlern zur Stellenanforderung. Wenn Lernen zum Prinzip wird, entfallen die Gründe dafür, Schwächen verstecken oder andere positiv beeindrucken zu müssen. Dieser »zweite Job«, den viele Führungskräfte und Mitarbeitende in ihrer aktuellen Tätigkeit haben, ist laut Kegan und Lahey eine der größten Verschwendungen von Ressourcen in Organisationen überhaupt.

!   **Prinzipien & Kultur**

Auf *Bridgewaters* Website liest sich der Navigationspunkt »Prinzipien & Kultur« (2021) wie folgt:

»Der Wettbewerbsvorteil von Bridgewater ist unsere bahnbrechende Arbeitsplatzkultur, die sich auf eine ehrliche und transparente Kommunikation stützt, um sicherzustellen, dass sich die besten Ideen durchsetzen. Wir glauben, dass sinnvolle Arbeit und bedeutungsvolle Beziehungen entstehen, wenn man leistungsstarke Teams zusammenstellt und sie dazu antreibt, gründlich und durchdacht vorzugehen.

Wir setzen uns für Vielfalt ein, weil sie für unsere Fähigkeit, anders zu denken, unerlässlich ist. Wir kultivieren Inklusion, weil wir glauben, dass Menschen ihre beste Arbeit leisten, wenn sie ihr wahres Ich sein können. Durch die kontinuierliche Überprüfung von Fähigkeiten und Leistungen bieten wir allen unseren Mitarbeitenden die Entwicklung, die sie benötigen, um ihr Potenzial als Fachleute und Menschen auszuschöpfen.

Unser Gründer Ray Dalio baute Bridgewater mit einem prinzipienbasierten Ansatz auf, indem er Standardmethoden anwandte, um mit Situationen umzugehen, die immer wieder auftreten. Mit dem Ziel, einen Wettbewerb von Ideen zu schaffen, schrieb Ray eine Reihe von Prinzipien, die zum Rahmen für die Managementphilosophie des Unternehmens wurden. Dazu gehören vor allem die radikale Wahrheit und die radikale Transparenz – die Förderung eines offenen und ehrlichen Dialogs und das Zulassen, dass sich die besten Ideen durchsetzen …«

Auf die Unterscheidung zwischen Profit und Entwicklung verzichten

Insofern gehört es durchaus zur Kultur einer sich entwickelnden Organisation, Anlässe und Raum für mehrdeutige Situationen zu schaffen. Dazu gehören auch Fragen wie: »Wie oft kommt es vor, dass Sie sich zwischen dem Profitmotiv und dem Motiv der menschlichen Entwicklung entscheiden müssen, und welches Motiv hat für Sie Vorrang?« Die Antwort lautet: »Wir erleben eine solche Spannung nicht. Sie basiert auf einer Unterscheidung, die wir nicht machen.« Profit und Entwicklung gehören beide zum großen Ganzen – ein Entweder-oder beziehungsweise ein Sowohl-als-auch gibt es an dieser Stelle nicht.

Mehrdeutigkeit verankern

Diese bewusste Mehrdeutigkeit taucht auch in weiteren Praktiken auf, die Kegan und Lahey in sich entwickelnden Organisationen entdeckt haben:

- ein regelmäßiges, konstruktives Destabilisieren, im Wechsel zum Flow, sodass Vertrauen, Schmerzen und Fürsorge allesamt zum Kulturvokabular werden
- ein kontinuierliches Schließen der Lücken zwischen dem, was gesagt, und dem, was getan wird – quasi in Echtzeit, mit der Klarheit der Intention bei jedem Meeting
- ein Investieren von Zeit in das Erkunden der Ursachen von Problemen im Gegensatz zu einem hektischen Abarbeiten von Symptomen in einer Vielzahl von Aktivitäten
- das Öffnen des Raums der Organisation, um das innere Leben der Mitarbeitenden über die Welt der Zahlen hinaus miteinzubeziehen
- radikale Transparenz, die vor Hierarchien keinen Halt macht und Gelegenheiten zum offenen Austausch sucht
- die Zugehörigkeit von Personalentwicklung zum Geschäft und zur gemeinsamen Verantwortung, nicht zu HR – dort sind eher die technischen Abläufe gebündelt
- die Integration jedes Individuums in eine Mannschaft, die bei und durch Verwundbarkeit unterstützt – mit dem Ziel, persönliche blinde Flecken aufzudecken ebenso wie bei der Entwicklung zu unterstützen
- die Erkenntnis, dass es nicht ausreicht, sich nach den Unternehmenswerten zu richten: In sich entwickelnden Organisationen gestaltet jede:r die Kultur permanent mit, zum Beispiel im Design und der Weiterentwicklung von Strukturen und Routinen.

Integrale Kommunikation in den täglichen Interaktionen leben

Entscheidend für die Entwicklung dieser Organisationen sind die täglichen Interaktionen. Wie gearbeitet wird, ist identisch mit der Art und Weise, wie die Entwicklungsprinzipien gelebt werden. Dies geschieht in integraler Kommunikation, die die innere Arbeit jedes Einzelnen ebenso wie die kollektiven Gemeinschaften, zum Beispiel in Meetings, und auch die sichtbare, externe Arbeit, zum Beispiel in Form der konkreten Produkte, umfasst.

Sich entwickelnde Organisationen liefern den Beweis dafür, dass zwischen »Business Excellence« und persönlicher Erfüllung in der Arbeit keine Spannung bestehen muss. Sie zeigen, dass Individuen und Organisationen im Lern- und Entwicklungsmodus gleichsam aufblühen können. Zudem eröffnet der Blick auf ein bewusstes, konstruktives Destabilisieren der Organisation eine Perspektive in Richtung Kulturwandel: Wer Entwicklung als Prinzip in seiner Kultur verankert, hat stets das Potenzial, Lücken zu schließen – auch und gerade in der Komplexität.

6 Kommunikation neu gedacht

Wir sind am Ende unserer Lernreise durch die vier Quadranten – und doch erst ganz am Anfang. Die Entwicklung in allen vier Quadranten – für Sie persönlich und für Ihre Organisation – wird Dynamiken in allen Facetten des Lebens und Arbeitens anstoßen. Entwickeln wir unsere Haltung, tun wir dies nicht nur für unsere berufliche Rolle. Wir tun es als Mensch – und als solcher sind wir Teil unzähliger Systeme. Sie werden sehen, wie ansteckend eine zunehmend integrale Haltung sein kann. Denn es ist doch einfach so: Erheben Sie nicht mehr den Anspruch auf Wahrheit, muss dies Ihr Gegenüber genauso wenig tun. Nutzen Sie das Potenzial in Konflikten, weil Sie wahrhaft empathisch sein können, werden sich Ihre Kolleg:innen im Arbeitsumfeld, aber auch Kommunikationspartner:innen in jeder möglichen Situation im privaten Umfeld eher verstanden fühlen. Lässt sich Ihre Organisation von einem evolutionären Purpose leiten, braucht sie sich nicht mehr von Wettbewerbern abzugrenzen. Machen Sie Entwicklung zum Prinzip Ihrer Kultur, werden Sie die passenden Mitarbeiter:innen finden, die gemeinsam mit Ihnen auf die Reise gehen. Es geht nicht mehr länger darum, die Ellenbogen auszufahren, sich zu behaupten, zu kämpfen, zu gewinnen. Unser menschliches Grundbedürfnis nach Autonomie wird zunehmend in Balance gebracht mit einem zweiten Grundbedürfnis, das wir alle in uns tragen: jenem nach Verbindung.

6.1 Verbindung schaffen

Räume für authentische und empathische Kommunikation öffnen

Auf Basis der Entwicklung Ihrer Haltung und Ihres eigenen Verhaltens – in allen Bereichen der Kommunikation und Führung – werden sich die Prozesse und Strukturen in Ihrer Organisation deutlich verändern. Sie und Ihre Kolleg:innen werden nicht mehr darauf angewiesen sein, Macht an die Spitze und einen Kontrollapparat an deren Seite zu stellen. Vielmehr werden in Ihrer Organisation Räume entstehen, in denen authentische und empathische Kommunikation gelebt wird. Räume, in denen Menschen ihr ganzes Wesen einbringen können – mit allen empfundenen Spannungen einerseits, aber genauso mit ihrer ganzen Intuition und Kreativität andererseits. Ihre Organisation wird sich zunehmend selbst führen – mit dem Purpose als zentralem Momentum, als kontinuierlich nutzbarem Entscheidungskriterium. Eine selbstgeführte Organisation wird den Mitarbeitenden erlauben, dort einen Beitrag zu leisten, wo sie ihrem persönlichen Purpose in idealer Weise entsprechen können. Die Entscheidungsfindungsprozesse in Ihrer Organisation basieren dann nicht mehr auf der Intelligenz einiger weniger, sondern sie nutzen die kollektive Intelligenz in Ihrer Organisation – inklusive aller Emotionen, die ohnehin viel stärker sind als Rationalität und Fakten. Jede:r enthält in den Entscheidungsfindungsprozessen die Möglichkeit, das eigene Wissen einzubringen. Die Qualität von Entscheiden wird sich drastisch verbessern und gleichzeitig beschleunigen.

Kultur schafft Verbindung und Identifikation

Wenn wir davon ausgehen, dass die Kultur Ihrer Organisation nicht etwas ist, das Sie in Ursache-Wirkungs-Zusammenhängen managen, wohl aber durch integrale Arbeit in allen vier Quadranten gestalten können – dass sie somit auch Resultat der individuellen Haltungen aller in der Organisation, der individuellen Kommunikation und Führung sowie der entsprechenden Prozesse und Strukturen ist –, wird sich zeigen: Die Kultur wird zu dem, was die Organisation im Innersten zusammenhält. Sie schafft Verbindung innerhalb und Identifikation mit der Organisation. Sie wird sich so gestalten, dass Ihre Organisation allen Mitarbeitenden in idealer Weise erlaubt, ihre Beiträge zu leisten.

Reflexion zum Prinzip machen

Wenn wir nochmals einen Blick auf unser Modell werfen, erkennen wir an diesem Punkt, dass es sich nicht nur um eine Reise durch die Quadranten, sondern vielmehr um einen steten Kreislauf handelt. Die Führung und Kommunikation Ihrer Kolleg:innen, Ihre Erfahrung, Ihr Erleben in den sich ausbildenden Kommunikationsräumen der Organisation und die Kultur der Organisation werden wiederum Einfluss auf Ihre Haltung nehmen. Die Kultur fördert konsequent Ihre eigene Reflexion (Quadrant 1). Kontinuierlich haben Sie die Möglichkeit, Ihre eigene Haltung kritisch zu hinterfragen. Hilft sie Ihnen, die aktuell anstehenden Anforderungen aus Ihrer direkten Umwelt so sinnvoll wie nur möglich anzugehen? Und setzen Sie Kommunikation und Führung in der jeweils aktuellen Situation der VUCA-Umwelt ein, um Purpose-orientiert zu entscheiden? Gelingt es Ihnen, authentisch und empathisch zugleich zu sein – Autonomie und Verbindung in harmonische Balance zu bringen?

Gehen wir davon aus, dass die Komplexität, die wir heute erleben, weiter zunimmt, werden die Fähigkeit zur kontinuierlichen individuellen und gemeinsamen Reflexion, die Möglichkeit zur fortwährenden Interpretation der sich heute ständig verändernden Bedingungen und die dafür dienlichen Prozesse und Strukturen wie auch die entsprechende Kultur ausschlaggebend sein für den wirtschaftlichen Erfolg Ihrer Organisation in der Zukunft.

Persönliche Bereitschaft herstellen

Dem Start Ihrer Reise, der erfolgreichen individuellen und kollektiven Entwicklung steht nichts mehr im Wege – außer vielleicht Sie selbst. Otto Scharmer (2021b) beschreibt die zentralen Kriterien, die für erfolgreiche Transformation jetzt – für die anstehende Dekade der Transformation – nötig werden. Scharmer ist überzeugt: Es sind weder die Tech-Firmen aus dem Silicon Valley, die die Gesellschaft immer mehr in die Mangel nehmen und unsere Souveränität gefährden, noch sind es die obskuren Geldflüsse, die immer wieder die Integrität des politischen Systems korrumpieren. Das größte Hindernis auf dem Weg dazu, unser volles Potenzial auszuschöpfen – liebe Leser:innen – liegt meist in uns selbst. Es sind unsere eigenen Stimmen des Zweifelns, des Hasses und der Angst.

Eine klare Intention fassen – für die (Um-)Welt

Diese zu überwinden tut jetzt not. Die Jahre der Covid-19-Pandemie haben so deutlich wie nie zuvor gezeigt: Unser Wirtschaften ändert sich radikal. Gleichzeitig rücken CEOs und Führungskräfte mit ihren Organisationen ins Scheinwerferlicht der Kunden, Investoren, NGOs und Mitarbeiter:innen. Der Wandel betrifft sämtliche Sphären der Gesellschaft und Umwelt. Die gegenwärtige Krise zeigt die enormen gesellschaftlichen und wirtschaftlichen Abhängigkeiten in unserer Welt – und stellt gänzlich neue Anforderungen an unsere Fähigkeit, Vertrauen zu schaffen und aufrechtzuerhalten.

Jetzt ist es essenziell zu entscheiden, worauf wir unsere Aufmerksamkeit legen. Hilfreich ist es hier, unsere individuelle Haltung und Führung, unser kollektives kommunikatives Handeln immer in den Gesamtkontext zu stellen. Die klare Intention zu fassen, sich zum Wohl der Mit- und Umwelt zu entwickeln, seine volle Aufmerksamkeit darauf zu legen und das eigene Handeln damit in Einklang zu bringen. Otto Scharmer nennt dies »awareness-based collective action« – die »wahre Superkraft« des 21. Jahrhunderts.

So weit das Big Picture. Für uns soll an dieser Stelle im Fokus stehen, wie es uns gelingt, mit Kommunikation zur erfolgreichen Transformation beizutragen.

6.2 Paradigmenwechsel im Kommunikationsbewusstsein

Wie sieht sie jetzt also aus, die neu gedachte Kommunikation? Und welches Rollenverständnis geht damit für Führungskräfte – unabhängig davon, ob es sich um den/die CEO, eine:n Produktionsleiter:in, eine:n Kommunikationsmanager:in oder eine:n Personaler:in handelt – einher? Sie haben es bereits an mehreren Stellen in unserem Buch gesehen: Wir verstehen Kommunikation als eine Kernaufgabe für *jede* und *jeden*. In der

Komplexität können wir Kommunikation nicht mehr an die Kommunikationsabteilung delegieren, denn die gesamte Organisation besteht aus Kommunikation – auch wenn die Betriebswirtschaft hier in den letzten Jahrzehnten immer wieder versucht hat, uns etwas anderes weiszumachen.

Als Mitglied Ihrer Organisation mögen Sie sich nun fragen: Braucht es dann überhaupt noch Kommunikationsabteilungen? Diese Frage würde einhergehen mit einem stark *Orange*-geprägten Bild von Kommunikation, das wir weiterhin feststellen: Kommunikation wird in vielen Organisation als Supportfunktion betrachtet, die Dienstleistungen für die Führungsriege und das Unternehmen anbietet, jedoch als nicht generisch erfolgsentscheidend angesehen wird.

Dieses Bild bestätigt die Ausgabe 2021 des European Communications Monitors (Zerfaß et al. 2021), einer jährlichen repräsentativen Befragung von mehr als 2.500 Kommunikationsmanager:innen quer durch Europa. Erstmals beleuchtet sie das Rollenverständnis von Kommunikator:innen. Es zeigen sich fünf mögliche Rollen:

- jene des Kommunikators, der auf Aufbau und Erhalt der Unternehmensreputation fokussiert
- jene des Coaches, der der Führungsriege mit Rat unterstützend zur Seite steht und Inhalte anliefert
- jene des Beraters, der Gelegenheiten identifiziert und Trends in die Organisation einbringt
- jene des Managers, der auf die Gestaltung von Prozessen und Strukturen und das Handeln in diesen fokussiert
- jene des Botschafters, der Kommunikationsstrategien in die Tat umsetzt, sprich intern und extern kommuniziert

Potenzial der Kommunikation heben

Wir hoffen – und dies ist unser zentrales Anliegen mit diesem Buch –, dass wir zeigen können, wie viel Potenzial hier brachliegt. Gleiches gilt im Übrigen auch für das Personalwesen und andere Funktionen, die aus der Betriebswirtschaft entstanden sind. Die deutlich *Orange*-geprägte, dem Maschinenbild der Organisation entstammende Vorstellung von Kommunikation kann sich entwickeln. Sie muss sich sogar entwickeln, um der Organisation in einer durch zunehmende Volatilität, Unsicherheit, Komplexität und Mehrdeutigkeit geprägten Welt der Transformation eine positive Entwicklung zu ermöglichen.

Auch hierzu einige Zahlen aus dem European Communication Monitor: Die meisten Kommunikationsfachleute sehen sich weiterhin als Expert:innen, die Reputation und Unternehmensmarke managen (43 Prozent). 31 Prozent sehen sich als Manager:innen, die Prozesse und Strukturen definieren sowie Budgets planen und verteilen. Erst an dritter und vierter Stelle folgen die Kommunikator:innen mit einem Selbstverständnis als Coaches (28 Prozent) oder Berater:innen (26 Prozent) für das Management. Sie sehen ihre Aufgabe darin, Führungskräfte zu trainieren und ihnen zu helfen, bessere Entscheidungen zu treffen. Mehrfachnennungen waren möglich.

Sie sehen an dieser Stelle deutlich: Unsere Weltlinse der vier Quadranten könnte effizient und effektiv helfen, den Anker der Kommunikation neu zu setzen – weg von der Supportfunktion hin zur integralen Aufgabe für *alle* Führungskräfte, begleitet von Kommunikator:innen, die eine Entwicklung zur kommunikativen Organisation ermöglichen.

Kraft der Kommunikation sichtbar machen

Werfen wir nun einen Blick auf die Frage, wie wir die Kraft der Kommunikation in Zeiten der Komplexität zusammenfassend beschreiben können. Wie bereits an verschiedenen Stellen argumentiert, sehen wir den Bedarf, dass sich in der Dekade der Transformation unser Kommunikationsverständnis von einer *Orange*-geprägten Kultur in Richtung einer *Petrol*-gedachten, integralen Organisationswelt entwickelt. Damit liegt die Messlatte scheinbar hoch – andererseits: Haben wir wirklich eine andere Wahl in Anbetracht der aktuellen Herausforderungen in Bezug auf Umwelt, Wirtschaft und Gesellschaft?

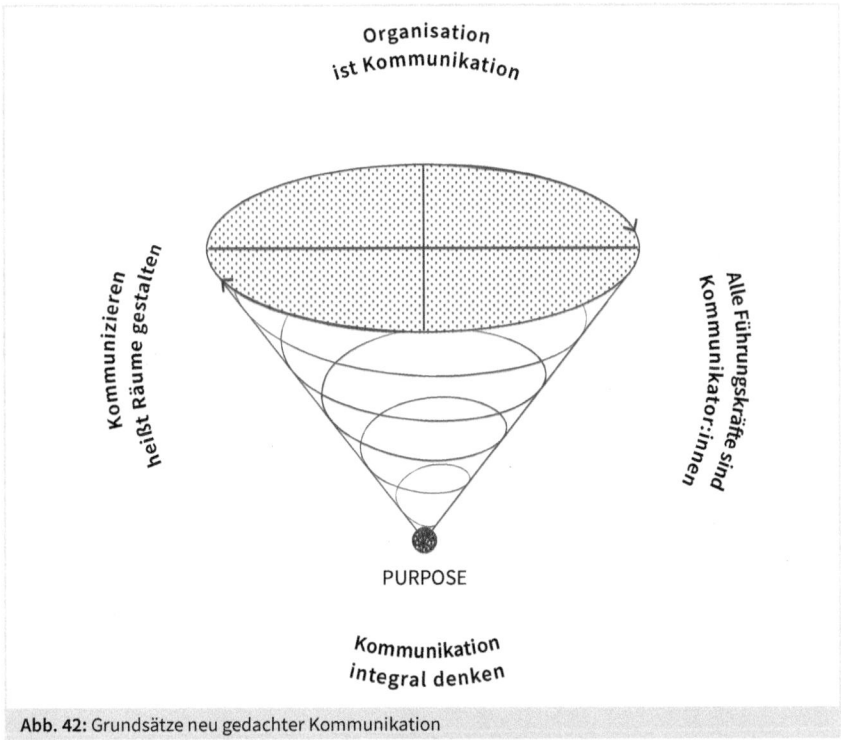

Abb. 42: Grundsätze neu gedachter Kommunikation

Wie gestaltet sich nun eine solche *Petrol*-verortete Kommunikation, die einen lebendigen Organismus in Flow versetzt und über die Kommunikation ihre transformative Kraft entfaltet?

Wir kommen zunächst auf vier Grundsätze für ein solches Kommunikationsverständnis:

1. **Organisation ist Kommunikation:** Wir verstehen Kommunikation nicht mehr als betriebswirtschaftliche Disziplin oder Funktion in der Organisation, wie dies Marketing, Einkauf und Vertrieb sind. Vielmehr erkennen wir Kommunikation als den Kernablauf an, aus dem jede Organisation entsteht: den eigentlichen Prozess des Sich-Organisierens. Wir leben die Haltung, dass Organisationen aus Kommunikation bestehen – ganz im Sinne von »CCO« (communication constitutes organization), wie wir dies in Kapitel 4 beschrieben haben. CCO meint das prozessuale Verständnis, dass Organisationen generell als eine evolutionäre Errungenschaft der Kommunikation zu betrachten sind – dank ihr erst möglich werden.

2. **Alle Führungskräfte sind Kommunikator:innen:** Die neu gedachte Kommunikation verlässt die rechtfertigende Perspektive der Corporate Communications als Unternehmensdisziplin und damit als autarke Einheit, die sich von weiteren organisationalen Silos – insbesondere auch von der Marketingkommunikation – scheinbar klar abgrenzt. Wir sehen Kommunikationsbewusstsein als wesentlichen Erfolgsfaktor in einer erfolgreichen Organisation. Die damit einhergehende Haltung haben wir in Kapitel 5 vorgestellt: Deliberatly Developmental Organizations (DDOs) von Kegan und Lahey (2016) machen Entwicklung zum Grundsatz für alle Mitarbeitenden einer Organisation. Sie kaufen Entwicklung nicht punktuell via Talent-Recruiting von außen ein, sondern sie machen die fortlaufende Entwicklung der Menschen zum festen Bestandteil ihres Arbeitsalltags. Wir sagen: Mit der persönlichen Entwicklung geht die Entwicklung von Kommunikation einher, denn Entwicklung geschieht durch Kommunikation. Dies gilt für alle Mitglieder der Organisation, unabhängig von Rang und Funktion. Durch unsere Arbeit mit und an Kommunikation haben wir die Chance, das in den Entwicklungsstufen brachliegende Potenzial auszuschöpfen. Wir sind dann hoch entwickelt, wenn wir die dominanten Aspekte der einzelnen Entwicklungsstufen einem Pianisten gleich durch die ganze Klaviatur spielen können – auch über die Stufe *Grün* hinaus in Richtung *Petrol*. Entwicklung durch Entwicklung der Kommunikationsqualität muss für alle gleichermaßen zum Prinzip werden, damit die ganze Organisation ihr Potenzial schöpfen und vorankommen kann.

3. **Kommunizieren heißt Räume gestalten:** Im neu gedachten Verständnis von Kommunikation sind Kommunikator:innen und Personalfachkräfte nicht zuliefernde Coaches/Coachinnen, nicht lediglich Berater:innen, die externes Wissen und Trends einbringen, und auch nicht lediglich strategieausführende Maschinen im Sinne von Supportfunktionen: Sie sind Facilitator:innen, die die Organisation wieder in Kommunikation bringen (Looss 2006). Sie sorgen mit ihrer Haltung, ihren

spezifischen Fähigkeiten und Kompetenzen sowie mit ihrem kommunikativen Blick auf die Organisation und die beteiligten Stakeholder dafür, dass Resonanz entsteht und alles in den Flow kommt – somit ein leichter Umgang mit Komplexität entsteht.

Sie überbrücken organisationale Silos und schaffen Kommunikationsräume hoher psychologischer Sicherheit, in denen ein neuer Umgang mit Spannungen möglich wird, sodass sich authentische und empathische Kommunikation zunehmend ausbilden kann. Führungskräfte werden zu Hüter:innen des organisationalen Purpose und befähigen die Organisation und die Rollen in dieser, sich in ihren Entscheidungen immer wieder auf den Purpose zu beziehen. Damit erhöhen sie kontinuierlich das Purpose-Bewusstsein, womit sich eine wertebasierte Kultur ausbildet, die die ganze Organisation in der Leistung ihres Beitrags, ihres Mehrwerts zunehmend befähigt.

4. **Kommunikation integral denken:** In der neu gedachten Kommunikation unterscheiden wir nicht zwischen individueller und kollektiver Kommunikation, sondern sind uns beider Ebenen bewusst, und wir nehmen Emotionen genauso wahr wie Daten. Das neue Kommunikationsverständnis ist ein integrales und berücksichtigt damit alle Bereiche des Vier-Quadranten-Modelles: Die Entwicklung zur integralen Kommunikation ermöglicht, dass sich alle Organisationsmitglieder mit ihrem Denken und Fühlen, mit ihrer Einstellung beschäftigen, sodass sie für die komplexe Umwelt dienliche Führungs- und Kommunikationskompetenzen ermöglichen. Die neu gedachte Kommunikation lässt Prozesse und Strukturen in der Organisation so gestalten, dass integrale Kommunikation möglich wird – in entsprechenden Kommunikationsräumen. Und die Organisation mit neu gedachter Kommunikation lebt mit ihrem Selbstverständnis die Kultur, dass alles Kommunikation ist und dass mit der bewussten Gestaltung dieser Kommunikation wirtschaftlicher und nachhaltiger Erfolg möglich wird. Die integrale Kommunikation bringt die unterschiedlichen Entwicklungsstufen in der Organisation in Einklang und macht sie durchlässig. Sie ermöglicht kontinuierlich individuelle und kollektive Entwicklung.

6.3   Persönliche Standortbestimmung

Lassen Sie uns nun nochmals etwas genauer in die vier Quadranten blicken und einen Versuch unternehmen, Kommunikation in der Entwicklungsstufe *Petrol* zu beschreiben. Diese Entwicklungsstufe, die sich die Natur als Vorbild nimmt, schafft es am ehesten, Leichtigkeit in komplexe Transformationsprozesse zu bringen und gleichzeitig das Entwicklungsprinzip zu verankern.

Organisationen, die einer *Petrol*-Kommunikation folgen, verankern die beschriebenen Kommunikationsgrundsätze in allen vier Quadranten. Dabei geht es weniger darum, ein bestimmtes Kommunikationskonzept oder eine bestimmte Kommunikationsstrategie zu implementieren, sondern das Kommunikationsbewusstsein für die gesamte Organisation so zu schärfen, dass sowohl Individuen als auch Teams und andere Organisationseinheiten permanent reflektieren und sich vergegenwärtigen, welche Kommunikation in der jeweiligen Situation hilfreich ist, um sowohl dem individuellen als auch dem kollektiven Purpose bestmöglich zu folgen und die jeweils nächsten Schritte wirksam zu gestalten.

Entwicklung erfordert Ihre Entscheidung

Wir haben die Erfahrung gemacht, dass es für den Entwicklungssprung in eine *Petrol*-Kommunikation nicht das eine Programm oder Rezept geben kann, das stets funktioniert. Entscheidend sind der emotionale Antrieb und die Intention, diesen Schritt wirklich machen zu wollen. Das erfordert weder Druck von außen oder von oben noch ein großes Budget, sondern in erster Linie eine bewusste und aktive Entscheidung von Ihnen als Führungskraft. Wir haben Ihnen in diesem Buch bereits viel Raum für Reflexion, Impulse mit Kommunikationswissen und zahlreiche praktische Tools an die Hand gegeben.

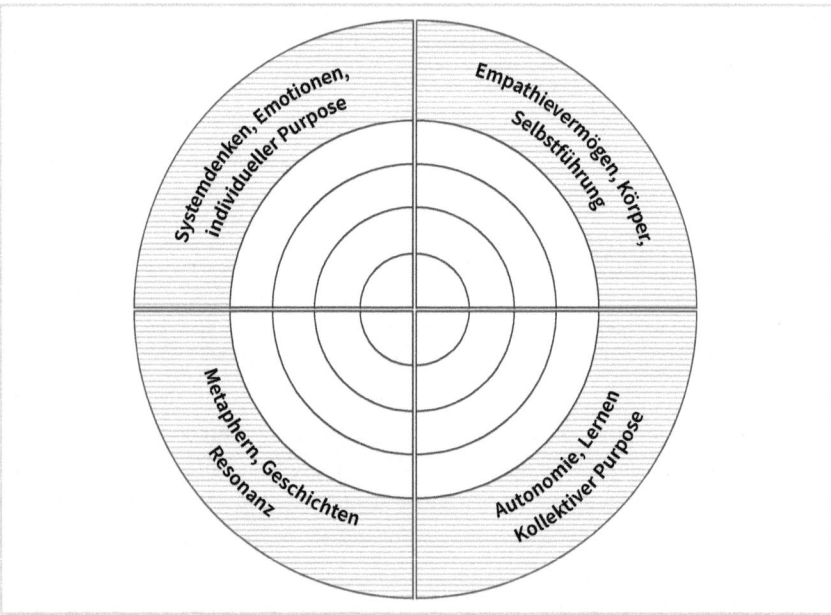

Abb. 43: *Petrol*-Kommunikation: Standortbestimmung anhand von zwölf Hypothesen in den vier Quadranten

An welchem Punkt stehen Sie selbst nun – individuell für sich als Führungskraft sowie auch für Ihre Organisation insgesamt? Für eine Standortbestimmung haben wir im Folgenden eine Liste von Hypothesen und Fragen entwickelt, die Sie nochmals gedanklich durch die vier Quadranten führen und die Sie für sich selbst, mit Ihren Teams oder auch im Dialog mit uns beantworten können. Die Liste gliedert sich in eine quantitative Einschätzung von Hypothesen und einen qualitativen Fragenteil zur Selbstreflexion. Ihre Einschätzungen zu den Hypothesen können Sie weiter unten im Buch in ein Netzdiagramm eintragen – so erhalten Sie ein visuelles Gesamtbild vom aktuellen Stand Ihrer Kommunikation.

In Kombination mit Ihrer Reflexion zu den qualitativen Fragen haben Sie damit eine fundierte Grundlage, um daraus eine individuelle und kollektive Transformationsreise abzuleiten. Inspiration für die Gestaltung dieser liefern die Kapitel 2 bis 5 dieses Buchs, denen Sie Inhalte, Modelle und auch praktische Tools zum Testen und Ausprobieren entnehmen können.

Quadrant 1: Entwicklung, Emotionen, individueller Purpose

Hypothesen

Bitte vergeben Sie zu jeder Hypothese einen Wert von 1 bis 5 (1 = »Ich stimme nicht zu.«; 5 = »Ich stimme voll und ganz zu.«):

- **Systemdenken:** Meine Mit- und Umwelt spielen eine große Rolle in meinen Überlegungen. [_____]
- **Emotionen:** Mir gelingt es, meine Gedanken und Gefühle zu erkennen und zu differenzieren. [_____]
- **Individueller Purpose:** Mein persönliches »Warum« und »Wozu« ist mir bekannt. [_____]

Qualitative Fragen

- Zugang zu eigenen Gedanken, Gefühlen finden und die eigene Einstellung erkennen, hinterfragen und situativ anpassen: Welche Rolle spielen bei Ihnen Gefühle im Vergleich zu rationalem Denken? Wie bewusst sind Sie sich über sich selbst? Schaffen Sie es, zunehmend mehr Raum zwischen Reiz und Reaktion zu stellen und ihre Reaktionen zunehmend bewusster zu wählen?
- Persönlichen Purpose erforschen, erkennen, formulieren und immer wieder hinterfragen: Warum und wozu tun Sie, was Sie tun? Welche Mehrwerte kreieren Sie mit Ihrem Naturell, Ihren besonderen Talenten und Ressourcen?

- Ihre Mit- und Umwelt in Ihre Gedanken und Gefühle einbeziehen und Ihre persönliche Einstellung entsprechend reflektieren und entwickeln: Wenn Sie auf die von Ihnen beabsichtigten Handlungen blicken, wie wichtig ist Ihnen das Wohl Ihrer Mitmenschen und der Umwelt? Welche möglichen Wechselwirkungen mit den Sie umgebenden Systemen erkennen Sie? Welche Konsequenzen ergeben sich daraus? Wie reagieren die von Ihrem Handeln, Kommunizieren und Führen betroffenen Anspruchsgruppen? Was würden sie zur Wahl Ihrer Reaktion sagen? Welche weiteren Handlungsmöglichkeiten erkennen Sie durch die Reflexion?
- Vertrauen entwickeln und Vertrauensvorschuss geben: In welchen Situationen handeln Sie aus Angst? Wann fühlen Sie sich unter Druck? Wie gelingt es Ihnen – in Kenntnis Ihres Purpose –, Vertrauen in Ihre wertvollen Ressourcen zu entwickeln? Unterstützen Sie den Gedanken, dass Sie auftretende Spannungen mit Ihren Kolleg:innen mit der entsprechenden Haltung für Ihre individuelle Entwicklung und die Entwicklung des Teams, gar der ganzen Organisation nutzen können? Wie gut gelingt es Ihnen, Ihren Kolleg:innen sowie allen weiteren Mitmenschen mehr und mehr Vertrauen zu schenken?
- Sich im inneren Monolog für den Dialog vorbereiten und Empathie trainieren: Hören Sie noch zu, um zu antworten? Wie hoch ist Ihr Interesse an den Gedanken und Gefühlen Ihres Gegenübers – erkennen Sie dessen Einstellung und könnten Sie mit Distanz auf das Verhalten Ihrer Kolleg:innen blicken und dieses reflektieren? Gelingt es Ihnen, im Gespräch bewusst volle Präsenz aufzubauen? Fühlen Sie sich geerdet und sind Sie gut verbunden mit Ihrem Körper? Können Sie tief und frei atmen?

Quadrant 2: Fakten, Körper, Selbstführung

Hypothesen

Bitte vergeben Sie zu jeder Hypothese einen Wert von 1 bis 5 (1 = »Ich stimme nicht zu.«; 5 = »Ich stimme voll und ganz zu.«):
- **Empathievermögen:** Ich kenne mein Umfeld und ziehe stets mehrere Perspektiven in meine Entscheidungen ein. [_____]
- **Körper:** Ich setze meinen Körper bewusst ein, um persönlich im Flow zu bleiben. [_____]
- **Selbstführung:** Ich arbeite effektiv und kommuniziere auf Augenhöhe. [_____]

Qualitative Fragen

Zugang zu Ihrem Körper als Resonanzraum schaffen:
- Welche Signale Ihres Körpers erkennen Sie? Wie deuten Sie diese? Wo zeigen sich Spannungen? Wo allenfalls Gefühle von Enge? Was würde es brauchen, um diese Spannungen zu lockern und wie könnten Sie sich mehr Raum verschaffen?

- Wie schätzen Sie Ihr körperliches Befinden insgesamt ein? Wie frisch oder müde fühlen Sie sich insgesamt? Wie groß ist Ihr Wunsch nach Veränderung der körperlichen Situation?
- Wie gut gelingt es Ihnen, die Signale Ihres Körpers zunehmend in Ihren Entscheidungen und der Gestaltung Ihrer Führung und Kommunikation mit zu berücksichtigen?
- Wie regelmäßig arbeiten Sie mit Ihrem Körper? Haben Sie zum Beispiel eine Yogaroutine oder kommen Sie über andere regelmäßige Ausdaueraktivitäten wie Laufen oder Radfahren in den körperlichen Flow? Nutzen Sie freie Luft und die Natur für geschäftliche Gespräche und Formen des Dialogs?

Führungskommunikation und -verhalten komplexen Rahmenbedingungen anpassen:
- Wie vielfältig sind die Datenquellen, die Sie in der Führung verwenden? Welche Fakten, genauso aber auch Bedürfnisse und Befindlichkeiten Ihrer Anspruchsgruppen berücksichtigen Sie? Setzen Sie sich die Intention, eine gesamtheitliche Sicht einzunehmen, und kommunizieren Sie diese transparent mit?
- Welche Entwicklungsstufen sind bei Ihren Anspruchsgruppen dominant ausgeprägt und mit welchen Mitteln versuchen Sie intuitiv zu erfüllen, welche Bedürfnisse die Mitarbeitenden und andere Stakeholder in Bezug auf Ihre Kommunikation haben? Welchen Weg nutzen Sie, um die individuellen Stärken und Ressourcen der anderen zu erschließen und im Dialog zu berücksichtigen?
- Denken Sie an die unterschiedlichen Farbcodierungen der Entwicklungsstufen: Welches Farbspektrum können Sie sehen und situativ bedienen? Wie können Sie sich an Führungskommunikation der Stufe *Petrol* heranarbeiten, sobald Sie auf komplexe Situationen treffen?
- Nutzen Sie den Dialog: Wie sind Ihre Erfahrungen damit, bei Konflikten ein gemeinsames Verständnis zu erreichen, indem Sie den Standpunkt jeder und jedes Einzelnen vollständig, gleichberechtigt und vorurteilsfrei erfahren?
- Erkennen Sie Spannungen als etwas Positives und setzen Sie dabei auf Transparenz: Welche Kommunikationspraktiken haben Sie eingeführt, um die Spannungen Ihrer Mitarbeitenden und Geschäftspartner:innen zu hören? Wie versuchen Sie, Spannungen zu lösen und gleichzeitig Top-down-Entscheidungen zu vermeiden?
- Erarbeiten Sie Ihr persönliches Führungsmanifest: Wie klar ist Ihnen, anhand welcher Führungsgrundsätze Sie agieren und Entscheidungen treffen? Welche Rolle spielt Kommunikation dabei?

Quadrant 3: Autonomie, Lernen, kollektiver Purpose

Hypothesen

Bitte vergeben Sie zu jeder Hypothese einen Wert von 1 bis 5 (1 = »Ich stimme nicht zu.«; 5 = »Ich stimme voll und ganz zu.«):

- **Autonomie:** Bei uns sind die Rollen klar verteilt: Darauf kann ich mich als Führungskraft verlassen. [_____]
- **Lernen:** Wir gestalten Kommunikationsräume, die uns immer wieder in herausfordernde Situationen bringen, um permanent zu lernen. [_____]
- **Kollektiver Purpose:** Auf Basis des kollektiven Purpose unserer Organisation fällt es uns leicht, Nein zu sagen, wenn Aktivitäten nicht im Sinne unseres Purpose wirksam sind. [_____]

Qualitative Fragen

- Fördern Sie, wo immer möglich die Autonomie. Damit einher geht die schrittweise Transformation zur **Selbstführung:** Unterscheiden Sie bewusst zwischen Konsens und Konsent? Welche Erfahrungen haben Sie mit integrativen Entscheidungsmodellen gemacht? Und vor allem: Wie klar sind die Rollen in Ihrer Organisation verteilt und definiert, damit den Rollenträger:innen ihr Beitrag zum Purpose und ihre spezifischen Verantwortlichkeiten bekannt sind?
- Schaffen und gestalten Sie Kommunikationsräume, um Neues entstehen zu lassen: Wie können Sie die Kommunikation in Ihren Einflussbereichen gestalten, sodass sich Stakeholder crosshierarchisch und crossfunktional begegnen können? Wie sind Ihre Erfahrungen mit offenen und experimentellen Kommunikationsformaten als Gegenpol zu Top-down-Informationsveranstaltungen im Format von Town-Hall-Meetings?
- Versuchen Sie in den evolutionären Purpose Ihrer Organisation hineinzuhören – vermeiden Sie dabei jedoch die bekannten Abläufe oder gar das Outsourcing eines Vision-Statements: Sind Sie bereit, mit generativen Formaten wie Aufstellungen zu experimentieren? Wie regelmäßig tauschen Sie sich darüber aus, was Ihre Organisation antreibt und wie Sie dafür Relevanz in täglichen Entscheidungen schaffen können? Haben Sie aufgrund Ihres kollektiven Purpose schon einmal Aufträge abgelehnt?
- Bauen Sie gemeinsam mit Ihren Kolleg:innen Prozesse und Strukturen so, dass möglichst starke Netzwerke entstehen: Wie klar sind Ihnen die Verbindungen in Ihrer Organisation und mit deren Stakeholdern? Wie würden Sie diese visualisieren?
- Fördern Sie Kokreation und Kollaboration mit Kunden, Partnern und auch Wettbewerbern: Wie sind Ihre Erfahrungen damit, in geschäftlichen Ökosystemen zu arbeiten? Welches Potenzial sehen Sie, um der Disruption in Ihrem Markt gemeinsam mit anderen zu begegnen und selbst einen aktiven Beitrag zur Zukunft zu leisten? Werden Sie zur Advokatin, zum Advokaten der Meinungsvielfalt und bringen Sie, wo immer möglich, neue Perspektiven ein. Maximieren Sie konsequent die Handlungsoptionen.

Quadrant 4: Metaphern, Geschichten, Resonanz

Hypothesen

Bitte vergeben Sie zu jeder Hypothese einen Wert von 1 bis 5 (1 = »Ich stimme nicht zu.«; 5 = »Ich stimme voll und ganz zu.«):

- **Metaphern:** Wir haben ein klares Bild unserer Organisation vor Augen – unabhängig davon, welcher Entwicklungsstufe dieses entstammt. [_____]
- **Geschichten:** In unseren Teams kursieren Erfolgsgeschichten anstelle von Gerüchten. [_____]
- **Resonanz:** Wir nehmen uns als Organisation als ein großes, stimmiges Ganzes wahr. [_____]

Qualitative Fragen

- Schaffen Sie ein Umfeld, in dem das kontinuierliche Lernen, die stete Entwicklung individuell und kollektiv möglich wird. Stellen Sie die kontinuierliche Entwicklung Ihrer Mitarbeitenden und Ihrer Organisation in den Mittelpunkt: Haben Sie schon einmal darüber nachgedacht, Kulturprinzipien zu entwickeln, auf die Sie sich jederzeit beziehen können und die fortlaufende Entwicklung durch Lernen als festes Prinzip verankern?
- Verleihen Sie Geschichten in Ihrer Organisation Ausdruck – zum Beispiel durch Kommunikationsräume und Plattformen für kulturellen Austausch: Wie gut kennen Sie die Narrative, die zum Beispiel den Erfolg Ihrer Organisation ausmachen? Unterschätzen Sie nicht die inspirierende Wirkung, die Storytelling-Workshops auf Ihre Mitarbeitenden haben.
- Nutzen Sie die generative Kraft der Kommunikation: Geschichten beschreiben nicht nur die Vergangenheit oder den Status quo. Wie würden Sie die Zukunftsgeschichte Ihrer Organisation beschreiben? Was wäre ein offenes Narrativ, anhand dessen Ihre Organisation den vor ihr liegenden Weg beschreibt? Welche Metaphern haben die Strahlkraft, um Kunden und Mitarbeitende mitzuziehen (Pull), anstatt sie mit teuren Kampagnen von außen zu motivieren (Push).
- »Ego-to-Eco« für die gesamte Organisation: Quadrant 1 zeigt die mögliche Entwicklung hin zu einem weltzentrischen Denken für Sie persönlich. Streben Sie auch mit Ihrer Organisation in diese Richtung? Wie bauen Sie gemeinsam eine wertebasierte Organisationskultur, die immer das Wohl der die Organisation umgebenden Systeme – der Gesellschaft und der Umwelt – zum Ziel hat?
- Beobachten Sie, welche Kultur mit der sich entwickelnden Kommunikation entsteht: Welche Emotionen geben der Entwicklung Ihrer Organisation Vortrieb? Wie

messen Sie diese auch im Zeitverlauf? Wie erzielen Sie Resonanz bei Ihren Stakeholdern? Wie schwingen sich die Mitarbeitenden zunehmend in ein großes, stimmiges Ganzes ein?

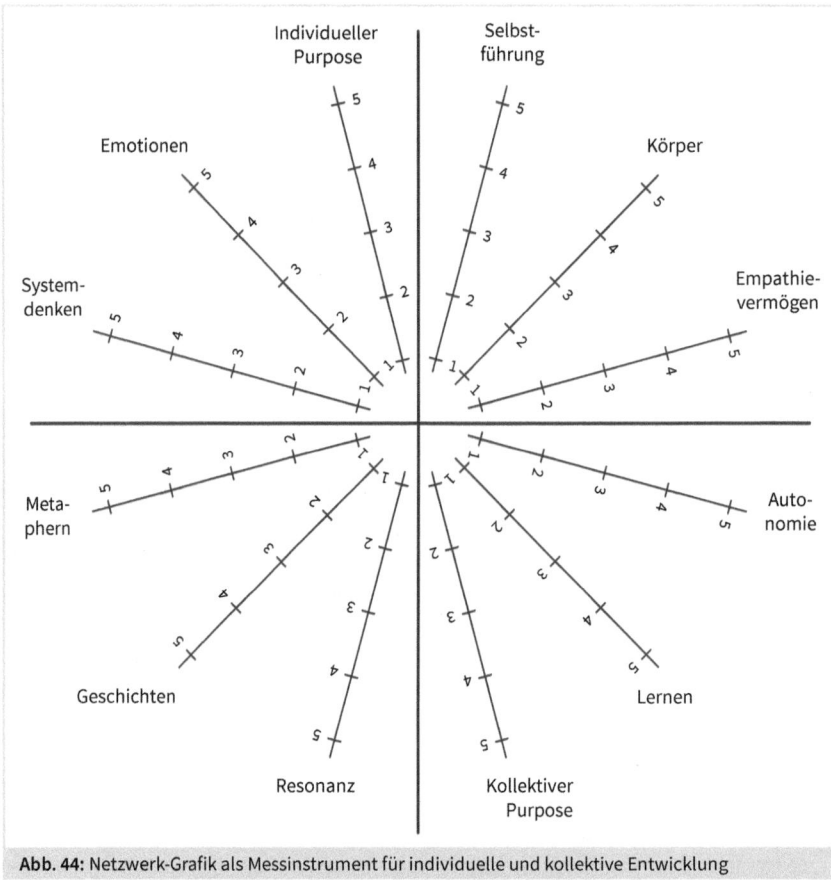

Abb. 44: Netzwerk-Grafik als Messinstrument für individuelle und kollektive Entwicklung

6.4   Zukunftspotenzial entdecken

Hat Ihnen die Standortbestimmung Appetit darauf gemacht, mehr über das Zukunftspotenzial Ihrer Organisation zu erfahren? Wir haben für Sie mit der »Flow Discovery«
eine Mini-Entdeckungsreise vorbereitet, mit der Sie in einem dreistündigen Sprint
einen neuen Blick auf Ihre Organisation generieren und auch direkt Handlungsfelder
identifizieren können.

Tool: Flow Discovery

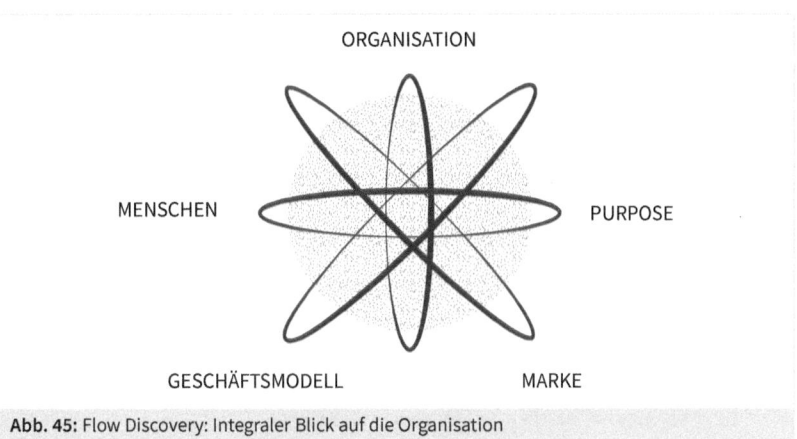

Abb. 45: Flow Discovery: Integraler Blick auf die Organisation

Wofür?

Aufbauend auf dem eingangs beschriebenen Forschungsprojekt haben wir über alle vier Quadranten hinweg Handlungsfelder identifiziert, die für eine Organisation maßgeblich sind, um in einen Flow zu kommen, der es ermöglicht, das Zukunftspotenzial zu erschließen. In alle fünf Handlungsfelder – die sogenannten Flow-Faktoren – ist »Kommunikation neu gedacht« bereits integriert: evolutionärer Purpose, die Menschen, die Organisation, die Marke als Schnittstelle zu den Kunden sowie das Geschäftsmodell als generischer Mechanismus für nachhaltigen wirtschaftlichen Erfolg. Mit einem integralen Blick auf diese Faktoren wird es möglich, die Organisation zukunftsfähig, anpassungsfähig, widerstandsfähig und beweglich zu machen und Mitarbeitenden wie Kunden in Komplexität eine klare Orientierung zu geben.

Beispiel

Eine Design- und Kommunikationsagentur spürt 25 Jahre nach ihrer Gründung in einer Phase des geschäftlichen Erfolgs Spannungen in ihrer Belegschaft: Wie können wir Talente länger halten und an das Unternehmen binden? Wie können wir ein attraktiver Arbeitgeber für die Generation Z bleiben, die mit einem neuen Weltbild auf die Geschäftsführung zukommt? Eng damit verknüpft ist die Frage, wie sich die aus dem Design Thinking entstandene Gründungsgeschichte der Agentur in die Zukunft fortschreiben und welche kulturbildenden Elemente sich daraus ableiten lassen. In einem gemeinsamen »Flow-Discovery-Workshop« haben wir allen Beteiligten Einblicke in den Purpose, das Fühlen und Denken der Mitarbeitenden, die Strukturen der Zusammenarbeit, die Kunden und auch das Geschäftsmodell verschafft, die es ermöglichten, eine Reise zur Erschließung des Zukunftspotenzials zu gestalten und sich mit einem offenen Narrativ auf den Weg zu begeben.

Worauf es ankommt

Anstatt das Alte wieder herbeizusehnen, ist nun der richtige Zeitpunkt, um innovativ nach vorn zu schauen, Kunden zu inspirieren und Geschäftsmodelle zu kokreieren. Flow entsteht durch eine integrale Sicht auf folgende Flow-Faktoren:

Purpose: Dieser entsteht von innen, dient als evolutionäres Zentrum, um das herum sich alles stetig weiterentwickelt. Ein Sinn und Zweck, anhand dessen es leichtfällt zu entscheiden, was man tut und was man sein lässt. Dies gibt dem Flow eine gemeinsame Richtung. Wichtig: Einen Purpose gibt man sich nicht, man hört in ihn hinein – wie bereits an mehreren Stellen in diesem Buch beschrieben.

Menschen: Die Einstellungen und das Verhalten der Menschen können die Beweglichkeit einer Organisation stark beeinflussen. Durch die gemeinsame Arbeit am Mindset der Menschen kann Flow wesentlich unterstützt werden – zum Beispiel durch die Arbeit an Haltung, an Werten oder an der Feedback- bzw. Fehlerkultur.

Marke: Eine Marke ist mehr als ein Name und ein Logo. Sie ist der Ausdruck von Identität, Willen und beschreibt die emotionale Beziehung zwischen einer Organisation und ihrem Publikum. Eine integrale Marke stärkt Beziehungen und schafft Verbundenheit.

Geschäftsmodell: Dieses ist der zentrale Innovationsfaktor in Unternehmen und beschreibt die Art und Weise, wie ein Unternehmen Wert schafft und hält. Im komplexen Umfeld kommt es darauf an, dass Geschäftsmodelle lebendig angelegt sind. Die strategische Planung alter Schule hat ausgedient. Heute entwickelt man Geschäftsmodelle in Zukunftsräumen, kokreiert gemeinsam mit Kunden und setzt mit dynamischen Führungstechniken wie Objectives & Key Results (OKRs) um, die einen klaren Fokus sicherstellen.

Organisation: Hierbei geht es um die Art und Weise, wie wir zusammenarbeiten – um Rollen, um Aufgaben, um Arbeitsmethoden und Kommunikationsabläufe. Manchmal geht es auch um die Synchronisation von Parallelwelten. Es gibt keinen Masterplan, denn jede Organisation weiß selbst am besten, mit welchen Fähigkeiten und Praktiken sie erfolgreich ist.

Schritt für Schritt

Der Ablauf des Flow-Discovery-Workshops erfordert zwei Moderator:innen, die gleichzeitig für die Zeiteinhaltung und das Tech Hosting verantwortlich sind. Der Ablauf des Workshops ist wie folgt:

Schritt 1 (10 Min.): Check-in
- Was hat Ihre Aufmerksamkeit?

Schritt 2 (5 Min.): Rundgang durch das virtuelle Whiteboard und Erklären der Intention der Flow Discovery

Schritt 3 (5 Min.): Flow in der Organisation / Einführen in das Konzept

Schritt 4 (7 Min.): Warm-up

Schritt 5 (10 Min.): Purpose-Schnell-Check anhand des Modells von Simon Sinek:
- Wie definieren Sie Purpose in Ihrer Organisation?
- Welchen Beitrag leistet die Organisation zur Gesellschaft?
- Welche Wirkung hat Ihre Organisation auf das Leben anderer?

Schritt 6 (10 Min.): Einordnung der eigenen Marke nach Performance- und Beziehungskriterien
- Was verstehen Sie unter »Marke«?
- Wofür steht Ihre Marke heute?
- Wie wirkt sich die Marke auf Beziehungen zu Ihren Kunden und anderen Stakeholdern aus?

Schritt 7 (10 Min.): Geschäftsmodelldiskussion anhand des Business Model Canvas
- Wie erzielen Sie als Team Erfolge?
- Welches Kundenproblem lösen Sie?
- Welche Werteflüsse sind für die Entwicklung der Organisation wichtig?

Schritt 8 (10 Min.): Mitarbeitende und Zusammenarbeit
- Beschreiben Sie drei bis fünf konkrete Situationen und Erfahrungen, die Sie in den letzten sechs Monaten in Ihrer Organisation gemacht haben und die Sie als charakteristisch betrachten.

Schritt 9 (10 Min.): Struktur und Organisation
- Zeichnen Sie in freien Zügen ein Bild Ihrer aktuellen Organisationsstruktur und interpretieren Sie dieses.

Schritt 10 (30 Min.): Tactical Meeting
- Erstellen Sie eine Liste von Spannungen, die Sie während des Rundgangs durch die fünf Flow-Faktoren wahrgenommen haben.
- Versuchen Sie zur Adressierung jeder Spannung einen konkreten nächsten Schritt festzulegen.

Schritt 11 (15 Min.): Ideation
- Setzen Sie sich ein letztes Mal den Timer, um eine brauchbare Minimalversion – ein Minimum Viable Product, wie wir dies bereits in Kapitel 4 kennengelernt haben – einer Transformationsreise zu skizzieren.

Schritt 12 (10 Min.): Check-out
- Was nehmen Sie aus dem Workshop mit?
- Welchen nächsten Schritt gehen Sie?
- Ein virtuelles Whiteboard zur Flow Discovery steht Ihnen als digitales Extra zur Verfügung.

Rahmenbedingungen

Dauer:	ca. 4 Stunden (bitte mit Timeboxing arbeiten)
Format:	virtuell (z. B. gemeinsames Arbeiten am virtuellen Whiteboard während einer Videokonferenz) oder persönlich in einem geeigneten Raum
Teilnehmende:	Team von mindestens 3 – 4 (max. 20 – 30) Mitgliedern, um einen Raum für Interaktion zu schaffen

! Von der Natur lernen

Zum Entwicklungsansatz gehört die Transformation des Selbstverständnisses einer Organisation: Sie wandelt sich von der »Maschine« zur »Familie« und schließlich – dies das Potenzial – zum lebenden Organismus. Dieser Organismus ist ein System, eine in sich geschlossene Einheit. So sind Lebewesen Systeme – herausgezoomt aber genauso alle Einheiten, die uns umgeben. So auch die Natur, unser Ökosystem. Die Biologie hat im letzten Jahrhundert entdeckt, welch faszinierende Eigenschaften Systeme haben (Maturana/Varela 1987). Eine Eigenschaft sticht dabei besonders heraus: Systeme bringen sich selbst in Balance. Sie regeln autonom die inneren Prozesse, um zu überleben.

Wenn das größte System, in dem wir uns alle befinden, also die Natur ist – wir Teil dieses Systems sind –, was können wir dann lernen? Unterstützt uns das Beobachten der Natur darin, selbst in die Balance zu kommen? Welche Prinzipien der Natur können wir auf Organisationen anwenden? Oder: Wenn die Natur ein Unternehmen gründen würde, wie würde dieses aussehen? Auch Organisationen, Unternehmen sind lebende Systeme. Wie lebendig ein Unternehmen ist, lässt sich an zahlreichen Faktoren beobachten: Wie gut funktionieren Kommunikation und Kollaboration? Wie steht es um die Fähigkeit der Organisation, sich den ständig ändernden Umweltbedingungen anzupassen. Ob sich eine Organisation als lebendes System versteht, zeigt auch die Frage der ökologischen Nachhaltigkeit: Wie geht sie mit den sie umgebenden Systemen, gerade der Umwelt um? Versteht sich die Organisation als Teil eines größeren Kreislaufs oder beutet sie Ressourcen aus, ohne wiederum Ressourcen zurück in das System zu geben?

Für die erfolgreiche Transformation, einen dienlichen Umgang mit der stetig steigenden Komplexität unserer Welt ist es für eine Organisation essenziell, diese »Lebendigkeit« zu entwickeln. Lassen Sie uns in einigen Zeilen kurz auf die Natur blicken. Wir werden Prinzipien erkennen, die wir für die Gestaltung der Entwicklung wunderbar nutzen können.

Beispiel Wald

Der Wald als Ökosystem bietet uns ein erstes gutes Anschauungsbeispiel. Er zeigt wunderbar auf, wie Kommunikation in einem natürlichen System funktioniert. Bäume versorgen sich gegenseitig und unterstützen selbst fremde Baumarten in ihren Bedürfnissen – beispielsweise bei Krankheiten. Die Bäume kommunizieren dabei durch ausgeklügelte Systeme untereinander mittels Duftstoffen und über das sogenannte Wood Wide Web: Pilzgeflechte, die den ganzen Waldboden miteinander vernetzen (Wohlleben 2016). Die Vielfalt der Bäume sichert das Überleben, da jeder Baum mit seinen Fähigkeiten und Eigenschaften zur Resilienz des Waldes als Ganzes beiträgt. Das System Wald bringt sich kontinuierlich selbst in Balance – autopoietisch, wie dies Maturana und Varela beschrieben haben.

Beispiel Zyklizität

Eine weitere Eigenschaft der Natur ist ihre Zyklizität. Die Natur hat ihren Rhythmus – alle Einheiten im System Natur orientieren sich an diesem. So erholen sich die Böden im Winter und tragen Saat in den Frühling. Im Frühling blühen die Pflanzen auf und tragen ihre Pracht zur vollen Blüte in den Sommer, um schließlich im Herbst die Früchte zu ernten und den Kreislauf langsam wieder zu schließen. Der Wechsel von Sonne und Niederschlag, Tag und Nacht, Ruhe und Bewegung, Leben und Tod bringt die Erde in das perfekte Gleichgewicht. Menschen und Organisationen entwickeln sich nachhaltig, wenn sie auf den natürlichen Rhythmus der Natur hören. Unternehmen, die nachhaltiges Wachstum und langfristigen Erfolg anstreben, können sich daran orientieren. Alle Jahreszeiten tragen mit ihren spezifischen Eigenschaften zur nachhaltigen Entwicklung, zum gesunden Wachstum bei. Bleibt eine Phase aus, kann kein Wachstum stattfinden.

Unternehmen können ihr Wachstum fördern, indem sie sich an den verschiedenen Phasen und Jahreszeiten der Natur orientieren. In der ersten Phase des natürlichen Zyklus gedeiht die Saat: Unternehmen holen sich Inspiration und erschaffen mit viel Kreativität und Innovationskraft neue Produkte und Dienstleistungen. Darauf, quasi in sommerlicher Hochblüte, sind diese in voller Blüte am Markt, werden Teil des ökonomischen und ökologischen Kreislaufs. So lassen sich im unternehmerischen Herbst die Früchte ernten. Darauf – und gerade hier ist die Natur bestes Beispiel – folgt eine Phase der Ruhe und Erholung, der Konsolidation. Die Früchte der Ernte können reinvestiert werden, um ein weiteres, gesundes Wachstum im Folgezyklus anzustreben. Die Ruhephasen dienen dazu, das System Unternehmen wieder in Balance zu bringen. Hermann Hesse fasste das schön zusammen: »Alle Natur, alles Wachstum, aller Friede, alles Gedeihen und Schöne in der Welt beruht auf der Geduld, braucht Zeit, braucht Stille, braucht Vertrauen.« (Hesse 2003, S. 630).

Im Unternehmenskontext hat zum Beispiel der Taschenproduzent *Freitag* (2021) aus Zürich Zyklizität für sich zum Prinzip erklärt: »We Think and Act in Cycles«, lautet die Überschrift des Unternehmens für sein eigenes Manifest, nach dem es handelt und denkt. »Wir sind uns der Bedeutung von Kreisläufen bewusst und richten unseren Konsum darauf aus. Wir verbrauchen Ressourcen, solange diese nachhaltig produziert, nachwachsend und biologisch abbaubar sind oder in geschlossenen technischen Material-Kreisläufen geführt und von erneuerbaren Energien angetrieben werden«, lautet beispielsweise der erste Grundsatz des Manifests. Mit dem Satz »We lose speed to win time« schließen die auf der Website verfügbaren siebeneinhalb Grundsätze ab: »Je mehr Zeit wir sparen, desto weniger Zeit haben wir. Wer sich keine Zeit nimmt, wird niemals Zeit haben. Slow Food und Slow Fashion sind nur zwei Beispiele für den bewussteren Umgang mit Ressourcen, der den Genuss und Komfort erhöht.« Dieses Manifest haben die Gründer des Unternehmens in einfacher Radikalität formuliert und als Leitfaden im Einsatz, nach dem die Organisationskultur in die tägliche Arbeit transportiert wird.

Beispiel Schwärme

Ein weiteres eindrückliches Beispiel aus der Natur ist das Phänomen der Schwarmbildung. Viele Tierarten bewegen sich in Schwärmen. Die Schwarmformationen von Vögeln und Fischen beispielsweise sind faszinierend zu beobachten. Wie gelingt diesen Tierarten die Kommunikation, wie organisieren sie sich, um diese Formationen einnehmen zu können? Vogelschwärme haben aus Sicherheitsgründen ein ausgezeichnetes Kommunikationsverhalten entwickelt (Aufleger 2019; Bosch 2021). Jedes Schwarmmitglied ist dem anderen gleichgestellt, jedoch kann keiner der Vögel den kompletten Schwarm und seine Umgebung im Blick behalten. Daher initiiert bei Gefahr jener Vogel das Flugmanöver, der die Gefahr als Erster entdeckt. Dessen direkte Nachbarn reagieren vertrauensvoll sofort auf das Verhalten des Vogels, indem sie die gleiche Flugrichtung einschlagen. In unserem Beispiel vertrauen Vögel also auf die Intelligenz des Einzelnen. Sie formieren sich harmonisch in der Gruppe und bilden gemeinsam die ideale Formation, um mit der jeweiligen Bedingung so gut wie möglich umzugehen. Kommunikation findet unmittelbar statt, die Reaktionen sind äußerst agil. Wäre die Vogelgruppe in klassischer Hierarchie organisiert, wäre diese Agilität nicht möglich. Jeder Vogel orientiert sich am Zweck: dem gemeinsamen Überleben.

Methoden wie Holakratie oder Soziokratie (Strauch 2018) loten das Potenzial der Selbstführung konsequent aus, wie zum Beispiel bei dem deutschen Unternehmen *mymuesli* eingesetzt. Das Modell der Holakratie zeichnet sich durch eine rollenbasierte Unternehmensstruktur aus, in der jede Person in den Rollen arbeitet, zu denen sie sich aufgrund ihres individuellen Purpose besonders hingezogen fühlt. Ähnlich der Schwarmstruktur im Naturbeispiel der Tierschwärme werden in dieser Kompetenzhierarchie Entscheidungen dezentral und nach einem integrativen Entscheidungsmodell getroffen.

Wir finden viele weitere biologische Systeme, die auf dezentrale Entscheidung setzen, um möglichst rasch auf Umwelteinflüsse reagieren zu können. Eine aktuelle Studie von Forschern der Universität Konstanz (Schmidtke 2021) hat eine bisher unerkannte Art von Kollektivverhalten bei Wanderameisen entdeckt. Diese organisieren sich ohne Kommunikation zu komplexen, anpassungsfähigen Strukturen und stabilisieren somit fortlaufend das System. Um bei auftretenden Hindernissen die ganze Kolonie in Bewegung, im Fluss zu halten, errichten einige Ameisen mit ihren eigenen Körpern Klettergerüste, über die deren Gefährten Hindernisse leicht überwinden können. Dieses Verhalten basiert auf der Wahrnehmung einzelner Ameisen, die diesem Hindernis, meist in Form einer starken Neigung, zuerst begegnen. Dies sind nicht spezielle Entscheidungsträger-Ameisen, sondern jeder in der Gruppe kann diese Entscheidung treffen. Die Gerüstbildung basiert auf den eigenen Erfahrungen jeder einzelnen Ameise, ohne dass Kommunikation auf Gruppenebene oder mit bestimmten

Entscheidungsträgern erforderlich ist. Durch dieses Verhalten kann sich die gesamte Kolonie dynamisch an unvorhergesehene Umwelteinflüsse anpassen.

Beispiel Kogi-Indianer

Die Kogi sind ein Naturvolk, das zurückgezogen in den hohen Bergen Kolumbiens lebt (Buchholz 2019). Zentral in der Haltung der Kogi ist der Aspekt der Verbindung: Sie leben und denken seit Urzeiten in Systemen. Sie antizipieren für alle Handlungen die Konsequenzen und handeln entsprechend in Harmonie mit den sie umgebenden Systemen. Anders ausgedrückt: Für die Kogi steht alles miteinander in Verbindung und zwischen allem besteht ein Zusammenhang. Folglich haben sie ihre gesamte Gesellschaft und ihr gesamtes Leben nach den gleichen Regeln und Prinzipien aufgebaut, nach denen das Leben auf diesem Planten insgesamt funktioniert. Sie sagen, dass alle wichtigen Prinzipien bereits in der Natur stehen und dort auch sichtbar werden, wenn wir genau hinsehen. Alles, was diesen Prinzipien nicht folgt, schaffen die Kogi ab. Sie verfolgen den Ansatz, dass man stets weit herauszoomen muss, um einen besseren Überblick zu bekommen und die großen Zusammenhänge des Lebens besser zu verstehen.

Beispiele aus der Natur in Unternehmen integrieren

Wie gelingt es Organisationen, mehr und mehr die natürlichen Kreisläufe zu berücksichtigen? Wie wird die Wirtschaft regenerativ und nicht ausbeutend? Interessante Beispiele finden wir aktuell bei einigen Herstellern von Outdoor-Bekleidung. Sie verankern Nachhaltigkeit nicht nur in ihren Produkten, sondern machen sie zum strategischen Kernelement. Das süddeutsche Unternehmen *Vaude* (2021 a) beispielsweise strebt Klimaneutralität an, möchte bis 2024 alle Produkte überwiegend aus biobasierten oder recycelten Materialien herstellen und engagiert sich in vielen Projekten für klimafreundliche Lösungen. Das amerikanische Unternehmen *Patagonia* formuliert gar mutig das Statement, es sei im Geschäft, um unseren Heimatplaneten zu retten, und hat sich selbst eine »Earth tax« auferlegt. Mit dieser Erdsteuer hat sich *Patagonia* seit 1985 selbst verpflichtet, mindestens ein Prozent seines Umsatzes an gemeinnützige Umweltschutzgruppen zu spenden (Patagonia 2021).

Die Verankerung von Nachhaltigkeit im Geschäftsmodell beschreibt den essenziellen Punkt im Wandel: Nachhaltigkeit ist nicht länger Lippenbekenntnis in Form von Corporate-Social-Responsibilty-Programmen und entsprechenden Labels zu Marketingzwecken. Der Verbrauchermarkt, aber auch Mitarbeitende fordern hier längst viel mehr. Unternehmen sind jetzt gefordert, die soziale und ökologische Verantwortung wahrzunehmen. In der neuen Wirtschaft werden jene Unternehmen überlebensfähig sein und nachhaltig Erfolg haben, die die regenerative Kreislaufwirtschaft konsequent fördern. Das erfordert ein neues Denken, ein neues Fühlen – allem voran die Überzeugung, dass jedes Unternehmen Teil eines Gesamtsystems ist und alles in Wechselwirkung steht.

6.5   Potenzial: Für alle körperlich erlebbar

Was für das Unternehmen gilt – die Zugehörigkeit zu einem Gesamtsystem, das sich in Kommunikation entwickelt –, ist für alle von uns auch individuell erlebbar. Dies bringt uns zusammenfassend noch einmal zurück zu der Körperlichkeit unseres Verhaltens. Der Umweltpsychologe und Langstreckensportler Ian Walker (2020) bringt es auf den Punkt, wenn er sagt, dass es beim Sport nie darauf ankommt zu gewinnen, sondern dass im Wesentlichen nur die Liebe zum Trainingsprozess zählt. Durch stundenlanges Trainieren und bewusstes, durchaus hartes Arbeiten, durch fortlaufende kleine Verbesserungen entsteht eine enge Verbindung mit der Umwelt, die es erlaubt, auch auf anspruchsvollen Strecken die Ideallinie automatisch zu finden und den Kopf auszuschalten, um mit dem Körper eins zu werden mit der Natur. Dieser Zustand der engsten Verbindung ist Flow. Er entsteht aus fokussierter Wiederholdung von Aktivitäten – so lange, bis diese in Fleisch und Blut übergehen und für den Körper selbst »natürlich« werden.

Walker hält mit dieser Erkenntnis den Guinness-Weltrekord der schnellsten Durchquerung Europas per Fahrrad von der Süd- zur Nordspitze über 4.300 Kilometer. Wir möchten Ihnen mit der Flow Journey ein Tool an die Hand geben, mit dem Sie Körperlichkeit aus dem Sport in den Unternehmensalltag übertragen und mit nützlichen Praktiken für den Arbeitsalltag kombinieren können.

Tool: Flow Journey

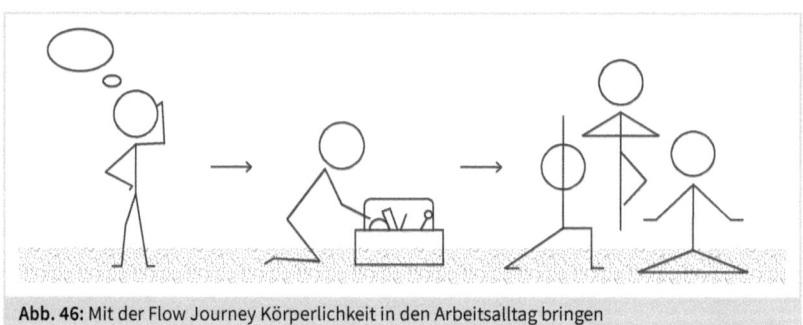

Abb. 46: Mit der Flow Journey Körperlichkeit in den Arbeitsalltag bringen

Wofür?

Die Flow Journey kann Ihr Team dabei unterstützen, integrale Kommunikation zu leben, individuellen und kollektiven Flow bei der Arbeit zu finden und Zusammenarbeit und Resilienz nachhaltig und langfristig zu stärken. Der Bewusstseinswandel soll nicht von oben verordnet werden, sondern aus einer individuellen intrinsischen Motivation der Mitarbeiter:innen heraus. Wie wir festgestellt haben, ist körperliche Bewegung ein guter Ansatz, um Menschen zusammenzubringen und Abstand zum rein mentalen Arbeiten zu gewinnen. Körperliche Bewegung darf sich im Businesskontext verankern und zur Selbstverständlichkeit werden, um Gesundheit zu einem wichtigen und integralen Aspekt des Unternehmens zu machen. Mitarbeiter:innen, die miteinander Sport machen, lernen sich besser kennen und einander zu vertrauen. Daher spielt körperliche Bewegung in der Flow Journey eine große Rolle.

Beispiel

Um praxisnah herauszufinden, was es wirklich braucht, um eine vertrauensvolle Basis in Teams zu schaffen, psychisch angeschlagene Teammitglieder abzuholen und in Resonanz miteinander zu gehen, haben wir als Autorenteam das Programm anhand eines Prototyps getestet. Unterschiedliche Personen in verschiedenen Rollen aus diversen Unternehmen nahmen daran teil. In der zweimonatigen Testphase wurden in wöchentlichen Online-Sessions zuerst diverse Tools aus der Schatzkiste dieses Buchs vorgestellt und gemeinsam getestet. Um den körperlichen Aspekt einzubinden, fand danach eine Yogalektion mit Bezug zu den gelernten Tools statt. Die Rückmeldung der Teilnehmer:innen hat uns positiv überrascht und gezeigt, dass wir auf dem richtigen Weg sind. Eine ähnliche Kopplung zwischen Tools und körperlicher Bewegung ist auch bei Sportarten wie Laufen, Radfahren oder Bergwandern denkbar.

Anhand des Programms konnten wir praktische Erfahrung damit sammeln, in Teamprozessen nicht nur auf der mentalen Ebene zu arbeiten, sondern körperliche Bewegung zu integrieren, um somit die Mitarbeiter:innen in ihrer Ganzheit wahrzunehmen und zur wirksamen und raschen Problemlösung beizutragen. Auch die Wichtigkeit eines geschützten Raums und der Fähigkeit, unsere eigene Verletzlichkeit zu zeigen, wurde den Teilnehmenden bewusst.

Worauf es ankommt
- Es empfiehlt sich stets zuerst ein klares Ziel bzw. einen klaren Sinn und Zweck der Lernreise festzulegen und anschließend passende Methoden auszuwählen.
- Beispielhafte Anlässe für eine Flow Journey sind: Purpose bei der Arbeit, Selbstfürsorge, Herausforderungen im Homeoffice, Zusammenarbeit im Team, Stärkung der Führungskultur.
- Es ist wichtig, eine Person an Bord zu haben, die mit den ausgewählten Tools vertraut ist, sodass ein reibungsloser Ablauf gewährleistet werden kann.
- Wählen Sie gemeinsam eine Sportart aus, die gut im Team durchführbar ist, z. B. Yoga, Radfahren, Laufen.
- Den Teil der körperlichen Bewegung in der Gruppe sollte ein:e Trainer:in mit Unternehmenserfahrung leiten. Mit dieser Person können Sie das gewünschte Thema vorher besprechen und sie bitten, mit den körperlichen Übungen auf das Thema einzugehen.

- In der von uns getesteten Flow Journey haben wir folgende Tools angewendet: Check-in/Check-out (verbal und körperlich), Dialog (zu zweit und in Triaden), individueller Purpose bei der Arbeit, Journaling. Diese haben wir mit Yogaübungen kombiniert, die sich gut im Homeoffice durchführen lassen.
- Tools und körperliche Bewegung sind kulturbildende Praktiken und lassen sich gut im Unternehmensalltag integrieren.

Schritt für Schritt

Schritt 1 – Raum schaffen (online oder offline): Die Bedingungen für einen sicheren Raum wurden bereits in Kapitel 4 erklärt.

Schritt 2 – die Intention und die Methode vorstellen: Stellen Sie Ihren Mitarbeiter:innen den Sinn und Zweck der Flow Journey sowie die Tools und die Vorgehensweise vor.

Schritt 3 – Tools anwenden: Als Methodenkombination empfiehlt sich, zuerst ein oder zwei Tools aus diesem Buch anzuwenden (ca. 30 Min.) und sich dann gemeinsam körperlich zu bewegen (ca. 60 Min.).

Schritt 4 – Gemeinsam abschließen: In einem Check-out haben Sie die Möglichkeit, über die gemeinsame Flow Journey zu reflektieren und Anregungen für eine weitere gemeinsame Reise einzuholen.

Rahmenbedingungen

Dauer:	ca. 60 – 90 Min.
Format:	Tools und Bewegungsart vorher auswählen
Teilnehmende:	Team, Teile des Teams, gesamtes Unternehmen

6.6 Nachhaltigkeit: Die Brücke zum Geschäft

Führungskräfte und Organisationen spüren zunehmend, dass es spätestens seit der Covid-19 – Pandemie keine Zeit mehr zu verlieren gilt, um das eigene Kommunikationsverhalten zu verändern. Eine beliebte Brücke, um ins Handeln zu kommen, ist das Thema Nachhaltigkeit. Der Antrieb, sich mit Nachhaltigkeit zu beschäftigen, kommt bei vielen Führungskräften durch den individuellen Purpose von innen – oft aber auch von außen durch diverse Stakeholder: Klimaaktivist:innen, die die eigene Branche aufs Korn nehmen; Regulationsbemühungen von staatlichen Institutionen wie der EU und supranationalen Organisation wie den Vereinten Nationen; öffentliche Diskussionen wie jene zur E-Mobilität, der Notwendigkeit von Flugreisen; nicht zuletzt der Druck der Verbraucher, wie zum Beispiel durch sprunghaft wachsenden Biowarenkonsum.

Messbarkeit durch 17 Ziele für nachhaltige Entwicklung

Woran können wir nun Nachhaltigkeit konkret festmachen? Die 17 Ziele für nachhaltige Entwicklung (Sustainable Development Goals, SDGs) sind politische Zielsetzungen der Vereinten Nationen (UN), die weltweit der Sicherung einer nachhaltigen Entwicklung auf ökonomischer, sozialer sowie ökologischer Ebene dienen. Zentrale Aspekte sind das Voranbringen der Wirtschaft, die Reduzierung von Ungleichheiten im Lebensstandard, die Schaffung von Chancengleichheit sowie ein nachhaltiges Management von natürlichen Ressourcen, das den Erhalt von Ökosystemen gewährleistet und deren Resilienz stärkt. In einem Ende März 2020 von den Vereinten Nationen veröffentlichten Bericht wird die Notwendigkeit betont, aus der COVID-19 – Pandemie zu lernen und die Krise als Anlass zu nehmen, die Nachhaltigkeitsziele und die Agenda 2030 konsequenter und schneller als bisher umzusetzen. Die Pandemie wird zunehmend als Sinnbild dafür wahrgenommen, wie die Welt ins Ungleichgewicht geraten ist und der Bedarf nach einem nachhaltigen Wirtschaften akut wird. Die aktuelle Situation bringt somit keine grundsätzlich neuen Herausforderungen mit sich, sondern beschleunigt den Handlungsbedarf in bekannten Bereichen (z. B. Klimawandel, Digitalisierung, Ernährung, Landwirtschaft) nochmals deutlich.

Mut machen und inneren Antrieb schaffen

Wie bereits zuvor ausgeführt können Veränderungen nicht von oben herab auferlegt werden, sondern gehen von Individuen aus, die einen gemeinsamen inneren Antrieb haben. Tatsächlich etwas bewegen können daher insbesondere Menschen und Gruppen, deren Antrieb und Mut zum Handeln aus ihrer Erfahrung im eigenen Umfeld kommt, die eng zusammenarbeiten und idealerweise ein breites Spektrum aus Ökonomie, Ökologie und Gesellschaft abdecken.

Tool: Nachhaltigkeits-Canvas

1. Menschen	2. Nachhaltigkeit	3. Gesellschaft	4. Wirtschaft

Nächste Schritte	

5. Markt	6. Organisation	7. Prozess	8. Produkt

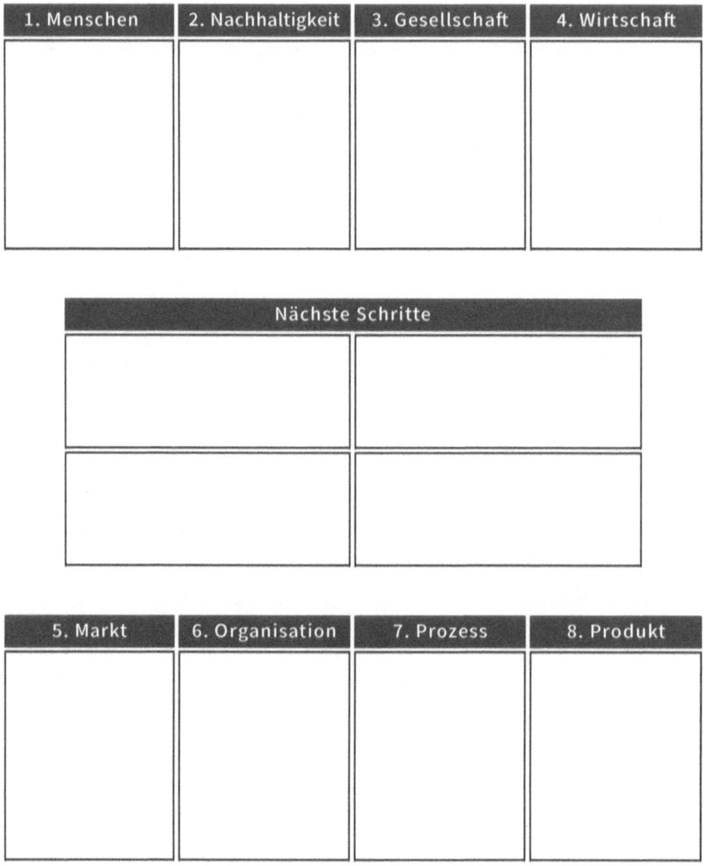

Abb. 47: Nachhaltigkeits-Canvas als Basis für Kokreation mit Kunden

Wofür?

Um komplexe Fragestellungen rund um das Thema Nachhaltigkeit zu beantworten, kommt es in erster Linie darauf an, auf Augenhöhe zu kommunizieren – zwischen Anbietern und Kunden ebenso wie zwischen Management und
Mitarbeitenden. Hintergrund ist: In der Regel haben die Beteiligten noch keine
Lösung in der Tasche – es geht darum, sich im gegenseitigen Austausch einer
»nachhaltigen« Lösung zu nähern. Die Methode der Kokreation basiert auf der
Annahme, dass Unternehmen und Kunden für die Dauer des Austauschs in eine
gleichberechtigte Partnerschaft eintreten: Kunden sind nicht mehr Konsumenten
eines Produkts, sondern werden zu »aktiven Mitarbeitern«. Der Nachhaltigkeits-
Canvas dient als Grundlage für ein kokreatives Gespräch zwischen Partnern.

Beispiel

Die vorliegende Fassung des Nachhaltigkeits-Canvas haben wir entwickelt, um Vertriebsteams für das Thema Nachhaltigkeit zu schulen. Kundenberater:innen, zum Beispiel bei Banken und Finanzdienstleistern, nutzen den Canvas, um in kokreative Gespräche mit Kunden zu gehen, um anhand der Struktur des Canvas eine neue Lösung für ein spezifisches Nachhaltigkeitsproblem des Kunden zu entwickeln.

Worauf es ankommt

Für eine erfolgreiche Zusammenarbeit mit Kunden auf Augenhöhe sind folgende Faktoren wichtig:

- Informieren Sie sich, zum Beispiel über ein Stakeholder-Interview oder die weiter oben (in Kap. 1) beschriebene Methode der wertschätzenden Erkundung vorab darüber, wo Ihre Kunden beim Thema Nachhaltigkeit stehen, welche Erfahrungen sie bereits gesammelt haben und mit welchen aktuellen Fragestellungen sie sich beschäftigen.
- Entwickeln Sie gemeinsam vor dem Gespräch eine konkrete Aufgabe oder Fragestellung, die Sie anhand des Canvas beantworten möchten.
- Moderieren Sie das Gespräch mit dem Kunden – und konzentrieren Sie sich dabei auf das Zuhören. Überlassen Sie Ihren Gesprächspartner:innen mehr als 50 Prozent der Redezeit.
- Füllen Sie den Canvas gesprächsbegleitend aus – zum Beispiel am virtuellen Whiteboard oder handschriftlich im persönlichen Gespräch.

Schritt für Schritt

Schritt 1: Gehen Sie den Canvas in der Reihenfolge der nummerierten Boxen mit Ihren Gesprächspartnern durch. Ihre persönliche Canvas-Datei finden Sie in den digitalen Extras zum Download:

1. **Menschen:** Welcher individuelle Purpose treibt Ihre Gesprächspartner:innen an? Hierbei geht es um das Innere Ihres Gegenübers, nicht um dessen Rolle als Kunde.
2. **Nachhaltigkeit:** Warum interessiert das Thema Nachhaltigkeit? Teilen Sie auch den Beitrag Ihrer Organisation zu diesem Thema.
3. **Gesellschaft:** Welche relevanten Entwicklungen nehmen Sie wahr in Bereichen wie Politik, Gesundheit oder Kultur?
4. **Wirtschaft:** Welche volkswirtschaftlichen und rechtlichen Gegebenheiten sind relevant?
5. **Markt:** Welche Bedürfnisse hat Ihr Kunde?
6. **Organisation:** Wie funktioniert das Geschäftsmodell Ihres Kunden? Welche Rolle spielt Nachhaltigkeit darin?

7. **Prozess:** Aus welchen Abläufen entstehen die Produkte und Lösungen Ihres Kunden? Wo gibt es Hebel, die Nachhaltigkeit zu verbessern?
8. **Produkt:** Welche Ihrer Produkte und Lösungen haben das Potenzial, eine positive Wirkung auf die beschriebenen Spannungen der Kund:innen zum Thema Nachhaltigkeit zu erzielen? Kehren Sie im Gespräch immer wieder auf das Narrativ des Geschäftsmodells des Kunden zurück.

Schritt 2: Schließen Sie das Gespräch mit der Entwicklung konkreter nächster Schritte ab:
- Wie ist die Situation heute?
- Welches ist das Zukunftspotenzial?
- Welchen Zielzustand möchten Sie in den nächsten sechs Wochen erreichen?
- Welchen Schritt gehen Sie dazu in den nächsten Tagen an?

Schritt 3: Bedanken Sie sich bei Ihren Ansprechpartner:innen für die investierte Zeit und stellen Sie im Anschluss an das Gespräch den ausgefüllten Canvas zur Verfügung.

Rahmenbedingungen

Dauer:	60 – 90 Minuten
Format:	virtuell per Videokonferenz oder persönlich in einem geeigneten Raum
Teilnehmende:	Vertriebsansprechpartner und Kunden; gesamte Teams zur internen Verwendung

6.7   Bewegung hin zu einem Narrativ für das Wirtschaften der Zukunft

Vollziehen Sie für sich selbst den Paradigmenwechsel in der Kommunikation, tragen Sie zur Entwicklung Ihrer Organisation bei. Kommt Ihre Organisation auf ihrer Entwicklungsreise voran, stößt sie Veränderungen auf gesamtwirtschaftlicher Ebene an. Geht die Wirtschaft in Dialog mit ihren Kunden und Konsumenten, mit vielfältigen Interessenvertretern sowie der Politik, entsteht daraus Neues. Als Individuum können Sie mit einem neuen Kommunikationsbewusstsein einen Beitrag zum Narrativ des Wirtschaftens der Zukunft leisten.

Blick auf das Ökosystem

Sie richten den Blick auf das gesamte Ökosystem und betreiben nicht länger Nabelschau. Zu Beginn dieses Buches haben wir von der Entwicklung nach Ken Wilber vom ego- über das ethno- hin zum weltzentrischen Bewusstsein gesprochen. Nur wenn wir alle den Fokus auf das Wohl des gesamten Systems legen, können wir die ökonomischen, ökologischen, gesellschaftlichen und politischen Herausforderungen des anstehenden Jahrzehnts der Transformation meistern.

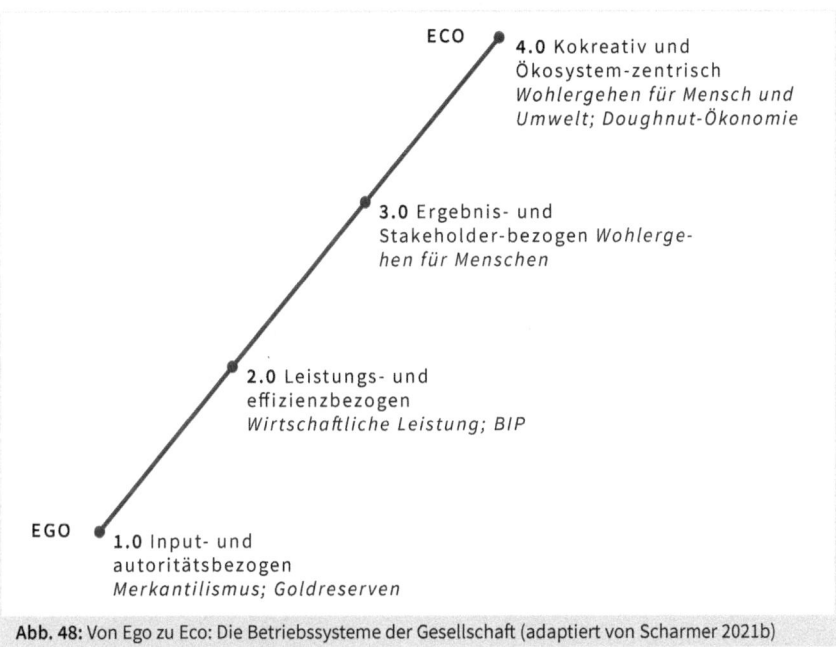

Abb. 48: Von Ego zu Eco: Die Betriebssysteme der Gesellschaft (adaptiert von Scharmer 2021b)

Wenn Organisationen starke Netzwerke bilden, in die Kokreation gehen und Purpose-Gemeinschaften bilden, dann lässt sich der Wandel schaffen. Wieso sollten wir länger nach Profitmaximierung streben? Wieso sollten wir noch länger im Konkurrenzdenken verharren, wenn es längst nichts mehr zu gewinnen gibt? Die Orientierung am Purpose schafft auch Einigkeit: Orientieren sich andere Organisationen am gleichen Sinn und Zweck, schaffen sie insgesamt eine neue Bewegung. Die Betriebssysteme der Gesellschaft brauchen jetzt ein gründliches Update. Scharmer (2021b) spricht vom »Betriebssystem 4.0« und nennt es kokreativ und Ökosystem-zentrisch.

Persönliche Erfüllung und Business Excellence im Einklang

Im »neuen Wirtschaften« liefern Organisationen den Beweis, dass persönliche Erfüllung und »Business Excellence« Hand in Hand gehen können. Sie zeigen, dass Individuen und Organisationen gleichsam aufblühen können. Sie können aufblühen, weil sie mit Dialogbewusstsein kommunizieren, aus der Kommunikation heraus Neues entstehen lassen und damit Mehrwert schaffen für die Anspruchshalter, die die Organisation umgeben. Damit zeigt sich: Die Entwicklungsperspektive auf Individuen und Organisation bietet auch eine Hilfestellung zur Lösung der eingangs beschriebenen Spannungen zwischen Unternehmen und Gesellschaft. »Profit und Purpose« forderte Larry Fink, CEO der weltgrößten Investmentgesellschaft *Blackrock*, bereits 2019 in seinem bekannten Brief an die CEOs führender Wirtschaftsunternehmen. Beide Elemente seien untrennbar miteinander verbunden.

Fokus auf den Nutzen für das große Ganze

Zudem verändert sich die Wahrnehmung in der Gesellschaft: Beispielsweise steigt der Druck auf Banken und Finanzdienstleister, um dem Greenwashing in vielen Nachhaltigkeitsberichten ein Ende zu bereiten und endlich den Worten Taten folgen zu lassen. Politische Forderungen der Bevölkerung, wie zum Beispiel die Konzernverantwortungsinitiative in der Schweiz (Lienhart 2020), zeigen, dass auch die lokalen Konsumenten das globale Verhalten der Großunternehmen fest im Blick haben und in der Bevölkerung hohe Zustimmung finden.

Eine im Zukunftsparadigma kommunizierende Organisation wird diese Signale nicht nur aufnehmen, sondern sich vertieft damit beschäftigen, was Natur und Gesellschaft von ihr erwarten – und wo sie somit den größten Nutzen für das große Ganze erbringen kann. Sie wird ihre Entscheidungen Purpose-gerecht treffen – und sich gleichzeitig bewusst sein, dass der wirtschaftliche Erfolg damit automatisch einhergeht, da sie sich in Resonanz mit ihrer Umwelt befindet.

Unternehmen, die Kommunikation neu denken, lernen sich als ein Netzwerk von vertrauenswürdigen Beziehungen zu verstehen, die sich um den Zweck drehen – im Gegensatz zu einem Netzwerk von vertraglichen Vereinbarungen, die aus der Notwendigkeit entstehen, den Opportunismus einzudämmen (Mayer 2020). Und genau diese Art von Netzwerk hilft, die Kluft zwischen Unternehmen und Gesellschaft zu überbrücken. In Ökosystemen entstehen neue Formen des Dialogs und der Kokreation über Unternehmensgrenzen hinweg.

Kommunikation als Grundlage für ein inspiriertes, nachhaltiges Unternehmertum

Wer sich auf die neue Kommunikation einlässt, wird sich kaum in seinem unternehmerischen Handeln eingeschränkt fühlen. Im Gegenteil, der Purpose zeigt einen Weg, der flexibel und anpassungsfähig bleibt und auf dem alle Individuen und Organisationen ihr Zukunftspotenzial neu entdecken können.

Lassen Sie uns zum Abschluss unserer Lernreise noch einen Blick auf eine Geschichte werfen, die die britische Ökonomin Kate Raworth in ihrem Buch »Doughnut Economics« (2018) beschreibt.

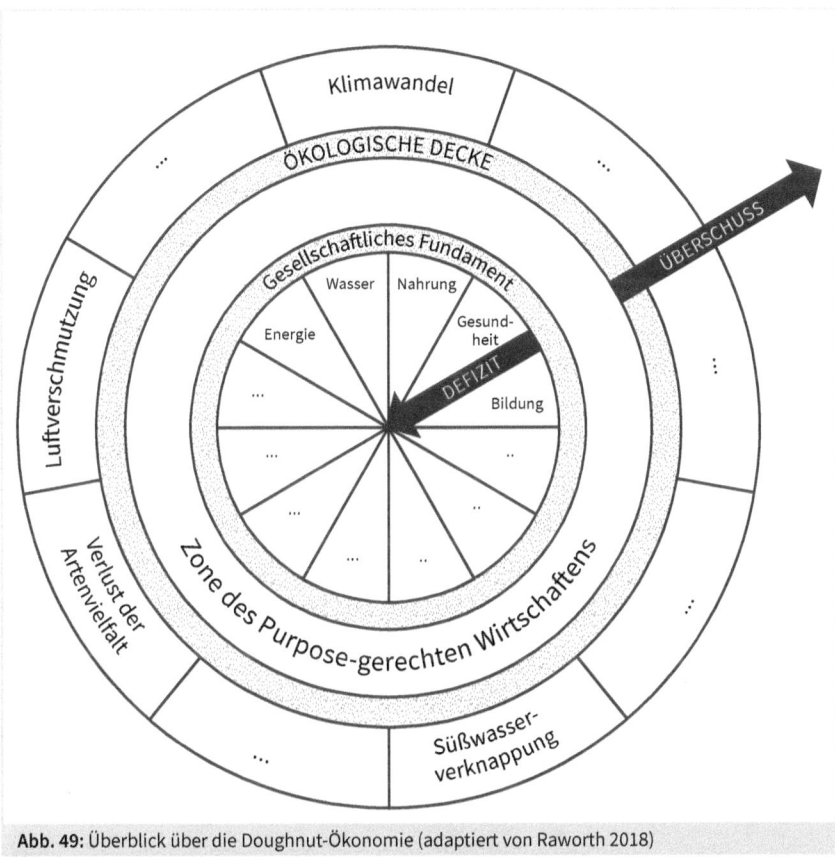

Abb. 49: Überblick über die Doughnut-Ökonomie (adaptiert von Raworth 2018)

Der Name »Doughnut« leitet sich von der Form des Diagramms ab, das Raworth gezeichnet hat: eine Scheibe mit einem Loch in der Mitte. Das Loch in der Mitte des Modells stellt den Anteil der Menschen dar, die keinen Zugang zu den lebensnotwendigen Dingen (Gesundheitsversorgung, Bildung, Gerechtigkeit usw.) haben, wenn sich das gesellschaftliche Fundament auflöst. Die Kruste stellt die ökologischen Obergrenzen (ökologische Decke) dar, von denen das Leben abhängt und die nicht überschritten werden dürfen.

Raworth schlägt die Doughnut-Ökonomie vor, um die Leistung einer Wirtschaft danach zu betrachten, inwieweit die Bedürfnisse der Menschen erfüllt werden, ohne die ökologische Obergrenze der Erde zu überschreiten. Dazwischen liegt die Zone des Purpose-gerechten Wirtschaftens, wie wir es nennen: Auf dem Doughnut entwickeln sich Unternehmen, die sich durch ein neues Kommunikationsbewusstsein, durch engen Dialog mit ihren Stakeholdern quasi automatisch am Sinn und Zweck der Organisation für die Natur und Gesellschaft orientieren und gleichzeitig die Bedürfnisse der Mitarbeitenden und Konsumenten im Blick behalten.

Dass dies mit einer grundlegend unternehmerischen Haltung einhergeht, unterstreicht Dalwabani (2013) in seinem Buch »Memenomics«, in dem er unter anderem darauf eingeht, dass gerade Gründer-CEOs ihr Unternehmen naturgemäß aus einer systemischen Haltung heraus als Teil eines Ökosystems aufbauen und somit zum Bewusstsein für nachhaltige Geschäftspraktiken beitragen, die auch in einem wettbewerbsorientierten Markt funktionieren. In der Purpose-Zone zu kommunizieren liegt vielen Unternehmertypen bereits in den Genen.

Haben Sie nun noch mehr Lust, die Lernreise dorthin für sich in Angriff zu nehmen? Denken Sie Kommunikation neu und gestalten Sie das Wirtschaften der Zukunft aktiv mit!

Quellenverzeichnis

Alvesson, M./Spicer, A. (2011): Metaphors We Lead By – Understanding Leadership in the Real World. 1. Aufl., Oxford.

Andersen, Sidsel (2021): The key principles for making dialogue. https://www.collaboratiohelvetica.ch/en/blog/2019/4/24/the-key-principles-for-making-dialogue (Abrufdatum: 23.06.2021).

Aufleger, Stefanie (2019): Lebendige Unternehmen spielen – Lebendige Unternehmen lernen von der Natur. 1. Aufl., Konstanz.

Aurobindo, Sri (1998): The essential writings of Sri Aurobindo. 1. Aufl., Oxford.

Badura, Bernhard et al. (2020): Fehlzeiten-Report 2019. Krise und Gesundheit – Ursachen, Prävention, Bewältigung: Zahlen, Daten, Analysen aus allen Branchen der Wirtschaft. 1. Aufl., Berlin.

Bar-Sieber, M./Krumm, R./Wiehle, H. (2014): Unternehmen verstehen, gestalten, verändern – das Graves-Value-System in der Praxis. 3. Aufl., Heidelberg.

Bateson, Nora (2020): Warm Data and Iced Lemonade – A Deeply Human Response to Complexity is Possible. https://thesideview.co/journal/warm-data-and-iced-lemonade/ (Abrufdatum: 06.06.2021).

Beck, Don Edward; Cowan, Christopher C. (2017): Spiral Dynamics – Leadership, Werte und Wandel. 8. Aufl., Oxford.

Bohm, David (1998): Der Dialog. Das offene Gespräch am Ende der Diskussionen. 1. Aufl., Stuttgart.

Boje, David (2014): Storytelling Organizational Practices: Managing in the Quantum Age. 1. Aufl., London.

Bosch, Stefan (2021): Koordination im Vogelschwarm. https://baden-wuerttemberg.nabu.de/tiere-und-pflanzen/voegel/wissenswertes/21391.html (Abrufdatum: 14.05.2021).

Bozesan, Mariana (2020): Integral Investing. From Profit to Prosperity. Cham.

Bridgewater (2021): Principles & Culture. https://www.bridgewater.com/principles-and-culture (Abrufdatum: 11.05.2021).

Buchholz, Lucas (2019): Kogi. Wie ein Naturvolk unsere moderne Welt inspiriert. 1. Aufl., Saarbrücken.

Cooperrider, David L. (2008): The Appreciative Inquiry Handbook: For Leaders of Change. 2. Aufl., San Francisco.

Csíkszentmihályi, Mihaly (1991): Die außergewöhnliche Erfahrung im Alltag: Die Psychologie des Flow-Erlebnisses. 1. Aufl., Stuttgart.

Cumps, Jeff (2019): Sociocracy 3.0 – The Novel: Unleash the Full Potential of People and Organizations. 1. Aufl., Leuven.

Dalwabani, Said Elias (2013): Memenomics – The Next-Generation Economic System. 1. Aufl., New York.

Deloitte in Kooperation mit der Universität St. Gallen (2020): Transformation Champions – Turning Opposites into Complements. https://www2.deloitte.com/de/de/pages/

strategy-analytics/articles/erfolgsfaktoren-fuer-die-transformation.html (Abrufdatum: 11.05.2021).

Design Council (2021): What Is The Framwork for Innovation? Design Council's Evolved Double Diamond. https://www.designcouncil.org.uk/news-opinion/what-framework-innovation-design-councils-evolved-double-diamond (Abrufdatum: 11.05.2021).

Doerr, John (2018): Objectives & Key Results (OKR) – Wie Sie Ziele, auf die es wirklich ankommt, entwickeln, messen und umsetzen. 5. Aufl., München.

Dohne, K.-D./Radzik, D. (2020): Inside Out – ein Unternehmen lässt die Hüllen fallen. 1. Aufl., Essen.

Elsbach, K./Stigliani, I. (2018): Design Thinking and Organizational Culture – A Review and Framework for Future Research. In: Journal of Management, Vol. 44(6), S. 2274–2306.

Erlach, C./Müller, M. (2020): Narrative Organisationen – Wie die Arbeit mit Geschichten Unternehmen zukunftsfähig macht. 1. Aufl., Berlin.

Feuerstein, Georg (2013): Die Yoga Tradition – Geschichte, Literatur, Philosophie & Praxis. 4. Aufl., Wiggensbach.

Fink, Larry (2019): Profit & Purpose – Larry Fink's 2019 Letter to CEOs. https://www.blackrock.com/americas-offshore/en/2019 – larry-fink-ceo-letter#:~:text=Purpose%20and%20Profit%3A%20An%20Inextricable%20Link&text=Purpose%20is%20not%20a%20mere,animating%20force%20for%20achieving%20them (Abrufdatum: 11.05.2021).

Freitag (2021): We Think and Act in Cycles. https://www.freitag.ch/de/manifesto?utm_source=FREITAG+NL+MASTERLISTE&utm_campaign=18185be5ec-210529_Manifest_Access_DE&utm_medium=email&utm_term=0_a53d11196b-18185be5ec-244482484 (Abrufdatum: 29.05.2021).

Fritzsche, Dorothe (2012): Das Tetralemma – ein Tool für die Entscheidungsfindung. Ein Coaching-Tool von Dorothe Fritzsche. In: Coaching Magazin 2012. https://www.coaching-magazin.de/tools-methoden/das-tetralemma (Abrufdatum: 07.06.2021).

Gassmann, O./Frankenberger, K./Choudury, M. (2021): Geschäftsmodelle entwickeln – 55+ innovative Konzepte mit dem St. Galler Business Model Navigator. 3. Aufl., München.

GDA (2021): Handlungshilfen Gefährdungsbeurteilung. https://www.gda-psyche.de/DE/Handlungshilfen/Gefaehrdungsbeurteilung/inhalt.html (Abrufdatum: 02.05.2021).

Gebser, Jean (1999): Ursprung und Gegenwart, Erster Teil. 2. Aufl., Schaffhausen.

Giorgi, Simona (2017): The Mind and Heart of Resonance: The Role of Cognition and Emotions in Frame Effectiveness. In: Journal of Management Studies, Vol. 54(5), S. 711–738.

Google (2021): Guide – Set Goals with OKRs. https://rework.withgoogle.com/guides/set-goals-with-okrs/steps/introduction/ (Abrufdatum: 11.06.2021).

Habedank, Silvia (2017): Entscheidungshilfe – das Tetralemma. Hg. v. Silvia Habedank. Organisationsberatung und Kompetenzentwicklung. https://www.habe-dank.de/Blog/Persoenlichkeitsentwicklung/Tetralemma.php (Abrufdatum: 07.06.2021).

Hamel, G./Zanini, M. (2018): The End of Bureaucracy. In: Harvard Business Review, November–Dezember 2018, S. 50–59.

Heitger, Barbara/Serfass, Annika (2015): Unternehmensentwicklung. Wissen, Wege, Werkzeuge für morgen. 1. Aufl,. Stuttgart.

Hesse, Hermann (2003): Sämtliche Werke in 20 Bänden. Herausgegeben von Klaus Michels, Band 11: Autobiografische Schriften. 2. Aufl., Berlin.

Horx, Matthias (2020): Was ist Re-Gnose? https://www.horx.com/53 – was-ist-re-gnose/ (Abrufdatum: 11.05.2021).

Horx, Matthias (2021): Zukunftsreport 2021. 1. Aufl., Frankfurt/M.

Hübner, Hartmut (2020): Out of office – wann, wenn nicht jetzt in Richtung Zukunft aufbrechen? https://www.linkedin.com/pulse/out-office-wann-wenn-nicht-jetzt-richtung-zukunft-hartmut-h%C3%BCbner/ (Abrufdatum: 06.08.2021).

IFBG (2021): #whatsnext2020 – Erfolgsfaktoren für gesundes Arbeiten in der digitalen Arbeitswelt. https://www.ifbg.eu/wp-content/uploads/2021/03/Studienband_whatsnext2020.pdf (Abrufdatum: 28.05.2021).

Imai, Masaaki (2021): Strategic Kaizen – Using Flow, Synchronization, and Leveling (FSL) Assessment to Measure and Strengthen Operational Performance. 1. Aufl., New York.

Iyengar, B.K.S. (1993): Licht auf Yoga. Das grundlegende Lehrbuch des Hatha-Yoga. 1. Aufl., London.

Kegan, R./Lahey, L. (2016): An Everyone Culture – Becoming a Deliberately Developmental Organization. 1. Aufl., Boston.

Kirch, Doris (2021): Der Bodyscan: Definition, Anleitung und Wirkungsweise. https://dfme-achtsamkeit.de/bodyscan-definition-anleitung-wirkungsweise/ (Abrufdatum: 22.04.2021).

Klatte et al. (2016): Wirksamkeit von körperorientiertem Yoga bei psychischen Störungen. https://www.aerzteblatt.de/archiv/175449 (Abrufdatum: 28.05.2021).

Kununu Engage (2018): Zeitkiller Meeting – Die traurigen Fakten und besten Tipps. https://engage.kununu.com/de/blog/meetings-fakten-tipps/ (Abrufdatum: 09.06.2021).

Laloux, Frederic (2014): Reinventing Organizations – A guide to creating organizations inspired by the next stage of human consciousness. 1. Aufl., Brüssel.

Laske, Otto (2017): Measuring Hidden Dimensions: The Art and Science of Fully Engaging Adults. 3. Aufl., Gloucester.

Leonard, Adam (2004): Integral Communication – Master Thesis, University of Florida. http://www.integral-life-practice.com/wp-content/uploads/2011/06/integral-communication_by_adam_b_leonard.pdf (Abrufdatum: 12.05.2021).

Lienhart, Jann (2020): Ständemehr: wenn ein Urner Nein 35 Zürcher Ja aufwiegt. https://www.nzz.ch/schweiz/staendemehr-wenn-ein-urner-nein-31 – mal-wirkungsvoller-ist-als-ein-zuercher-ja-ld.1589475?reduced=true (Abrufdatum: 28.05.2021).

Looss, Wolfgang (2006): Unter vier Augen: Coaching für Manager. 2. Aufl., Köln.

Lüscher, L./Lewis, M. (2008): Organizational Change and Managerial Sensemaking: Working through Paradox. In: The Academy of Management Journal, Vol. 51(2), S. 221 – 240.

Magretta, Joan (2002): Why Business Models Matter. In: Harvard Business Review, Vol. 80(5), S. 86 – 92.

Maturana, H. R./Varela, F. J. (1987): Der Baum der Erkenntnis. 1. Aufl., Bern.

Mayer, Colin (2020): The Future of the Corporation and the Economics of Purpose. In: Journal of Management Studies, Vol. 58(3), S. 887–901.

McNiff, Jean (2014): Writing and Doing Action Research. 1. Aufl., London.

Microsoft Work Trend Index (2021): The Next Great Disruption is Hybrid Work – Are we ready? https://ms-worklab.azureedge.net/files/reports/hybridWork/pdf/2021_Microsoft_WTI_Report_March.pdf (Abrufdatum: 11.05.2021).

Moeller, Michael Lukas (2011): Die Wahrheit beginnt zu zweit. Das Paar im Gespräch. 1. Aufl., Hamburg.

Müller-Christ, G./Pijetovic, D. (2018): Komplexe Systeme lesen – Das Potential von Systemaufstellungen in Wissenschaft und Praxis. 1. Aufl., Berlin.

Murakami, Haruki (2010): Wovon ich rede, wenn ich vom Laufen rede. 12. Aufl., München.

Osterwalder, A./Pigneur, Y. (2011): Business Model Generation: Ein Handbuch für Visionäre, Spielveränderer und Herausforderer. 1. Aufl., Frankfurt/M.

Osterwalder, A./Pigneur, Y./Etiemble, F./Smith, A. (2020): The Invincible Company. 1. Aufl., Chichester.

Patagonia (2021): Aktivismus. https://eu.patagonia.com/de/de/activism/ (Abrufdatum 20.05.2021).

Permantier, Martin (2019): Führung entscheidet – Führung und Unternehmenskultur zukunftsfähig gestalten. 1. Aufl., München.

Photis, Rhys Marc (2021): The Turqoise Brick Road – Navigate the Eight Universal Stages of Human Development with Eight Lively, Illustrated Stories of Challenge and Success. 1. Aufl., London.

Piaget, Jean (1950): Aufbau der Wirklichkeit beim Kinde. 1. Aufl., Neuchâtel.

Pogatschnigg, Ilse (2021): The Art of Hosting – Wie gute Gespräche Führung und Zusammenarbeit verbessern. 1. Aufl., München.

Raitner, Marcus (2019): Manifest für menschliche Führung – Sechs Thesen für neue Führung im Zeitalter der Digitalisierung. 1. Aufl., München.

Raworth, Kate (2017): Doughnut Economics – Seven Ways to Think Like a 21st-Century Economist. 1. Aufl., New York.

Reinventing Organizations Map (2019). https://reinvorgmap.com/wp-content/uploads/2019/11/Reinventing_Organizations_Map_v2.3_DE.png (Abrufdatum: 23.5.2021).Ries, Eric (2014): Lean Startup – schnell, risikolos und erfolgreich Unternehmen gründen. 1. Aufl., München.

Robertson, Brian (2016): Holacracy – ein revolutionäres Management-System für eine volatile Welt. 1. Aufl., München.

Robledo, Marco A. (2020): 3D Management – An Integral Theory for Organisations in the Vanguard of Evolution. 1. Aufl., Newcastle.

Römpp, Georg (2015): Habermas leicht gemacht – Eine Einführung in sein Denken. 1. Aufl., Köln.

Rosenberg, Marshall B. (2016): Gewaltfreie Kommunikation. Eine Sprache des Lebens. 12. Aufl., Paderborn.

Rossman, John (2019): Think Like Amazon – 50 ½ Ideas to Become a Digital Leader. 1. Aufl., New York.

Sagmeister, Simon (2016): Business Culture Design – Gestalten Sie Ihre Unternehmenskultur mit der Culture Map. 1. Aufl., Frankfurt/M.

Sandberg, J./Tsoukas, H. (2020): Sensemaking Reconsidered: Towards a broader understanding through phenomenology. In: Organization Theory Vol. 1(1), S. 1 – 34.

SAP (2021a): Are You OK? Understanding Mental Health in Challenging Times. https://news. sap.com/2020/10/are-you-ok-mental-health-initiative/ (Abrufdatum: 28.05.2021).

SAP (2021b): Mental Health Day: SAP Offers Employees a Chance to Recharge. http://news. sap.com/2021/03/mental-health-day-sap-employees/ (Abrufdatum: 28.05.2021).

Scharmer, Otto (2020): Theorie U – von der Zukunft her führen. 5. Aufl., Heidelberg.

Scharmer, Otto (2021a): Levels of Listening. https://www.presencing.org/resource/tools/ listen-descund https://learning.oreilly.com/library/view/The+Essentials+of+Theor y+U/9781523094424/xhtml/ch03.html#ch03lev3 (Abrufdatum: 01.05.2021).

Scharmer, Otto (2021b): Ten Lessons from Covid for Stepping into the Decade of Transformation. https://medium.com/presencing-institute-blog/ten-lessons-from-covid-for-the-decade-of-transformation-ahead-73302926629e (Abrufdatum: 24.05.2021).

Schein, Edgar (2018): Organisationskultur und Leadership. 5. Aufl., München.

Schmidtke, Daniel (2021): Was uns Ameisen über Systemstabilität lehren: https://www. campus.uni-konstanz.de/wissenschaft/was-uns-ameisen-ueber-systemstabilitaet-lehren (Abrufdatum: 14.05.2021).

Schoeneborn, D./Kuhn, T./Kärreman, D. (2019): The Communicative Constitution of Organization, Organizing, and Organizationality. In: Organization Studies, Vol. 40(4), S. 475 – 496.

Schwaber, Ken (1995): The Scrum Development Process. http://www.jeffsutherland.org/ oopsla/schwapub.pdf (Abrufdatum: 03.08.2021).

Sinek, Simon (2011): Start with Why – How great leaders inspire everyone to take action. 30. Aufl., New York.

Sparrer, Insa/Varga von Kibéd, Matthias (2000): Ganz im Gegenteil. Tetralemmaarbeit und andere Grundformen systemischer Strukturaufstellungen. 1. Aufl., Heidelberg.

Spicer, André (2020): Organizational Culture and Covid-19. In: Journal of Management Studies, Vol. 57(8), S. 1737 – 1740.

Stadt Bern (2021): Personal- /Sozialberatung (intern). https://www.bern.ch/themen/ arbeiten-fuer-die-stadt-bern/ausbildung-und-organisationsberatung/personalberatung-sozialberatung (Abrufdatum: 28.05.2021).

Stanford Crowd Research Collective (2021): ›How Might We‹ Questions. http:// crowdresearch.stanford.edu/w/img_auth.php/f/ff/How_might_we.pdf (Abrufdatum: 05.06.2021).

Storch, Maya et al. (2006): Embodiment. Die Wechselwirkung von Körper und Psyche verstehen und nutzen. 1. Aufl., Bern.

Strauch, Barbara (2018): Soziokratie: Kreisstrukturen als Organisationsprinzip zur Stärkung der Mitverantwortung des Einzelnen. 1. Aufl., München.

Vaude (2021a): Nachhaltigkeitsbericht. https://nachhaltigkeitsbericht.vaude.com/ (Abruf-datum: 20.05.2021).

Vaude (2021b): Gesundheitsförderung als Selbstverständlichkeit. https://nachhaltigkeitsbericht.vaude.com/gri/menschen/gesundheitsfoerderung.php (Abruf-datum: 08.04.2021).

Walker, Ian (2020): Endless Perfect Circles – Lessons from the Little-Known World of Ultra-distance Cycling. 1. Aufl., Bristol.

Weick, Karl E. (1995): Sensemaking in organizations. 1. Aufl., Thousand Oaks.

Wellensiek, Sylvia Kéré et al. (2014): Resilienz – Kompetenz der Zukunft: Balance halten zwischen Leistung und Gesundheit. 1. Aufl. Weinheim/Basel.

Wilber, Ken (2005): Introduction to Integral Theory and Practice IOS, Basic and the AQAL Map. https://redfrogcoaching.com/uploads/3/4/2/1/34211350/ken_wilber_introduction_to_integral.pdf (Abrufdatum: 27.05.2021).

Wilber, Ken (2007): Integrale Spiritualität. 6. Aufl., München.

Wilber, Ken/Patten, Terry/Leonard, Adam/Morelli, Marco (2008): Integral Life Practice. A 21st-century Blueprint for Physical Health, Emotional Balance, Mental Clarity, and Spiritual Awakening. 13. Aufl., Colorado.

Wohlleben, Peter (2016): Das geheime Leben der Bäume. Was sie fühlen, wie sie kommuni-zieren. 8. Aufl. München.

Zerfaß, A./Buhmann, A./Tench, R./Vercic, D./Moreno, A. (2021): European Communica-tion Monitor. https://www.communicationmonitor.eu/2021/05/21/ecm-european-communication-monitor-2021/ (Abrufdatum: 21.05.2021).

Zukunftsinstitut (2021): Trend Canvas Covid-19 Impact-Analyse. https://www.zukunftsinstitut.de/trend-canvas-covid-19 – impact-analyse/ (Abrufdatum: 11.06.2021).

Stichwortverzeichnis

Die Autor:innen

Hartmut Hübner hat mehr als 20 Jahre Erfahrung als Kommunikationsleiter bei großen, internationalen Unternehmen in der Industrie und der Finanzbranche. Seit mehreren Jahren begleitet er Firmen und einzelne Manager bei Transformations- und Entwicklungsprozessen. Er hält einen PhD in Leadership & Communication und ist als Lehrbeauftragter an Universitäten tätig.
Kontakt: www.huebner.io

Donatus Grütter ist Systemischer Coach, Organisationsentwickler, Supervisor und Kommunikationsberater und begleitet Führungspersonen, Teams und Gesamtorganisationen. Er hält einen B.A. in Journalismus und Organisationskommunikation sowie einen EMSc in Kommunikationsmanagement. Seine Laufbahn startete er als leitender Kommunikationsmanager in der Automobilindustrie, worauf er über mehrere Jahre agenturseitig Strategie und Beratung verantwortete.
Kontakt: www.shift-to-clarity.com

Diana Oser arbeitete die letzten acht Jahre für verschiedene Unternehmen auf der ganzen Welt in Marketing und Kommunikation. Seit 2017 unterrichtet sie Yoga und Meditation und begleitet einzelne Menschen und Unternehmen mit körperlicher Bewegung und Achtsamkeit durch Entwicklungsprozesse. Sie hält einen Master in Soziologie der Universität Konstanz und arbeitet als Personalverantwortliche in einem Seminarzentrum.
Kontakt: www.facebook.com/DianaOserYoga

Frank Thiele ist ausgebildeter Produktdesigner und Partner beim multidisziplinären und international ausgezeichneten Designstudio *factor product*, wo er den Bereich Strategie und Transformation verantwortet. Seit über 20 Jahren unterstützt er mit seinem Team Unternehmen bei der Entwicklung und Kommunikation von Wertangeboten und beim Aufbau attraktiver Marken.
Kontakt: www.factor-product.com